DIANLI XITONG WENTAI FENXI
YU JINGJI YUNXING

电力系统稳态分析
与经济运行

第2版

杨建华 编著

U0260547

中国电力出版社
CHINA ELECTRIC POWER PRESS

内 容 提 要

本书为电气工程及其自动化专业本科生电力系统分析课程教材。

全书分为五部分，分别阐述电力系统的基本概念、电力网的参数和等值电路（第1、2章），电力系统的运行特性、潮流计算和调控（第3、4章），电力系统的频率和电压调整（第5、6章），电力系统的经济运行（第7章），直流输电与柔性输电（第8章）。

全书物理概念阐述清晰，条理清楚，系统性强，理论与实践紧密结合，介绍了电力系统稳态分析领域的最新发展。

本书可作为高等学校电气工程及其自动化专业的教材，还可作为电力系统运行、规划、设计和科研人员的重要参考书。

图书在版编目（CIP）数据

电力系统稳态分析与经济运行/杨建华编著. —2 版. —北京：中国电力出版社，2023.12
ISBN 978-7-5198-8512-0

Ⅰ．①电… Ⅱ．①杨… Ⅲ．①电力系统－系统分析②电力系统运行 Ⅳ．①TM711②TM732

中国国家版本馆 CIP 数据核字（2024）第 005756 号

出版发行：中国电力出版社
地　　址：北京市东城区北京站西街 19 号（邮政编码 100005）
网　　址：http://www.cepp.sgcc.com.cn
责任编辑：孙　芳（010-63412381）
责任校对：黄　蓓　郝军燕
装帧设计：赵姗姗
责任印制：吴　迪

印　　刷：三河市万龙印装有限公司
版　　次：2013 年 4 月第一版　　2023 年 12 月第二版
印　　次：2023 年 12 月北京第一次印刷
开　　本：787 毫米×1092 毫米　16 开本
印　　张：16.5
字　　数：389 千字
印　　数：0001—1500 册
定　　价：70.00 元

版 权 专 有　侵 权 必 究

本书如有印装质量问题，我社营销中心负责退换

前　言

本书第一版发行以来，读者提出了一些宝贵意见和建议。在修订本书时充分考虑了这些意见和建议，并对其他方面进行了修改和完善。书中主要修改的内容如下：

（1）改写了第1章的内容，对目前电力系统的数据和信息进行了更新，增加了我国"双碳"目标和新型电力系统的介绍。

（2）第4章完善了P-Q分解法潮流计算的程序流程图。

（3）第5章增加了风力和光伏发电的特点，完善了各类发电厂的合理组合。

（4）第7章改进了同类型发电机组在考虑机组功率约束条件下进行负荷经济分配计算的方法，提高了应用等耗量微增率准则的求解精准度。

（5）第8章介绍了中压配电网智能柔性互联的接线方式。

（6）删除了部分附录内容。

（7）电力系统的有关技术术语和数据都按照新颁布的相关国家或行业标准进行了修改。

（8）各章均增加了更多的思考题和习题类型。

此外，还对其他个别之处进行了修改和补充。

本书第2、3、5章和附录由井天军修订，第6章、第7.2~7.4节和第8.2、8.3节由耿光飞修订，其余部分由杨建华修订。全书由杨建华统稿。

限于编者水平，书中难免有疏漏和不妥之处，请读者批评指正。

编　者

2022年11月

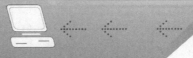

第一版前言

电力系统稳态是指电力系统正常的、相对静止的运行状态。电力系统稳态分析主要涉及电力系统中各元件的参数与数学模型、电力系统的正常运行特性分析与潮流计算、电力系统运行调节与优化，是电力系统运行、规划、设计及控制的基础。

本书阐述了电力系统正常运行的分析，包括电力系统元件的数学模型、潮流计算、频率和电压调整、经济运行的基本理论和方法。

鉴于计算机的广泛应用，本书增强了采用计算机计算、分析电力系统稳态问题的内容。鉴于电力电子元件在电力系统中的大量使用和可再生能源发电的快速发展，本书对传统直流输电、轻型直流输电和柔性输电系统在结构和工作原理方面进行了介绍，对包含直流电源和直流负荷的交直流混联系统潮流算法进行了阐述。此外，除了电力系统最基本的稳态分析方法外，还简要介绍了相关的发展，并采用最新的国家或行业标准内涵。

本书各章列出了兼顾难易程度的思考题和习题，有利于有关内容的掌握和应用。

本课程的先修课程为电路、电磁场和电机学。

本书第 5、6 章由许跃进编写，第 7 章、第 8.3 节由耿光飞编写，第 8.1 节由耿光飞、杨建华编写，其余部分由杨建华编写。研究生傅裕参加了第 8.2 节的编写。全书由杨建华统稿。

限于编者水平，书中错误和不妥之处难免，请读者批评指正。

编　者

2012.12

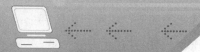

目 录

第 1 章

电力系统的基本概念

Basic Concepts of Electric Power Systems

本章介绍电力系统的基本知识和电力系统的基本组成情况。

1.1 电 力 系 统 概 述

Introduction to Electric Power Systems

1.1.1 电力系统的组成

电能是现代社会中最重要的二次能源，它能够方便而经济的从一次能源（如煤炭、石油、天然气、水力、核能、风力、太阳能、地热、海洋能等）中转换而来，并且可以方便地转化为其他形式的能量，例如机械能、热能、光能、化学能等。发电厂把一次能源转换成电能，电能经过变压器和不同电压等级的电力线路输送并被分配给用户，再通过各种用电设备转换成适合用户需要的其他形式能量。这些由发电机、变压器、电力线路和用电设备组成的统一整体称为电力系统，有时也简称为系统，如图 1-1 所示。其任务是电能的生产、输送、分配和消费。

在电力系统中，通常将输送和分配电能的部分称为电力网，简称为电网。电力网是电力系统中除去发电机和用电设备的剩余部分，包括升、降压变压器和各种电压等级的电力线路。火电厂的汽轮机、锅炉、供热管道和热用户，水电厂的水轮机和水库等则属于与电能生产相关的动力部分。按照传统的定义，包括电力系统和发电厂动力部分在内便构成了动力系统。电力系统、电力网和动力系统的关系见图 1-1。然而，目前习惯上电力系统与电网的含义基本相同，动力系统这个名称很少使用。

随着电工技术和新能源发电技术的发展，直流输电作为一种补充的输电方式得到了实际应用。在交流电力系统内或者在两个交流电力系统之间嵌入直流输电系统，便构成了交直流混联系统。

此外，在实际工程中，还有几个术语与电力系统相关。例如，联合电力系统，又称为互联系统，它是指两个或两个以上的电力系统用线路连接后形成的更大电力系统；输电网，亦称送电网，它是由若干输电线路组成的将许多电源点与许多供电点连接起来的网络，主要完成把电能从发电中心输送到负荷中心的作用；配电网，它是指从输电网接受电能，再分配给各用户的电网。广义的电力系统包括原动机、发电机、电力网、负荷及控制、测量、继电保护、自动装置等。

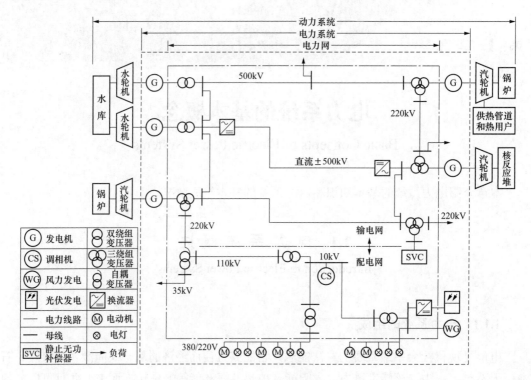

图 1-1　电力系统示意图

1.1.2　电力系统的基本参量和接线图

对一个电力系统规模和大小的描述，通常需要以下几个参量：

（1）总装机容量。电力系统总装机容量指该系统中实际安装的发电机组额定有功功率的总和，以千瓦（kW）、兆瓦（MW）、吉瓦（GW）、太瓦（TW）为单位计。例如，截至2021年年底，我国电力系统总装机容量为 2377GW。

（2）年发电量。电力系统年发电量指该系统中所有发电机组全年实际发出电能的总和，以千瓦时（kWh）、兆瓦时（MWh）、吉瓦时（GWh）、太瓦时（TWh）为单位计。例如，2021年全国电力系统年发电量为 8380TWh。

（3）最大负荷。电力系统最大负荷指规定时间内，系统总有功负荷的最大值，以 kW、MW、GW 为单位计。

（4）额定频率和最高电压等级。电力系统中所有交流电气设备都是按照指定的频率和电压制造的，这个指定的频率和电压称为额定频率和额定电压。当电气设备在额定频率和额定电压下运行时，将具有最好的技术性能和经济效果。按照国家标准，我国所有交流电力系统的额定频率为 50Hz，该频率也称为工频。电力系统最高电压等级是指该系统中最高电压等级的电力线路的额定电压。在图 1-1 所示系统中，其最高电压等级为 500kV。

为了表示电力系统中各个元件之间的相互连接关系，通常采用电气接线图，如图 1-1

所示。电气接线图是指用单线图来显示系统中发电机、变压器、母线、线路、负荷等电气设备和电器元件（有的还包括开关设备、熔断器）之间的电气连接关系。此外，还会用到系统地理接线图，它主要表示系统中各个发电厂和变电站的真实地理位置、电力线路的路径以及它们之间的连接关系。图 1-2 为某地电力系统地理接线图，并标出了地形地貌的一些要素，如铁路、公路、水库、河流。

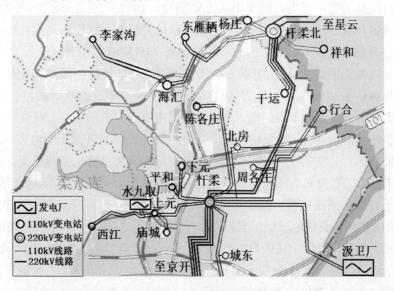

图 1-2　电力系统地理接线图

1.1.3　电力系统发展概况和我国的电力系统

1.1.3.1　电力系统发展概况

1831 年法拉第发现了电磁感应定律，促进了发电机和电动机的发明，电能得以生产和使用。1882 年被认为是电力系统的元始年，如表 1-1 所示。早期采用的是直流输电，要提高效率，必须提高电压，可是当时高压直流发电机和电动机的制造面临难以解决的困难。1885 年电力变压器得到实际应用，直流技术逐渐被交流技术代替。接下来的几十年间，三相交流系统的优越性不断体现出来，输送功率、输送电压、输送距离日益增大，大型发电厂的建设和高压输电线路的架设使电力系统的规模也日益扩大，初期发展的分散的、孤立的小系统逐渐发展、合并成联合电力系统。这些互联系统有的甚至跨越国界，如俄罗斯电力系统与部分欧亚国家的电力系统互联，横跨欧亚大陆，跨越距离东西约 7000km，南北约 3000km。

表 1-1　　　　　　　　　　　　　　　早期电力系统的关键事件

年份	关　键　事　件
1831	法拉第发现了电磁感应定律
1882	在英国、美国三座初具规模的发电厂投产，包括蒸汽机驱动直流发电机和水力直流发电机组；第一次高压输电技术出现在德国，线路长度为 59km，电压为 DC 1500～2000V，被认为是世界上第一个电力系统
1885	电力变压器得到实际应用

续表

年份	关 键 事 件
1888	尼古拉·特斯拉在论文中描述了两相同步感应电动机
1891	第一条三相交流高压输电线在德国投入运行，线路全长178km，电压超过10kV

为了减少电网的功率损失，输电电压不断提高。1952年，第一条380kV线路在瑞典投入运行；1956、1959年，第一条400、500kV线路先后在苏联投入运行；1965年，第一条735kV线路在加拿大投入运行；1969年，第一条765kV线路在美国投入运行；1985年，苏联建成的从埃基巴斯图兹-科克切塔夫-库斯坦奈的1150kV输电线路开始按设计电压运行，该线路900km长，输送容量达2500MW，开创了输电电压的新纪录。

由于交流输电在系统运行稳定性、海底电缆送电等方面的局限性，高压直流输电在20世纪30年代东山再起，在50年代中期进入工业应用阶段。这时已不用电力系统初始阶段的直流发电机，而是在始端将交流整流为直流，在终端又将直流逆变为交流。1954年，第一座高压直流输电工程投入工业化运行，它是从瑞典本土至哥特兰（Gotland）岛之间的一条20MW、±100kV海底电缆直流输电线，线路全长96km。可控硅整流元件的出现促进了高压直流输电的进一步发展。1979年，在南非-莫桑比克之间的卡布拉巴萨（Cabora Bassa）±533kV直流工程投入运行，其输电距离为1456km，输电容量达1920MW。1986年，在巴西与巴拉圭两国合建的伊泰普（Itaipu）水电站巴西一侧，建成两条±600kV的直流输电线路至圣保罗，分别长785km和806km，每条线路输送功率均为3150MW。2019年，我国正式投入运行的准东—皖南±1100千伏特高压直流输电线路，长度为3324km，额定传输容量达到12GW，成为目前世界上电压等级最高、输电容量最大、输电距离最远、技术水平最先进的输电线路。

在发电技术领域，火力发电、水力发电与核能发电一起构成世界电能的三大支柱。但随着环保要求的增强和化石能源的短缺，风能、太阳能、生物质能、海洋能发电等可再生能源发电技术逐渐成为开发重点。截至2021年年底，全球各国可再生能源发电容量达到3064GW，年增长9.1%；其中水力发电容量、风力发电和太阳能发电分别为1230GW、849GW和825GW，年增长分别达到2%、13%和19%；其他可再生能源发电，包括143GW的生物质发电、16GW的地热发电，以及524MW的海洋能发电。

近几年，以能源多元化、清洁化为方向，以优化能源结构、推进能源战略转型为目标，各国的能源发展格局、电力供需状况、电力发展方式正在发生着深刻变化。以清洁能源和智能电网为特征的新一轮能源变革正在全球范围推进。新形势下，电网除具备电能输送载体和能源优化配置平台功能外，更有可能通过能源流与信息流的全面集成与融合，成为影响现代社会高效运转的"中枢系统"，具备智能电网特性。智能电网是指用先进的通信、信息、网络、传感器等一切可以应用的先进技术和传统的电网技术相结合，对发、输、配、用电进行全面的实时监控，使电力系统具有一种思维、分析、判断、决策、控制的功能，实现对整个电力系统运行的优化管理，使得电网能更安全、稳定、高质、高效，更人性化地运行。目前，传统电力系统正在向新型电力系统演变。新型电力系统是以风、光、核、生物质能等新能源为主体，以确保能源电力安全为基本前提，以满足经济社会发展电力需求为首要目标，以智能电网为枢纽平台，以源-网-荷-储互动与多种能源互补为支撑，具有清洁低碳、安全可控、灵活高效、智能友好、开放互动基本特征的电力系统。

经过几十年的快速发展，电力系统规模不断扩大。但随着社会对电力依赖的增强，超大规模电力系统的弊端也日益显现：成本高，运行难度大，难以适应用户越来越高的安全、可靠性，以及多样化的供电需求。近年来，世界范围内接连发生几次大面积停电事故后，传统大规模电网暴露出了其脆弱性。同时，以风电、光伏等可再生能源发电单元和微型燃气轮机为代表的分布式电源已成为人们关注的热点。分布式电源主要是指布置在电力负荷附近，能源利用效率高并与环境兼容，可提供电、热（冷）的发电装置，如微型燃气轮机、太阳能光伏发电、燃料电池、风力发电和生物质能发电等。为充分发挥分布式发电技术的作用，建立微电网是一种十分有效的途径。微电网是一种由负荷和微型电源共同组成系统，它可同时提供电能和热量；微电网内部的电源主要由电力电子器件负责能量的转换，并提供必需的控制；微电网相对于外部大电网表现为单一的受控单元，并同时满足用户对电能质量和供电安全等要求。微电网既可以联网运行，又可以孤岛运行，能保证在恶劣天气下对用户供电。微电网在满足多种电能质量要求和提高供电可靠性等方面有诸多优点，可以作为现有骨干电网的一个有益而又必要的补偿。

1.1.3.2　我国的电力系统

1882 年 7 月，中国第一个发电厂在上海投入运行，该发电厂安装一台 12kW 的蒸汽发电机组，供照明用电。到中华人民共和国成立前夕，东北地区初步形成 154kV 电网和一条 220kV 线路，台湾地区和京津唐地区分别建有 154kV、77kV 电网，其他地区基本只有以城市供电区为中心的发电厂，全国总装机容量只有 1850MW，年发电量 4.3TWh，总装机容量和发电量分别居世界第 21 位和 25 位。

从 1949 年到 1978 年，在不到 30 年的时间里，全国（不含中国香港、澳门和台湾地区，下同）总装机容量达到 57.12GW，年发电量达到 256.6TWh，总装机容量和发电量分别跃居世界第 8 位和 7 位。改革开放的四十多年，尤其近十年，我国电力工业更是在发展速度、规模和质量方面取得了巨大成就。截至 2021 年年底，全国总装机容量达到 2.377TW，比 2012 年增长 1.1 倍，年均增长 8.4%；全年发电量达到 8380TWh，比 2012 年增长 71.1%，年均增长 6.1%；全国 220kV 及以上输电线路达到 84.3 万 km，变电设备容量达到 49.4 亿 kVA，分别是 2012 年的 1.7 倍和 2.2 倍。目前，我国年发电量、总装机容量和电网规模均居世界第一位。

1954 年，新中国首条 220kV 高压线路投入运行，该线路起自丰满水电站，至抚顺市西南的李石寨变电所；1972 年，我国第一条 330kV 超高压输电线路——刘天关线（刘家峡—天水—关中）投入运行；1981 年，我国第一条 500kV 超高压输电线路——平武线（平顶山—武汉）投入运行；2005 年，我国第一条 750kV 超高压交流示范工程在西北电网投入运行，该工程包括青海官亭至甘肃兰州东的 750kV 输电线路 141km，750kV 变电站两座；2009 年，我国第一条 1000kV 特高压交流试验示范工程（晋东南—南阳—荆门）正式投入商业运行，这是我国首个特高压工程，由我国自主研发、设计、制造和建设，线路全长 640km，最大输电能力 2800MW。

1988 年，中国自行设计和建造的 ±100kV 高压直流输电线投入运行，该线路从浙江省的镇海到舟山岛，全长 53.1km，其中海底电缆 11km；1990 年，我国第一条 ±500kV 超高压直流输电线路投入双极运行，该线路自葛洲坝水电厂到上海，全长为1080km；2009年，世界首条±800kV云南—广东特高压直流输电线路单极投产，2010年双极投产，该工程西起云南楚雄州禄丰县，东至广州增城区，线路全长1438km，额定输送容量5000MW；也是在2010年，世界上首个±660kV直流输电工程建成投运，2011年双极投产，该工程西起银川东换流站，东至青岛换流站，线路经过宁夏、陕西、山西、河北、山东等五省（区），长度1335km；2011年，该工程扩建项目正式投产，将线路输送能力提高到4000MW；2019年，准东—皖南±1100kV特高压直流输电工程投入运行，工程起于新疆昌吉，止于安徽古泉，横跨新疆、甘肃、宁夏、陕西、河南和安徽六省，2021年输电功率提升至9GW，再次刷新全世界输电功率纪录。

我国能源分布极不均匀，水能资源大部分集中在西南、中南和西北地区，仅四川和云南两省的可开发装机容量就达160GkW，约占全国的43%；煤炭能源集中在华北和西北地区；陆地风能主要集中在西北、东北和华北北部。而能源消耗却相对集中在经济发达的东部沿海地区。因此，我国能源资源与能源需求呈逆向分布，"西电东送、南北互供、全国联网"是我国电网的发展战略。20世纪80年代开始，中国电力工业进入大机组、高电压、大电网阶段。目前，全国形成东北、华北、华东、华中、西北、西南和南方电网七大跨省区域电网，全国已形成了500kV为主（西北地区为330kV）的电网主网架，七大区域电网全部实现互联。

火电一直是我国主要的发电方式。1956年，淮南田家庵电厂投产我国第一台国产火电机组，额定容量6MW。2020年安徽平山电厂国产1350MW机组并网发电，该机组是全世界单机容量最大的火力发电机组。我国目前最大火力发电厂是内蒙古托克托电厂，共安装了8台600MW机组、2台660MW机组和2台300MW机组，总装机规模为6720MW。截至2021年年底，全国火电总装机容量为1297GW，年发电量达到5770TWh。

中国水能资源居世界首位，理论蕴藏量676GW，年发电量592TWh，其中可开发装机容量378GW，年发电量192TWh，居世界首位。2021年，白鹤滩水电站首批机组正式投产发电，该电站计划安装16台1000MW的水轮发电机组，这是世界单机容量最大的水电机组。2003年第一台发电机组投运、2012年全面建成投产的三峡水电站共安装32台700MW水轮发电机组和2台50MW的电源机组，总装机容量22.5GW，2021年发电量为103.6GWh，这是目前世界最大的水电站。截至2021年年底，全国水电总装机容量为391GW，年发电量达到1340TWh。

我国民用核电起步相对较晚。1983年，我国第一座核电站——300MW秦山核电站一期工程开工建设，1991年并网发电，结束了我国无核电的历史。随后，我国首座1000MW压水堆核电站于1994年投产发电。2021年在福建福清核电站，额定容量为1161MW的第一台"华龙一号"核电机组投入商业运行，标志着我国在三代核电技术领域跻身世界前列。截至2021年年底，全国在运核电装机容量为53GW，年发电量达到408TWh。

根据风能资源普查结果，我国离地50m高度陆地上风能资源潜在开发量为2.38TW，近海5～25m水深范围内风能资源潜在开发量约为200GW。"三北"（华北、东北和西北）地区以及东南沿海地区、沿海岛屿潜在风能资源开发量约占全国的80%。我国第一个并网风电场是1986年建成的山东荣成风电场，共3台55kW风电机组，总装机容量为165kW。2020年，国内首台10MW海上风电机组在福建福清海上风电场成功并网发电，这是目前我国自主研发的单机容量亚太地区最大、全球第二大的海上风电机组。2021 年,甘肃酒泉安装了 64 台 6.25MW 风电机组,这是目前国内单机容量最大的陆地风力发电机组。截至2021 年年底,我国风力发电装机达到 328GW,年发电量达到 656TWh。

中国太阳能发电潜力巨大。据估算,我国陆地表面年均接受太阳总辐射量相当于 $1.7×10^{12}$t 标煤。太阳能总辐射资源分布特征是西部大于东部、高原大于平原、内陆大于沿海、干燥区大于湿润区,内蒙古西部、青海中部、西藏西南部是直接辐射资源最丰富地区。全国总面积的 2/3 地区年日照时间超过 2000h,年太阳辐射总量高于 500kJ/cm^2。2010 年在甘肃敦煌,我国首座 10MW 级光伏并网发电特许权项目实现并网发电。2013 年在青海德令哈,首座太阳能光热发电站一期 10MW 工程并网发电;2018 年,全部 50MW 光热发电站投入运行。同时,我国还探索出"光伏+"(农业、牧业、渔业或煤矿沉陷区治理等)和光伏建筑一体化等光伏发电与其他产业融合发展的新途径。截至 2021 年年底,太阳能发电容量为 307GW,年发电量达到 326TWh。

生物质能开发利用、垃圾发电也有较大发展。据估算,我国生物质原料资源的年产出为 $8.99×10^8$t 标煤,其中有机废弃物和边际性土地的年产出占比分别为 52.7% 和 47.3%。2006年,我国第一个国家级生物质发电示范项目——国能单县生物质发电工程 1 台 2.5 万 kW机组投产。截至 2021 年年底,生物质发电装机为 38GW,年发电量达到 164TWh。

截至 2021 年年底,全国可再生能源发电总装机容量为 1063GW,同比增长约 13.8%,占全部装机容量的 44.8%,其中水电、风电、太阳能发电和生物质发电设备容量占总装机容量的比重分别为 16.4%、13.8%、12.9% 和 1.6%。2021 年,全国可再生能源发电量达到 2485TWh,占全部发电量的 29.7%,其中水电、风电、太阳能发电和生物质发电量所占比重分别为 16.0%、7.8%、3.9% 和 2.0%。近几年全国各种类型发电机组装机容量变化情况如图 1-3 所示。

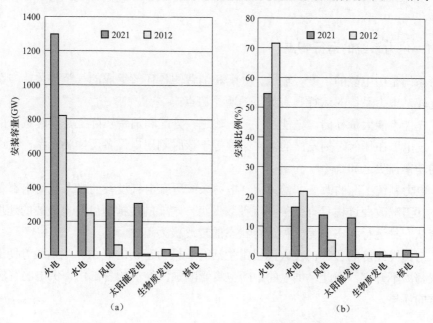

图 1-3　全国各种类型发电机组装机容量变化情况

(a) 安装容量;(b) 比例

近些年来，我国传统电力系统面临的挑战越来越严峻。在发电侧，极端天气频发，燃料价格大幅波动，加剧部分地区电力紧张；在电网侧，新能源发电大规模接入，威胁电力系统的安全稳定运行；在用电侧，尖峰负荷持续攀升，采取有序用电等行政指令又会影响正常经济和生活。2020 年 9 月，我国提出了二氧化碳排放力争于 2030 年前达到峰值，努力争取 2060 年前实现碳中和的"双碳"目标。要达成"双碳"目标，我国可再生能源发电比重还需有较大增长。随着风电、光伏等新能源发电大规模接入，电力系统将呈现显著的高比例可再生能源和高比例电力电子装备"双高"特征，发展新型电力系统势在必行。新型电力系统以风、光、核、生物质能等新能源为主体，"源网荷储"互动与多种能源互补，具备安全高效、清洁低碳、柔性灵活、智慧融合四大重要特征，安全高效是基本前提，清洁低碳是核心目标，柔性灵活是重要支撑，智慧融合是基础保障。新型电力系统是新型能源体系的重要组成和实现"双碳"目标的关键载体，将有力推动我国能源清洁低碳转型，支撑"双碳"目标实现。

农村电气化水平是国家电气化的重要组成部分，农村电力工程在农村社会和农村经济发展中具有不可替代的重要作用。中华人民共和国成立后，我国大力发展农村电网，致力于解决广大农村、牧区和边远山区以及缺能无电地区的用电问题，提高乡、村及农户的通电水平，实现农村电气化，为农业发展、农民生活和农村经济服务。从 1998 年起在全国多次实施农村电网改造工程，确保"乡村振兴，电力先行"，在省范围内基本实现了城乡同网同价，有效提高了农村供电可靠性和电能质量，提升了分布式可再生能源和多元化负荷的农网接入能力，支持了农村经济的发展和农民生活条件的改善。

1.2 电力系统运行的特点和基本要求

Characteristics and Basic Requirements of Power System Operation

1.2.1 电力系统的运行特点

电力系统是由电能的生产、输送、分配和消费的各环节组成的一个整体。与别的工业系统相比较，电力系统的运行具有如下的明显特点：

（1）电能不能大量存储。电能的生产、输送、分配和消费实际上是同时进行的。电力系统中，发电厂在任何时刻发出的功率必须等于该时刻用电设备所需的功率、输送和分配环节中的功率损失之和。

（2）电力系统工况的改变非常短促。电力系统所有电气设备的投入或退出都是在一瞬间完成，其工况改变过程只有微秒到毫秒数量级，电能的传播速度与电磁波的速度相同，电力系统从一种运行状态到另一种运行状态的过渡极为迅速。

（3）与国民经济的各部门及人民日常生活有着极为密切的联系。电是最方便的能源，各行各业都离不开它，因此，供电的中断也将影响国民经济的各部门，供电的突然中断会带来严重的后果。

1.2.2 对电力系统运行的基本要求

依据电能生产、输送、分配和使用的特点，对于电力系统运行的传统基本要求可以概括为安全、优质和经济。在当前经济可持续发展的大环境下，对电力系统运行还应提出环保的基本要求。

（1）保证电力系统运行的安全可靠性。保证安全可靠地发、供电是对电力系统运行的首要要求。根据用户对供电可靠性的不同要求及中断供电在对人身安全、经济损失上所造成的影响程度，目前我国将负荷分为以下三级：

1）一级负荷。中断这一级负荷供电的后果极为严重。例如，可能发生危及人身安全的事故；使工业生产中的关键设备遭到难以修复的损坏，以致生产秩序长期不能恢复正常，造成国民经济的重大损失；影响重要用电单位的正常工作，在政治或军事上造成重大影响；造成环境严重污染；造成重要公共场所秩序混乱等。在一级负荷中，当中断供电将造成重大设备损坏或发生中毒、爆炸和火灾等情况的负荷，以及特别重要场所的不允许中断供电的负荷，应视为一级负荷中特别重要的负荷。

2）二级负荷。对这一级负荷中断供电将在经济上造成较大损失，影响较重要用电单位的正常工作等。

3）三级负荷。不属于第一、二级的，停电影响不大的其他负荷都属于第三级负荷，如工厂的附属车间、小城镇和农村的公共负荷等。对这一级负荷的短时供电中断不会造成重大的损失。

对于以上三个级别的负荷，可以根据不同的具体情况分别采取适当的技术措施来满足它们对供电可靠性的要求。

（2）保证合乎要求的电能质量。频率和电压是电气设备设计和制造的基本技术参数，也是衡量电能质量的两个基本指标。我国采用的额定频率为50Hz，国家标准规定，正常运行时允许的频率偏差为±0.2Hz，系统容量较小时偏差可以放宽到±0.5Hz。用户供电电压的允许偏差也有相应的标准，按照国家标准规定，电力系统正常运行条件下供电电压对系统额定电压的允许偏差如表1-2所示。电压和频率超出允许偏移时，不仅会造成废品和减产，还会影响用电设备的安全，严重时甚至会危及整个系统的安全运行。

表1-2　　　　　　　　　　　　　　　用户供电电压的允许偏差

供电电压	允 许 偏 差
35kV 及以上	正负偏差的绝对值之和不超过系统额定电压的10%；如果供电电压上、下偏差同号（均为正或负）时，按较大的偏差绝对值作为衡量依据
20kV 及以下	±7%
220V 单相	+7%、−10%
其他用电设备 当无特殊规定时	±5%

此外，相关国家标准还对三相电压不平衡度、电压闪变、谐波电压、暂时过电压和瞬态过电压等做出了相应规定。

（3）保证系统运行的经济性。电能生产的规模很大，消耗的能源在国民经济能源总消耗中占的比重很大。为了提高电力系统运行的经济性，必须尽量地降低发电厂的煤耗率、厂用电率和电网的电能损耗率，充分利用水能、风能和太阳能等可再生能源。这就是说，要求在电能的生产、输送和分配过程中减少耗费，提高效率。

（4）保证对生态环境有害影响的最小化。目前，我国火电厂的发电用一次能源仍以煤炭为主。煤炭燃烧会产生大量的二氧化碳、二氧化硫、氮氧化物、粉尘和废渣等，这些排放物都会对生态环境造成有害影响。因此，限制污染物的排放量，使电能生产符合环境保护标准，也是对电力系统运行的一项基本要求。

1.3　电力系统电压等级
Voltage Class of Power Systems

对于电力系统，线路输送功率一定时，输电电压越高，电流越小，导线等载流部分的截面积越小，投资亦越小。但电压越高，对绝缘的要求越高，杆塔、变压器、电压互感器、电流互感器、断路器等设备的投资也越大。综合考虑这些因素，对应一定的输送功率和输送距离有一最合理的线路电压。但从设备制造角度考虑，为了保证电气设备生产的系列性，并实现设备的互换，世界各国都制定有系统标称电压或设备额定电压。用以标志或识别系统电压的给定值称为电力系统标称电压，对电气设备在指定的工作条件下所规定的电压称为电气设备额定电压。我国国家标准规定的 1kV 以上三相交流系统标称电压为 3、6、10、20、35、66、110、220、330、500、750、1000kV，电气设备额定电压如表 1-3 所示。

表 1-3　　　　　　　　　　　电气设备额定电压　　　　　　　　　　单位：kV

用电设备额定电压	发电机额定电压	变压器额定电压	
		一次侧绕组	二次侧绕组
3	3.15	3、3.15	3.15、3.3
6	6.3	6、6.3	6.3、6.6
10	10.5	10、10.5	10.5、11
	13.8	13.8	
	15.75[①]	15.75	
	18[①]	18	
20	20	20	21、22
	22[①]	22	
	24[①]	24	
	26[①]	26	
35		35	37、38.5
63		63	66、69
110		110	115、121
220		220	230、242
330		330	345、363
500		500	525、550
750		750	788、825
1000		1000	1050、1100

注　①15.75、18、22、24、26kV 只作为大容量发电机专用，没有相应的电力系统标称电压。

需要指出的是，表 1-3 中所有额定电压都是指线电压而不是相电压。

当电气设备在额定电压下运行时，可以获得较好的技术性能和效率。从表 1-3 中可以看到，同一个电压级别下，各种设备的额定电压并不完全相等，这是由于在实际电力系统运行过程中，线路和变压器上会产生电压降落，使得系统中各点的实际运行电压不尽相同，因此，为了使各种互相连接的电气设备都能运行在较有利的电压下，各电气设备的额定电压之间就有一个相互配合的关系。当线路输送功率时，沿线的电压分布往往是始端高于末端，图 1-4 中沿线路 1-2 的电压分布可以如直线 U_1–U_2 所示，从而，图中用电设备的端电压将各不相同。所谓线路的额定电压 U_N 实际就是线路的平均电压$(U_1+U_2)/2$，而各用电设备的额定电压则取与线路额定电压相等，这样可以使所有用电设备能在接近它们的额定电压下运行。由于用电设备的允许电压偏移为±5%，而沿线路的电压降落一般不超过 10%，这就要求线路始端电压为额定值的 105%，以使其末端电压不低于额定值的 95%。因为发电机往往安装在线路始端，所以发电机的额定电压为线路额定电压的 105%。

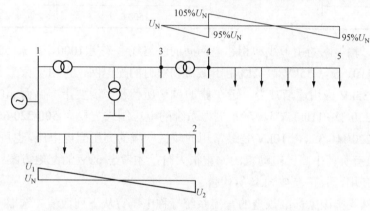

图 1-4　电力网的电压分布

变压器额定电压的规定略为复杂。根据变压器在电力系统中传输功率的方向，规定变压器接受功率一侧的绕组为一次绕组，输出功率一侧的绕组为二次绕组。一次绕组的作用相当于用电设备，其额定电压与系统标称电压相等，但直接与发电机连接时，其额定电压则与发电机的额定电压相等。二次侧额定电压规定为空载变压器一次侧施加额定电压时的二次侧电压。二次绕组向负荷供电，又相当于发电机的作用，再考虑到带负荷时变压器内部有一定的电压降落，所以二次侧额定电压应高于线路的额定电压，一般较线路额定电压高 10%和 5%。如果变压器的阻抗较小或直接（包括通过短距离线路）与用户连接时，则规定变压器额定电压比系统标称电压高 5%。

各级电压线路输送能力（即送电容量和送电距离）的大致范围如表 1-4 所示。

表 1-4　　　　　　　　电力线路不同电压等级下输送功率和输送距离的大致范围

线路电压/kV	线路结构	输送功率/MW	输送距离/km
3	架空线	0.1~1.0	1~3
	电缆线	0.1~1.5	1~2
6	架空线	0.1~1.2	4~15
	电缆线	0.2~3.0	3~8

续表

线路电压/kV	线路结构	输送功率/MW	输送距离/km
10	架空线	0.2～2.0	6～20
	电缆线	0.5～5.0	5～15
20	架空线	1.0～8.0	10～30
35		2.0～10.0	20～50
66		3.5～30	30～100
110		10.0～50.0	50～150
220		100.0～500.0	100～300
330		200.0～800.0	200～600
500		1000.0～1800.0	200～800
750		2000.0～2500.0	400 以上
1000		2500.0 以上	800 以上

　　一般说来，输电网的主干线和相邻电网间的联络线多采用 1000、750、500、330kV 和 220kV 等级；110、66、35kV 等级既用于城市和农村的配电网，也用于大工业企业的内部电网，但目前 35kV 应用逐渐减少，正在被 110kV 所代替。需要指出，西北电力系统的电压制式为 750/330/220/110/35kV，东北电力系统的电压制式主要为 500/220/66kV，其他地区主要为 500/220/110/35kV。10kV 是最常用的较低一级的高压配电电压，也可以采用 20kV 替代 10kV；只有负荷中高压电动机的比重很大时，才考虑 6kV 的配电方案；3kV 只限于工业企业内部使用，且正在被 6kV 所代替。

　　目前，虽然我国国家标准规定的直流系统标称电压宜从下列数值中选取（圆括号中给出的是非优选数值）：±160、（±200）、±320、（±400）、±500、（±660）、±800 和 ±1100kV。此外，国内已经投入运行的高压直流输电工程还包括 ±50kV 嵊泗工程和 ±100kV 舟山工程等。

　　在实际工程中，电力线路的额定电压有时也称为电网的额定电压。通常把额定电压低于 1kV 的电网称为低压配电网；1～220kV 电网称为高压网，有时也把 1～35kV 电网称为中压配电网；交流 330～750kV、直流 ±320～±660kV 的电网称为超高压网；交流 1000kV 及以上、直流 ±800kV 及以上的电网称为特高压网。此外，县级供电公司所辖的 110kV 及以下电网，即县域范围供电的电网，称为农村电网，简称农网。

1.4 电力系统的负荷和负荷曲线
Load and Load Curve of Power Systems

1.4.1 电力系统的负荷

　　电力系统的负荷是系统中所有电力用户的用电设备所消耗的电功率总和，也称电力系统综合用电负荷。系统中主要的用电设备包括异步电动机、同步电动机、电热炉、整流设备、照明设备等。根据用户的性质，用电负荷也可以分为工业负荷、农业负荷、交通运输业负荷和人民生活用电负荷等。在不同性质的用户中，上述各类用电设备额定功率所占的比重是不同的。在工业负荷中，对于不同的行业，这些用电设备的比重也不相同，表 1-5 所示是几种工业部门中各种用电设备比重的典型统计数据。此外，当前电网接入了越来越多的多元化负荷，包括电动汽车充电桩及电采暖、电锅炉和港口岸电装置等多种电能替代技术设备。

表 1-5　　　　　　　　　　部分工业部门中各种用电设备比重　　　　　　　　　　单位：%

类型	综合性中小工业	棉纺工业	石油工业	化学工业——化肥厂、焦化厂	化学工业——电化厂	大型机械加工工业	钢铁工业
异步电动机	79.1	99.8	81.6	56.0	13.0	82.5	20.0
同步电动机	3.2		18.4	44.0		1.3	10.0
电热电炉	17.7	0.2				15.0	70.0
整流设备					87.0	1.2	

注　比重按功率计；照明设备的比例很小未统计在内。

综合用电负荷加上电网中损耗的功率就是系统中各发电厂所供应的功率之和，因而统称为电力系统的供电负荷。供电负荷再加上发电厂本身的消耗功率（即厂用电），就是电力系统中各发电机发出功率的总和，称为电力系统的发电负荷。

1.4.2　负荷曲线

在运行过程中，用电设备的接入与退出有其偶然性，从而在不同时刻负荷大小也不尽相同。实际的系统负荷是随时间变化的，其变化规律可用负荷曲线来描述。负荷曲线为某一时间段内负荷随时间变化的规律曲线。其按负荷种类可以分为有功负荷和无功负荷曲线，按时间长短可以分为日负荷和年负荷曲线，按计量地点可分为个别用户、电力线路、变电站、发电厂以至整个系统的负荷曲线。将上述三种分类相结合，就确定了某种特定的负荷曲线，例如图 1-5 所示的电力系统有功功率日负荷曲线。为了方便计算，实际上常把连续变化的日负荷曲线绘制成阶

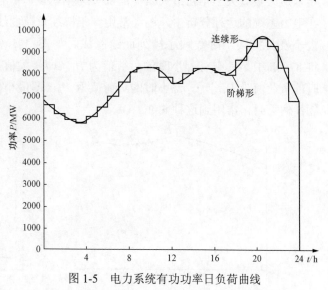

图 1-5　电力系统有功功率日负荷曲线

梯形，阶梯形负荷曲线反映一天中各个小时平均（或者是各个整点时刻）负荷的变化情况。

不同行业的有功功率日负荷曲线差别很大，例如，农村生活用电具有明显的早、中、晚集中用电的特性，如图 1-6（a）所示，负荷曲线变化较大，负荷曲线上的最大、最小值

13

之差（也称为峰谷差）很大；而三班制连续生产的重工业负荷，如图1-6（b）所示的钢铁工业负荷，负荷曲线较平坦，即峰谷差不大。尽管不少行业的负荷曲线有较大的变化幅度，但由于不同行业负荷曲线的最大负荷不可能都在同时刻出现，最小负荷也不会在同时出现，因此，系统的最大负荷总是小于各行业最大负荷之和，而系统的最小负荷总是大于各用户最小负荷之和，整个电力系统的负荷曲线比较平坦，即各行业最大负荷相加后，乘以小于1的"同时率"才为系统的最大综合用电负荷。

负荷曲线对电力系统的运行有很重要的意义，它是安排发电计划、确定各发电厂发电任务以及制订系统运行方式等的重要依据。

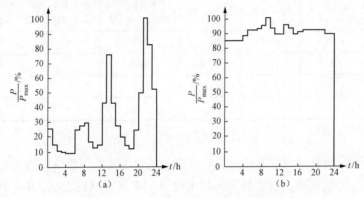

图1-6　几种行业有功功率日负荷曲线

（a）农村生活用电；（b）钢铁工业用电

有功功率年负荷曲线一般指一年内每月最大有功负荷变化的曲线，如图1-7（a）所示。年末最大负荷大于年初最大负荷的部分为年增长，低谷时段常用于安排发电设备的检修。在电力系统的运行分析中，还经常用到年持续负荷曲线，它由一年中的系统负荷按照数值大小及其持续小时数顺序排列而绘制成。如图 1-7（b）所示的年持续负荷曲线，在全年 8760h 中，其中有 t_1 小时的负荷值为 P_1（即最大值 P_{max}），t_2 小时的负荷值为 P_2，t_3 小时的负荷值为 P_3，…，t_n 小时的负荷值为 P_n（即最小值 P_{min}）。在安排发电计划和进行可靠性估算时，常用到这种曲线。

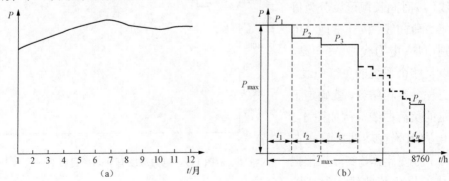

图1-7　电力系统年负荷曲线

（a）有功功率年负荷曲线；（b）年持续负荷曲线

根据年持续负荷曲线可以确定电力系统负荷的年用电量 A_y，如式（1-1）所示。

$$A_{\mathrm{y}} = \int_0^{8760} P \mathrm{d}t \qquad (1\text{-}1)$$

如果负荷始终等于最大值 $P_{\max}$，经过时间 $T_{\max}$ 小时后，所用的电能恰等于负荷全年实际用电量 A_{y}，即 $A_{\mathrm{y}} = P_{\max} T_{\max}$，那么便称 $T_{\max}$ 为最大负荷利用小时数。$T_{\max}$ 可以用式（1-2）表达，即

$$T_{\max} = \frac{A_{\mathrm{y}}}{P_{\max}} = \frac{1}{P_{\max}} \int_0^{8760} P \mathrm{d}t \qquad (1\text{-}2)$$

对于图 1-7（b）所示的年持续负荷曲线，由坐标轴、$P_{\max}$ 和 $T_{\max}$ 所构成的矩形面积显然等于由 $P_{\max}$、P_2、P_3、$\cdots$、P_n 所包的梯形面积。

$T_{\max}$ 越大表示负荷曲线越平坦，即有功负荷的最大值与最小值相对差值越小，如果负荷曲线为一水平线，则 $T_{\max}$ 为 8760h，达到最大值。不同行业负荷的 $T_{\max}$ 也不同。根据电力系统的运行经验，各类负荷的 $T_{\max}$ 的数值大体有一个范围。电力系统规划设计手册给出了各类负荷的典型 $T_{\max}$ 值，它是根据统计资料求得的，例如农村照明的 $T_{\max}$ 约为 1500h，农村排灌用电的 $T_{\max}$ 约为 2800h，食品工业的 $T_{\max}$ 约为 4500h，钢铁工业的 $T_{\max}$ 约为 6500h，一班制企业 $T_{\max} = 1500 \sim 2200\mathrm{h}$，三班制企业 $T_{\max} = 6000 \sim 7000\mathrm{h}$。

在电力系统规划时，用户的负荷曲线往往是未知的，但如果了解用户的性质，就可以选择适当的 $T_{\max}$ 值，从而近似地估计用户的全年用电量，即 $A_{\mathrm{y}} = P_{\max} T_{\max}$。

相对而言，无功负荷曲线不如有功功率曲线用得普遍，一般在进行电力系统无功功率平衡时才会予以考虑。

1.4.3　负荷特性

在电力系统运行过程中，用电设备的功率会随着系统的电压和频率的变化而变化，反映这种变化规律的曲线或数学表达式称为负荷特性。负荷特性包括静态特性和动态特性。静态特性是指稳态下负荷功率与电压或频率的关系，动态特性反映频率或电压急剧变化时负荷功率随时间的变化。当频率维持额定值不变时，负荷功率与电压的关系称为负荷的电压静态特性。当负荷端电压维持额定值不变时，负荷功率与频率的关系称为负荷的频率静态特性。

负荷特性取决于各类用户的不同用电设备的组成情况，一般是通过实测确定。图 1-8 为实测的负荷静态特性。在电力系统潮流计算中，负荷常用恒定功率表示；在调频、调压分析时，一般都对负荷特性作简化处理。

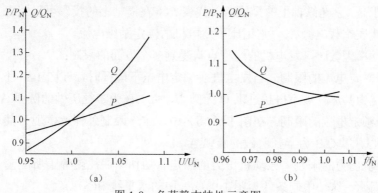

图 1-8　负荷静态特性示意图

（a）10kV 配电的居民用户负荷电压静态特性；（b）综合中小工业负荷的频率静态特性

1.5　电力系统基本元件概述

Overview of Basic Power System Components

1.5.1　同步发电机及其运行特性

现代电力系统中的汽轮发电机组和水力发电机组几乎全部采用同步交流发电机。三相同步发电机是电力系统的电源，其功能是将原动机（汽轮机或水轮机）通过转轴传送来的旋转机械功率变换为电功率。根据转子结构形式的不同，同步发电机分为隐极式和凸极式发电机。同步发电机的转速 n（r/min）、系统频率 f（Hz）和发电机极对数 p 之间的关系如式（1-3）所示。

$$n = \frac{60f}{p} \tag{1-3}$$

大、中容量汽轮发电机的转速均为 3000r/min。因为转速较高，所以转子做成隐极式。汽轮发电机结构均是卧式的。因为水轮机属于低速机械，所以水轮发电机只能做成多极的。水轮发电机主要结构型式有卧式和立式两种，通常小容量水轮发电机多采用卧式结构，中容量的采用立式和卧式结构，大容量的则采用立式结构。

同步发电机既是电力系统中的有功功率电源，同时也是基本的无功功率电源。发电机在正常运行时，其定子电流和转子电流都不应超过额定值。

在额定运行状态下，发电机发出的功率之间的关系式为

$$\left.\begin{array}{l} P_N = S_N \cos\varphi_N \\ Q_N = S_N \sin\varphi_N \end{array}\right\} \tag{1-4}$$

式中　S_N、P_N、Q_N——发电机额定视在功率、额定有功功率和额定无功功率；

　　　　φ_N——发电机额定功率因数角。

图 1-9（a）为隐极发电机的等值电路，图中忽略了发电机定子绕组的电阻，X_d 表示发电机同步电抗。图 1-9（b）中，B 点是额定运行点，相量 OB 的长度代表发电机电抗压降，正比于定子额定电流 I_N，在发电机端电压为额定电压 U_N 时，可以按一定比例代表额定视在功率 S_N，于是，它在纵轴上的投影可以代表 P_N，在横轴上的投影可以代表 Q_N。相量 O'B 的长度可以代表空载电势 E_N，它正比于发电机的额定励磁电流。

当改变功率因数时，发电机的运行点将受到多个方面的限制：

1）定子额定电流的限制。当发电机在额定电压下运行时，在图 1-9（b）中，这一限制条件就体现为其运行点不得超过以 O 为圆心、以 OB 为半径所做的圆弧 A_1。

2）转子额定电流的限制。在图 1-9（b）中，这一限制条件就体现为其运行点不得超过以 O′为圆心、以 O′B 为半径所做的圆弧 A_2。

3）原动机出力的限制。原动机出力的额定有功功率往往就等于所配套的发电机额定有功功率。因此，这一限制条件为图 1-9（b）中的水平线 BC。

4）其他限制。在发电机超前功率因数运行时，对定子端部温升和并列运行稳定性有

所限制。通常定子端部温升的限制最为苛刻，但需要通过试验确定，图 1-9（b）的示意虚
线 A_3 所示。

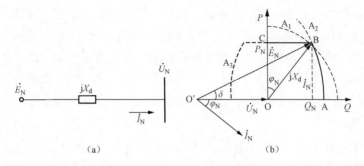

图 1-9　发电机的运行极限图

（a）等值电路；（b）相量与功率运行极限图

综上所述，发电机发出有功、无功的多少，受到图 1-9（b）的粗实线和虚线限制，该
图称为发电机的 P-Q 运行极限图。从图中可以看到，发电机只有在额定电压、额定电流和
额定功率因数下运行时（即运行点 B），视在功率才能达到额定值，其容量也得到最充分
的利用。

当系统中无功功率电源不足，而有功功率备用容量又较充裕时，可使发电机降低功率
因数运行，多发无功功率，也就是说要发电机发送多于额定值 Q_N 的无功功率，就必须以
少发有功功率为代价，否则发电机的运行点将越出运行极限曲线。

1.5.2　电力变压器

电力变压器是电力系统中广泛使用的升压和降压设备。一般把电压在 35kV 及以下，
三相额定容量在 2.5MVA 及以下，单相最大容量为 0.833MVA 的变压器称为配电变压器；
三相额定容量不超过 100MVA，单相最大容量为 33.3MVA 的变压器称为中型变压器；三
相额定容量在 100MVA 以上的变压器称为大型变压器。

变压器有不同种类。①按相数分，变压器可分为单相式和三相式。目前工程中的电力
变压器大多是三相的，但考虑运输、安装等因素，特大型变压器也有制成单相的，安装完
毕后再连接成三相变压器。②按每相线圈个数分，变压器可分为双绕组和三绕组。前者联
络两个电压等级，后者联络三个电压等级。③按线圈耦合的方式，变压器又可分为普通变
压器和自耦变压器。④按冷却方式分，变压器可分为干式变压器和油浸式变压器。干式变
压器依靠空气对流进行自然冷却或增加风机冷却，多用于高层建筑、局部照明等小容量变
压器；油浸式变压器依靠油作冷却介质，其冷却方式有油浸自冷、油浸风冷、油浸水冷、
强迫油循环风冷和强迫油循环水冷等。

为适用于用电负荷差异较大场合（如农村的农忙季节和用电淡季的负荷），有载调容
变压器得以应用。这种变压器是具有大小两种额定容量。在大容量时，三相高压绕组采用
三角形接线，低压绕组并联结构；在小容量时，三相高压绕组接成星形接法，低压绕组串
联结构，绕组的星-角转换和串-并联转换，均由有载调容开关根据负载大小而自动控制切
换。当变压器转换为小容量时，由于绕组匝数大大增加，铁芯磁通密度大幅度降低，硅钢

片单位损耗变小，大大降低变压器的空载功率损耗，达到节能降耗的目的。

电力变压器的高压侧及中压侧引出多个分接头，并装有分接开关，以改变绕组的有效匝数（又称作转换挡位）进行调压。根据分接开关是否带负荷情况下操作，电力变压器分为有载调压变压器和无励磁调压变压器（即普通变压器）。普通变压器的分接开关不具备带负载转换挡位的能力，调挡时必须使变压器停电；有载调压变压器的分接开关可以带负荷操作。普通变压器通常有三个 ($U_N \pm 5\%$) 或五个分接头 ($U_N \pm 2 \times 2.5\%$)，其中对应额定电压 U_N 的分接头称为主抽头；66kV 及以上电压等级的有载调压变压器，其调压范围一般为 ($U_N \pm 8 \times 2.5\%$)。

双绕组的升压变压器和降压变压器在结构上并无区别，只是额定电压不同。绕组的排列布置方式主要考虑漏抗大小、出线方便、绝缘结构合理等因素。对于同心式排列布置的双绕组的变压器，低压绕组通常放在里层，高压绕组排在外层，这样可以降低绝缘成本，也方便高压绕组的多分接头出线。

三绕组的升压变压器和降压变压器则除了额定电压有所不同外，绕组的排列布置也不相同，但高压绕组仍然排在最外层。升压变压器由于功率是从低压侧送往高、中压侧，所以希望低压绕组与高压和中压绕组都有紧密的耦合，以减小电压降落，因此，升压结构变压器的中压绕组最靠近铁芯，高压绕组在最外侧，低压绕组居于高、中压绕组之间，如图 1-10（a）所示。降压变压器的功率流向是自高压至中、低压侧，一般中压侧负荷较大，所以中、低压绕组位置对调，使高、中压绕组有较强的磁耦合，见图 1-10（b）。

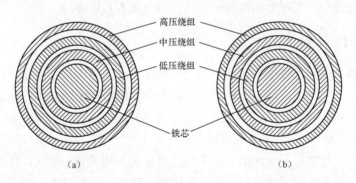

图 1-10　三绕组变压器绕组的排列布置示意图

（a）升压结构；（b）降压结构

1.5.3　电力线路

电力线路按结构可分架空线路和电缆线路两类。架空线路和电缆线路相比各有优缺点，例如，架空线路结构简单，建设费用低，检修方便，但容易因风害、雷击、鸟害等造成断线、短路与接地等故障，还有安全和市容美观的问题以及受地理位置的限制；而电力电缆运行可靠，不受外界影响，机械碰撞的机会也较小，不占地面和空间，同时使市容美观整齐，交通方便，但电缆线路的投资费用较架空线路高，电压越高，二者差别越大；发生故障后，电缆线路的测寻和修复都比较困难；电缆头的制作工艺比较复杂，要求也较高。因此，目前，电缆线路只适用于特定的场所，例如在城区、发电厂和变电所内部或附近以及穿过江河、海峡时，往往采用电缆线路。

1.5.3.1　架空线路的组成

架空线路主要由导线、避雷线、杆塔、绝缘子、横担和金具等构成，如图 1-11 所示。导线的作用是传输电能；避雷线用于将雷电流引入大地以保护电力线路免受雷击；杆塔用于支持导线和避雷线，并使导线之间，导线与避雷线之间，导线与大地、公路、铁路、其他电力线路、通信线等被跨越物之间，保持一定的安全距离；绝缘子使导线和杆塔间保持绝缘；横担和金具用于支持、接续、保护导线和避雷线，连接和保护绝缘子。

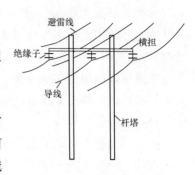

图 1-11　架空线路的构成

1.5.3.2　架空线路的导线和避雷线

架空线路的导线和避雷线都架设在空中，要承受自重、风压、冰雪荷载等机械力的作用和空气中有害气体的侵蚀，同时还受温度变化的影响。因此，导线和避雷线的材料应当具有机械强度高、耐磨耐折和抗腐蚀性强等特点，同时导线还应有良好的导电性能。

常用的导线材料有铜、铝、铝合金、钢等。各种导线材料的基本物理性能和代表符号见表 1-6。

表 1-6　　　　　　　　　　　导线材料的基本物理性能和代表符号

材料	20℃时的电阻率/$10^{-6}\Omega \cdot m$	抗拉强度/$N \cdot mm^{-2}$	代表符号
铜	0.0182	390	T
铝	0.027	160	L
铝合金	0.0339	300	LH
钢	0.103	1200	G

导线和避雷线在结构上可分为单股线和多股绞线。多股绞线由多股细单股导线绞合而成，如图 1-12 所示。多股绞线的优点是机械强度比较高，柔韧易弯曲，因此，架空线路一般采用多股绞线。为增加多股铝绞线的机械性能，常常将铝和钢组合起来制成钢芯铝绞线。钢芯铝绞线以单股或多股钢线为线芯，将铝线绕在钢线芯外层作主要载流部分，机械荷载则由钢线和铝线共同承担。

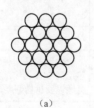
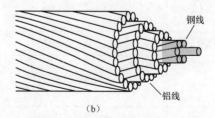

（a）　　　　　　　　　　　　　　（b）

图 1-12　多股绞线

（a）同材料导线；（b）钢芯铝绞线

导线和避雷线的型号由字母和数字组成。多股绞线以字母 J 代表，按照 1983 年的标准，TJ-50 表示标称截面积为 $50mm^2$ 的多股铜绞线；LGJ-300/50 为钢芯铝绞线，多股铝线的标称截面积为 300mm^2，钢线部分的标称截面积为 50mm^2。按照 2017 年国家标准❶，多股导线型号的第一个字母均用 J；组合导线在 J 后面为外层线（或外包线）和内层线（或芯线），二者用"/"分开，导线型号含义如表 1-7 所示。

当线路电压超过 220kV 时，为减小电晕损耗或线路电抗，需要采用截面积很大的导线。其实，对导体的载流量而言，却又不必采用如此大的截面积。因此，在实际工程中常常采用扩径导线或分裂导线。

扩径导线是人为地扩大导线直径但又不增大载流部分截面积的导线。例如，在官亭—兰州东的 750kV 输电线路使用的是 LGJK-300/50 型扩径导线，它是以 LGJ-400/50 型导线原型，将铝线由 54 根减为 41 根，减少 13 根铝线，其中内层铝线由 12 根减为 7 根，邻外层铝线由 18 根减为 10 根，外层铝线不变仍为 24 根。内层铝线和邻外层铝线均匀排列，铝线之间会有间隙，导线断面结构见图 1-13。

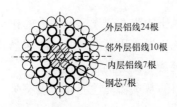

外层铝线24根
邻外层铝线10根
内层铝线7根
钢芯7根

图 1-13　扩径导线 LGJK-300/50

分裂导线就是每相由多根导线并联组成的导线束，导线束中的每根导线称为分裂导线的子导线，子导线相互间保持一定距离。例如分裂导线的子导线为 2～4 根，各根相距 400mm，如图 1-14 所示。这种分裂可使导线周围的电、磁场发生变化，减小电晕损耗或线路电抗，同时，线路电容也将增大。我国 220kV 有采用二分裂的，500kV 多应采用四分裂。

表 1-7　　　　　　　　　　　新国家标准对应的导线型号

型号	含义	备注和示例
JL	铝绞线	JL-300-37，由 37 根硬铝线绞合而成，铝标称截面积为 300mm^2
JLHA1、JLHA2	高强度铝合金绞线，A——高强度系列，1 或 2——强度等性能不同	JLHA1-500-37，由 37 根 1 型高强度铝合金绞线绞合而成，铝合金标称截面积为 500mm^2
JL/G1A、JL/G2B、JL/G2A、JL/G2B、JL/G3A	钢芯铝绞线，1、2 或 3——强度系列（普通、高强、特高强），A 或 B——镀锌厚度等级（普通、加厚）	JL/G1A-500/45-48/7，由 48 根硬铝线和 7 根 A 级镀锌钢制成，铝线标称截面积为 500mm^2，钢线标称截面积为 45mm^2
JL/G1AF、JL/G2AF、JL/G3AF	防腐型钢芯铝绞线	
JLHA1/G1A、JLHA1/G1B、JLHA1/G3A、JLHA2/G1A、JLHA2/G1B、JLHA2/G3A	钢芯铝合金绞线	
JL/LHA2、JL/LHA1	铝合金芯铝绞线	
JL/LB1A	铝包钢芯铝绞线	铝包钢线是一种将铝连续均匀包覆在钢芯上的双金属线，它兼有导电性能好，耐腐蚀以及钢的强度高等优点
JLHA1/LB1A、JLHA2/LB1A	铝包钢芯铝合金绞线	
JG1A、JG1B、JG2A、JG3A	钢绞线	
JLB1A、JLB1B、JLB2	铝包钢绞线	

---

❶　圆线同心绞架空导线 GB/T 1179—2017。

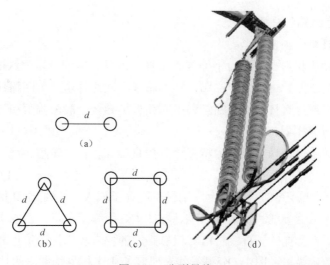

图 1-14　分裂导线

（a）二分裂；（b）三分裂；（c）四分裂结构；（d）四分裂实际布置

避雷线又称架空地线，装设在导线上方，并且直接接地，用于电力线路防雷保护。避雷线一般采用镀锌钢绞线，个别线路或线段由于特殊需要，有时采用铝包钢绞线或铝包钢芯铝合金绞线等良导体。

为了满足电力系统控制和通信的信息传输功能需求，在有些场合还需全线敷设光纤线路，这时有必要考虑采用光纤复合相线（Optical Phase Conductor，OPPC）或光纤复合地线（Optical Ground Wire，OPGW）。这类复合导线将光纤通信单元复合在金属导线中，其典型结构如图 1-15 所示，它们充分利用电力系统自身的线路资源，并兼具光缆的特点及功能，可以同时、同路、同走向传输电能和信息，实现了电力线路、光纤线路的一次架设、一次施工、一次投入，大大缩短了工期，减少了施工成本。

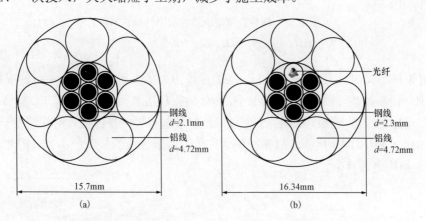

图 1-15　钢芯铝绞线与光纤复合相线的比较

（a）钢芯铝绞线 JL/G1A-120/25-7/7；（b）光纤复合相线 OPPC-120/25

架空线路的导线一般采用上述的裸导线，但在人口密集区域的线路，为了安全宜采用架空绝缘导线，比如：JKLGYJ 钢芯铝交联聚氯乙烯绝缘线，JKLYJ 铝交联聚氯乙烯绝缘线，其中 JK、YJ 分别表示"架空"和"交联聚氯乙烯绝缘"。

1.5.3.3 架空线路的杆塔

架空线路的杆塔有很多类型。

（1）杆塔在使用材料上可分为钢筋混凝土杆、木杆、钢管杆塔和铁塔。

（2）杆塔按其回路数可分为单回路、双回路和多回路杆塔。单回路杆塔导线既可水平布置，也可三角形或垂直排列；双回路和多回路杆塔导线一般为垂直布置，必要时可考虑水平和垂直组合方式排列。

（3）杆塔按其用途、功能或受力特点可分为直线、耐张、转角、终端、换位和跨越六种类别的杆塔。

1）直线杆塔用于线路的直线段上，用悬垂绝缘子或 V 形绝缘子支持导线。直线杆塔在线路正常运行时承受导线和避雷线自重、覆冰重、绝缘子重量以及水平方向的风力，因此，其绝缘子是垂直悬挂的。直线杆塔对机械强度的要求较低，造价也较低廉。在架空线路中，直线杆塔数量最多，图 1-11 和图 1-16 列出了部分直线杆塔。

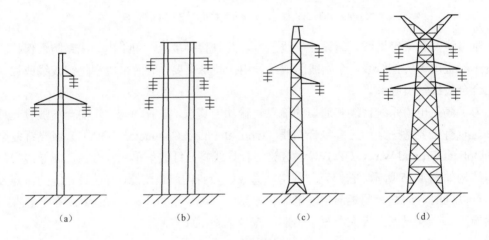

图 1-16　部分直线型钢筋混凝土杆和铁塔

（a）单回单杆；（b）双回双杆；（c）单回铁塔；（d）双回铁塔

2）耐张杆塔又叫承力杆塔，用于线路的分段承力处。耐张杆塔将线路分成若干千米长的耐张段，使断线故障的影响范围限制在两处耐张杆塔之间，并便于施工、检修。图 1-17 所示为一个耐张段内的线路。在耐张杆塔上，两侧导线开断，并各用一耐张绝缘子串连接，再以跳线相连，如图 1-18 所示。耐张杆塔允许承受两侧导线的较大拉力差，因此，其强度要求较高，结构也较复杂。

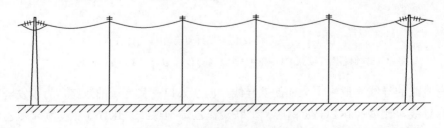

图 1-17　线路的一个耐张段

3）转角杆塔用于线路转角处。转角杆塔两侧导线的张力不在一条直线上，故需承受角度合力，如图 1-19 所示。转角杆塔的角度是指转角前原有线路方向的延长线与转角后线路方向之间的夹角。转角杆塔分为悬垂型和耐张型两种。悬垂型转角杆塔也称为直线转角杆塔，其外形和直线杆塔相似，但绝缘子串不完全垂直地面而略有偏斜；在耐张转角杆塔处，导线和避雷线开断并直接张拉于杆塔上。一般直线杆塔如需要带转角，在不增加塔头尺寸时不宜大于 3°。悬垂转角杆塔的转角角度，对 330kV 及以下线路杆塔不宜大于 10°；对 500kV 及以上线路杆塔不宜大于 20°。

图 1-18 耐张杆塔的塔头部分

图 1-19 转角杆塔的受力和转角

4）终端杆塔是设置在进入发电厂或变电站线路终端的杆塔，由它承受最后一个耐张段内导线的拉力。如不设置这种杆塔，这种拉力将施加到发电厂或变电站的建筑物或配电结构上，使它们的造价增加。终端杆塔不同于耐张杆塔，它在正常运行时承受相当大的单侧张力。

5）换位杆塔用于改变线路中三相导线的相互位置。架空线路的换位是为了降低三相参数的不平衡度。导线在换位杆塔上不开断时称为直线换位杆塔，反之称为耐张或转角换位杆塔。一次换位循环是指在一定长度内经换位而使三相导线都分别处于三个不同位置，完成一次完整的循环，如图 1-20 所示。按照国家标准，在中性点直接接地的电网中，长度超过 100km 的送电线路宜换位。换位循环长度不宜大于 200km。中性点非直接接地电网，为降低中性点长期运行中的电位，可用换位来平衡不对称电容电流。

6）跨越杆塔位于跨越河流、山谷、铁路等交叉跨越的地方。跨越杆塔一般都比普通杆塔高出许多。

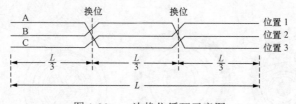

图 1-20 一次换位循环示意图

1.5.3.4 架空线路的绝缘子

架空线路使用的绝缘子分针式和悬式两种。针式绝缘子使用在电压不超过 35kV 的线路上，如图 1-21 所示。悬式绝缘子是成串使用的绝缘子，用于电压为 35kV 及以上的线路上，如图 1-22 所示，其中型号中的 X 表示悬式绝缘子，X 后的数字表示允许承受的荷重，单位为吨；XW 则为专用于易污染地区的防污悬式绝缘子。线路电压不同，每串绝缘子的

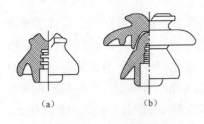

图 1-21　针式绝缘子

（a）10kV 线路用；（b）35kV 线路用

片数也不同。按照国家标准，在海拔 1000m 以下地区，操作过电压及雷电过电压要求的悬垂绝缘子串绝缘子片数，不应少于表 1-8 的数值。耐张绝缘子串的绝缘子片数应在表 1-8 的基础上增加，对 35～330kV 送电线路增加 1 片，对 500kV 送电线路增加 2 片，对 750～1000kV 送电线路一般可取悬垂串同样的数值。因此，通常可根据绝缘子的片数判断线路的电压等级。

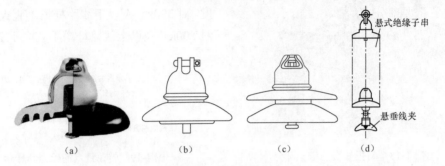

图 1-22　悬式绝缘子

（a）外形与剖面；（b）X-4.5 型；（c）XW-4.5 型；（d）悬式绝缘子串

表 1-8　　　　　　　　　　　架空线路悬垂绝缘子串的最少片数

额定电压/kV	35	66	110	220	330	500	750	1000
单片绝缘子的高度/mm	146	146	146	146	146	155	170	195
绝缘子片数/片	3	5	7	13	17	25	32	54

1.5.3.5　电缆线路

用于电缆线路的电力电缆由导体、绝缘层、包护层等构成，如图 1-23 所示。导体传输电能；绝缘层使导体与导体、导体与包护层互相绝缘；包护层保护绝缘层，并有防止绝缘油外溢和水分侵入的作用。

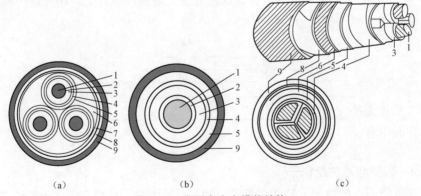

图 1-23　常用电力电缆的结构

（a）聚氯乙烯绝缘三芯钢带铠装电缆；（b）单芯无铠装电缆；（c）纸绝缘扇形三芯钢带铠装电缆

1—导体；2—导体屏蔽；3—相绝缘；4—绝缘屏蔽；5—金属屏蔽；6—填充；

7—隔离套（内护层）；8—钢带铠装；9—外护套

电缆的导体用铝或铜的单股或多股线，通常用多股线。

电缆绝缘层的材料有橡胶、沥青、聚乙烯、聚氯乙烯、棉、麻、绸、纸、浸渍纸和矿物油、植物油等液体绝缘材料，目前大多用浸渍纸和聚氯乙烯。

包护层分内护层和外护层两部分。内护层由铝或铅制成，用以保护绝缘不受损伤，防止浸渍剂的外溢和水分的侵入。外护层的作用在于防止外界的机械损伤和化学腐蚀。外护层由内衬层、铠装层和外护套层组成。内衬层一般由麻绳或麻布带经沥青浸渍后制成，用以作铠装的衬垫，以避免钢带或钢丝损伤内护层。铠装层一般由钢带或钢丝绕包而成，是外护层的主要部分。外护套层的制作与内衬层间，作用是防止钢带或钢丝的锈蚀。

图 1-23（a）所示为铝芯（或铜芯）分相铝（或铅）包裸钢带铠装电力电缆。其特点是每根圆形芯线绝缘后分别包铝（或铅）层屏蔽电场，最后组成电缆，这是 20kV 和 35kV 电压级电缆常用的结构。图 1-23（b）所示为铝芯（或铜芯）无铠装电力电缆。图 1-23（c）为铝芯（或铜芯）浸渍纸绝缘铝（或铅）包钢带铠装电力电缆，其特点是扇形导线，三根芯线组成电缆后再外包铝（或铅）内护层，常用于 10kV 及以下电压等级。110kV 及以上电压等级的电缆常采用单芯充油结构，有单芯和三芯之分，这种电缆的最大特点是导体中空，内部充油。

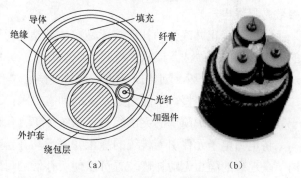

（a）　　　　　　　　　　（b）

图 1-24　光纤复合电缆典型结构

（a）示意图；（b）实际图片

此外，光纤复合电缆是电力系统中正在兴起运用的一种新型特种电缆，其典型结构如图 1-24 所示，它将光纤通信单元复合在电力电缆或金属导线中，可以充分利用电力系统自身的线路资源，并兼具光缆的特点及功能。

1.5.4　无功功率补偿设备

诸如异步电动机和变压器这样的电气设备均需从电网汲取大量的无功功率以供其励磁之用，所以电力系统也需要提供无功功率。发电机的额定功率因数一般大于 0.8，同时也不允许长距离输送无功功率，单靠发电机发出的无功功率不能满足电力系统的无功需求，因此，要进行无功功率补偿。并联无功功率补偿是调整电力系统电压与降低电网有功功率损耗的常用措施。目前，电力系统主要的并联无功功率补偿设备包括并联电容器、同步调相机、静止无功补偿装置和静止同步补偿器。

（1）并联电容器。并联电容器是目前使用最广泛的一种无功功率补偿设备。并联电容器能补偿负荷感性无功功率以改善功率因数，所以又称为移相电容器。并联电容器可分散安装；本身有功功耗很小，为容量的 0.3%～0.5%；投资较低，并且单位容量投资几乎与总容量无关。并联电容器所产生的无功功率与其端电压的平方成正比，所以它具有电压负特性，即当其端电压降低（或升高）时，它注入系统的无功功率也降低（或升高），这是并联电容器的不足之处。此外，并联电容器其他缺点是只能产生感性无功功率，成组投切并联电容器会造成较大的冲击。

（2）同步调相机。同步调相机本质上是一台空载运行的同步电机，在过励磁运行时可产生无功功率，在欠励磁时还可以吸收无功功率（即提供容性无功功率），适用于在负荷中心的大型变电站进行集中补偿。调节同步调相机的励磁电流，可以平滑改变调相机的无功功率大小和方向。自动励磁调节装置能使同步调相机在端电压波动时自动调节无功功率，维持母线电压。装有强行励磁调节装置的同步调相机在系统发生故障而引起电压降低时，可以提供短时电压支撑，有利于提高电网运行的稳定性。同步调相机欠励磁运行吸收无功功率的能力，为其过励磁运行发出无功功率容量的 50%～65%。同步调相机的缺点是投资费用大，有功功率损耗大，动态调节响应速度慢，运行维护工作量较大，增加了系统的短路容量。

（3）静止无功补偿装置。静止无功补偿装置（Static Var Compensator，SVC）简称为静止补偿器，是由静止元件构成的并联可控无功功率补偿装置，可以通过改变其容性和（或）感性等效阻抗来调节它的无功功率输出，以维持或控制电力系统的特定参数（典型参数是母线电压）。

传统的静止并联无功补偿装置是在被补偿的母线上安装并联电容器、电抗器或者它们的组合，以向系统注入或从系统吸收无功功率。并联在节点上的电容器和（或）电抗器通过机械开关按组投入或退出。因此，这种补偿方法有三个重要缺点：一是其调节是离散的；二是其调节速度缓慢，不能满足系统的动态要求；三是其具有电压负特性。尽管如此，由于其造价低和维护简单的突出优点，系统中仍大量地采用这种补偿措施。

将电力电子元件引入传统的静止并联无功补偿装置，可以实现补偿的快速和连续平滑调节。理想的静止无功补偿装置可以使所补偿的母线电压接近常数。近年来，良好的动、静态调节特性使静止无功补偿装置得到了快速推广。静止无功补偿装置的构成形式有多种，但基本结构主要包括两种：

1）晶闸管控制电抗器（Thyristor Controlled Reactor，TCR）型，如图 1-25（a）所示，它由晶闸管控制的并联电抗器，通过控制晶闸管阀的导通角使其等效感抗连续变化；

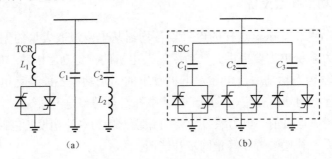

图 1-25 静止无功补偿装置

（a）TCR 型；（b）TSC 型

2）晶闸管投切电容器（Thyristor Switched Capacitor，TSC）型，如图 1-25（b）所示，它由晶闸管投切的并联电容器，通过晶闸管阀的开通或关断使其等效容抗呈级差式变化。

在图 1-25（a）中，静止无功补偿装置由可控电抗器和电容器组并联组成。设电容器发出的无功功率为 Q_c，电抗器吸收的无功功率为 Q_L，则静止无功补偿装置发出的无功功率为(Q_c-Q_L)。Q_L的调节取决于晶闸管的导通角。当$Q_c>Q_L$时，补偿器发出无功功率；反之，当$Q_c<Q_L$时，则吸收无功功率。静止无功补偿装置配以适当的自动调节装置后，就能自动调节无功功率，维持母线电压。

由于晶闸管对于控制信号反应极为迅速，而且通断次数也可以不受限制。因此，当电压变化时静止无功补偿装置能快速、平滑地调节，以满足动态无功补偿的需要，同时还能做到分相补偿，对于三相不平衡负荷及冲击负荷有较强的适应性。但晶闸管控制电抗器回路的投切过程中会产生高次谐波，为此需加装专门的滤波器，以降低静止无功补偿装置对系统的谐波污染。图 1-25（a）中的电容C_2与L_2构成串联谐振回路，兼作高次谐波的滤波器。对基波而言，滤波器呈容性，即向系统注入无功功率。与同步调相机相比，静止无功补偿装置调节速度较快，运行维护简单，功率损失较小。

考虑了静止无功补偿装置的稳态控制策略后，其等值伏安特性如图 1-26 所示，其中图 1-26（a）未考虑滤波器回路，由 TCR 和C_1组合而成（计及滤波器回路的伏安特性也类似）。这样，当母线电压在静止无功补偿装置的控制范围内变化时，图 1-26（a）对应的静止无功补偿装置可以看成电源电压为U_{ref}和内电抗为X_S的同步调相机，其端电压的计算式为

$$U = U_{\text{ref}} + I_{\text{SVC}} X_S \tag{1-5}$$

式中　X_S——图 1-26（a）中直线 1-2 的斜率；

U、I_{SVC}——静止无功补偿装置的端电压和端电流。

当母线电压的变化超出静止无功补偿装置的控制范围时，静止无功补偿装置即成为固定电抗，即$-jX_{\text{SVCmin}} = -j\dfrac{1}{2\pi f C_1}$ 或 $jX_{\text{SVCmax}} = j\dfrac{2\pi f L_1}{1-(2\pi f)^2 L_1 C_1}$。

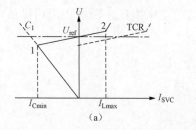 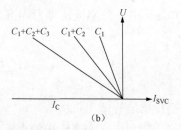

图 1-26　静止无功补偿装置的等值伏安特性

（a）TCR 型；（b）TSC 型

静止无功补偿装置之所以能产生无功功率，本质上依靠的就是并联电容器。而并联电容器具有电压负特性，因此，在电网电压水平过低时，静止补偿器以及并联电容器往往无法提供亟需的无功功率。这是静止补偿器的缺陷。

（4）静止同步补偿器。静止同步补偿器（Static Synchronous Compensator，STATCOM），又称为静止调相机或新型静止无功发生器（Advanced Static Var Generator，ASVG），其主回路主要是由门极可关断晶闸管（Gate Turn-Off Thyristor，GTO）组成的电压源逆变器和并联直流电容器构成，如图 1-27（a）所示。该静止同步补偿器实际上是一个自换相的电压源三相全桥逆变器。电容器的直流电压相当于理想的直流电压源，为逆变器提供直流电压支撑。逆变器中六个可关断晶闸管分别与六个普通二极管反向并联，二极管的作用是续

流，即为交流侧向直流侧反馈能量时提供通道。在正常工作时，适当控制 GTO 的通断，逆变器将电容 C 上直流电压转换成与电力系统电压同步的三相交流电压。由于三相对称正弦电路的三相功率瞬时值之和为常数，所以各相的无功能量不是在电源与负载之间而是在相与相之间周期性交换。这样，将逆变器看作负载时其直流侧可以不设储能元件。但是，由于谐波的存在，各次谐波之间的交叉功率使得逆变器与交流系统之间仍有少量的无功能量交换，因此，电容 C 既起到提供直流电压的作用又起到储能作用。连接变压器将逆变器输出的电压变换到与母线电压等级相同，同时其本身的漏抗可以用于限制故障电流，避免逆变器故障或电网故障时电流过大。

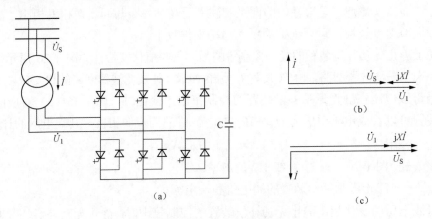

图 1-27　静止同步补偿器

（a）原理接线示意图；（b）发出无功功率的相量图；（c）吸收无功功率的相量图

在图 1-27（a）中，忽略变压器及逆变器的功率损耗，则静止调相机从电网吸收的电流 $\dot{I}$ 计算式为

$$\dot{I} = \frac{\dot{U}_\mathrm{s} - \dot{U}_1}{\mathrm{j}X} \tag{1-6}$$

式中　X——变压器的等值电抗；

　　　$\dot{U}_1$——静止调相机逆变器输出的电压；

　　　$\dot{U}_\mathrm{s}$——电力系统的母线电压。

这时，只需使 $\dot{U}_\mathrm{s}$ 与 $\dot{U}_1$ 同相，适当控制逆变器的输出电压 $\dot{U}_1$ 的幅值大小，就可以灵活地改变静止调相机运行工况，使其处于容性、感性或零负荷状态。当 $U_1 > U_\mathrm{s}$ 时，如图 1-27（b）所示，电流超前电压 90°，静止调相机发出无功功率；当 $U_1 < U_\mathrm{s}$ 时，如图 1-27（c）所示，电流滞后电压 90°，静止调相机吸收无功功率。

静止调相机的动态性能远优于同步调相机，启动无冲击，调节连续范围大，响应速度快，损耗小。直流侧的电容器只是用来维持直流电压，不需要很大容量，因而装置体积小且经济。前已述及，静止无功补偿装置的控制元件为晶闸管。晶闸管是半控型器件，只能在阀电流过零时关断。静止调相机的控制元件为全控型阀元件 GTO。理想的 GTO 开关特性为：当阀有正向电压且在门极加正向控制电流时，阀即时开通。当在门极加负向控制电流时阀即时关断。在导通状态下，阀电阻为零。在关断状态下，阀电阻为无穷大。可见，

GTO 与普通晶闸管的关键区别是由门极控制其关断时刻，而并不要求阀电流过零。因此，与静止无功补偿装置相比，静止调相机运行调节范围更宽、调节响应速度更快、谐波电流更少，而且在系统电压较低时仍能向系统注入较大的无功功率。

（5）并联电抗器。在超高压输电网中，还装有并联电抗器，其作用和欠励磁运行的调相机相似，用以吸收过剩的无功功率和降低过电压。

1.6　电力系统的接线方式
Connection Mode of Power Systems

　　为保证向用户安全、优质和经济的供电，电力系统的接线方式具有非常重要的作用。电力系统的接线方式通常分为无备用和有备用两类。无备用接线的电网也称为开式网络，这类网络中的每一个负荷只能靠一条线路取得电能。单回路放射式、干线式、链式和"T接"（或树枝）式网络都属于无备用接线方式，如图 1-28 所示。这类接线的特点是简单，设备费用较少，运行方便，缺点是供电的可靠性比较低，任一段线路发生故障或检修时，都要中断部分用户的供电。在干线式、链式和树枝式网络中，当线路较长时，线路末端的电压可能偏低。

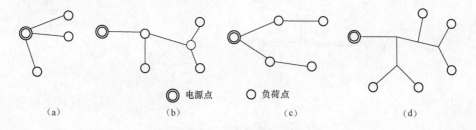

图 1-28　无备用接线方式
（a）放射式；（b）干线式；（c）链式；（d）"T接"式

　　有备用接线的电网也称为闭式网络，这类电网中的每一个负荷至少有两条电源线路供电，这样可以满足"N-1"准则。在有备用接线方式中，最简单的方式是在上述无备用接线电网的每一段线路上都采用双回路，如图 1-29（a）～（d）所示，这些接线同样具有简单和运行方便的特点，而且供电可靠性和电压质量都有明显的提高，其缺点是设备费用增加很多。由一个电源点和一个或几个负荷点通过线路连接而成的环形网络是最常见的有备用网络，如图 1-29（e）所示，其供电可靠性较高，也比较经济，但运行调度比较复杂，开环运行时，可能会有线段过负荷，负荷节点电压也明显降低。此外，两端供电网属于另一种常见的有备用接线方式，如图 1-29（f）所示，其供电可靠性相当于有两个电源的环形网络。

　　在选择接线方式时，需要考虑的主要因素包括：满足用户的供电可靠性和电压质量，运行要灵活方便，要有好的经济指标等，一般都要对多种可能的接线方案进行技术经济比较后才能确定。实际电力系统的接线比较复杂，往往由各种不同接线方式的网络组成，部分有备用接线方式的示例如图 1-30 所示。

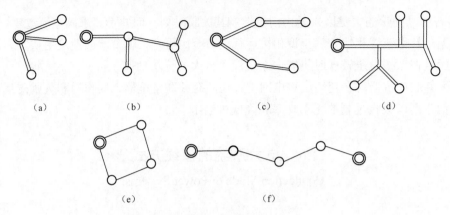

图 1-29　有备用接线方式

（a）放射式；（b）干线式；（c）链式；（d）"双 T 接"式；（e）环式；（f）两端供电式

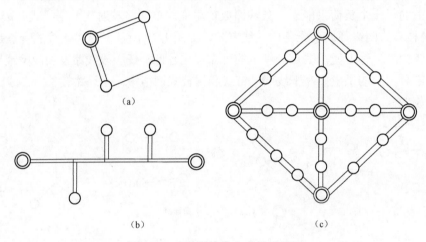

图 1-30　有备用接线方式扩展示例

（a）不完全双环式；（b）"双 T 接"两端供电式；（c）多网孔混合式

此外，在中压配电网中，有些接线方式是闭式网络结构，开式运行，例如在图 1-31 所示的"手拉手"接线方式中，正常运行时分段开关闭合、联络开关断开，当一回线路发

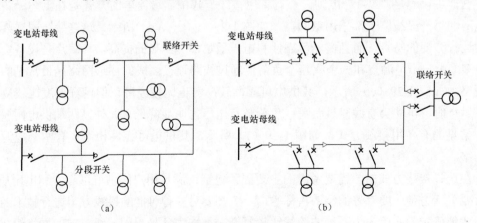

图 1-31　中压配电网"手拉手"接线方式

（a）架空线接线；（b）电缆接线

生故障停运时，通过开关操作实现非故障段不停电、运行设备不过载等要求。目前，配电网智能柔性互联技术方案也逐渐得到工程应用（详见第 8.1 节）。

1.7　电力系统中性点接地方式
Neutral Grounding Practice of Power Systems

电力系统中性点包括变压器、发电机及其他电气设备接成星形绕组的中间接点，其接地方式是指中性点与大地之间的连接方式。在选择中性点接地方式时应该考虑的主要因素有：供电可靠性，过电压与绝缘配合，对电力系统继电保护的影响，对通信与信号系统的干扰，对电力系统稳定的影响。中性点接地方式的选择是一个涉及电力系统许多方面的综合性技术问题，对电力系统的设计和运行有着多方面的影响，在不同的国家和地区，不同的发展水平可以有不同的选择。

中性点接地方式有：不接地、经消弧线圈接地、经电阻接地、直接接地等。现代电力系统中采用得较多的中性点接地方式是直接接地、不接地和经消弧线圈接地，但当城市配电网中电缆线路较多时，可以改用中性点经低值电阻接地。就中性点接地方式的主要运行特征而言，可将它们归纳为两大类：

（1）中性点直接接地或经低值电阻接地。采用中性点直接接地或经低值电阻接地方式的电力系统称为有效接地系统或大接地电流系统。

（2）中性点不接地或经消弧线圈接地，或者中性点经高电阻接地。采用这种中性点接地方式的电力系统称为非有效接地系统或小接地电流系统。

在绝缘水平方面的考虑占首要地位的 110kV 及以上的高压系统中，均采用直接接地方式。中性点直接接地系统，在发生单相接地故障时，故障的送电线被切断，因而使用户的供电中断。运行经验表明，在高压电网中，大多数的单相接地故障，尤其是架空送电线路的单相接地故障，大都具有瞬时的性质，在故障部分切除以后，接地处的绝缘可能迅速恢复，而送电线可以立即恢复工作。目前在中性点直接接地的电网内，为了提高供电可靠性，均装设自动重合闸装置，在系统单相接地线路切除后，立即自动重合，再试送一次，如为瞬时故障，送电即可恢复。

在绝缘投资所占比重不太大的 110kV 以下低压系统中，出于供电可靠性等方面的考虑，大都采用不接地或经消弧线圈接地的方式。当中性点不接地的系统中发生单相接地时，接在相间电压上的用电设备的供电并未遭到破坏，它们可以继续运行，但不允许单相接地运行时间超过 2h，因为这时非故障相对地电压升高，绝缘薄弱点很可能被击穿，而引起两相接地短路，将严重地损坏电气设备。在中性点不接地系统中，当单相接地的电容电流较大时，在接地处还可能出现所谓间隙电弧，即周期地熄灭与重燃的电弧，可能引起相对地的过电压。因此，当一台主变压器所带母线单相接地故障电容电流不超过下列数值时，应采用不接地方式；当超过下列数值时，应采用中性点经消弧线圈接地方式：35～66kV，10A；10～20kV，20A；3～6kV，30A。在中性点经消弧线圈接地的系统中，各相对地绝缘和中性点不接地系统一样，都必须按线电压设计。

当城市配电系统中电缆线路的总长度增大到一定程度时，它会给消弧线圈的灭弧带来困难。因此，近些年来，有些大城市对于下列情况改用中性点经低值电阻（10kV，10Ω；35kV，21Ω）接地：

1）全电缆线路构成的 10、35kV 的配电网；

2）电缆和架空线路构成的混合 10kV、35kV 配电网，一台主变所带母线单相接地故障电容电流超过 50A（35kV 网络）或 100A（10kV 网络）；

3）系统变化不确定性较大、电容电流增长较快的城镇中心区、科技园区、经济技术开发区；

4）对于 10、20、35kV 电压等级的非有效接地系统，单相接地故障电流达到 150A 以上。

对于中性点经低电阻接地系统，在发生单相接地故障时，10、20kV 接地电流宜控制在 150～500A 范围内，35kV 接地电流宜控制在 1000A 之内。

小　结
Summary

电力系统是由电能生产、输送、分配和消费的各种设备组成的统一整体。

电能生产过程的最主要特点是电能的生产、输送和消费在同一时刻实现。对电力系统运行的基本要求是安全、优质、经济和环保。

电力系统中各种电气设备的额定电压和额定频率必须同电力系统的额定电压和额定频率相适应。各种不同电压等级的电力线路都有其合理的供电容量和供电范围。

在电力系统稳态分析中，负荷常用给定的有功功率和无功功率表示；只有在一些特殊场合，才考虑负荷静态特性。

由发电机的 P-Q 运行极限图可以确定发电机组的有功功率和无功功率取值范围。

无功功率补偿设备包括并联电容器、同步调相机、静止补偿器和静止同步补偿器等设备。

电网的接线方式反映了电源和电源之间，电源和负荷之间的连接关系。不同功能的电网对其接线方式有不同的要求。

电力系统中性点接地方式有两大类：一类是中性点直接接地或经过低电阻接地，称为大接地电流系统；另一类是中性点不接地、经过消弧线圈或高阻抗接地，称为小接地电流系统。

习题及思考题
Exercise and Questions

1-1　电力系统的定义是什么？电力系统和电力网有何区别？

1-2　我国电力系统包括哪几个区域电网？

1-3　电能生产的主要特点有哪些？电力系统运行的基本要求有哪些？

1-4　衡量电力系统电能质量的主要技术指标有哪些？

1-5　电力系统中负荷的分类（Ⅰ、Ⅱ、Ⅲ类负荷）是根据什么原则进行的？各类负荷对供电可靠性的要求是什么？

1-6　新型电力系统和我国"双碳"目标的基本含义是什么？

1-7　智能电网、微电网和分布式电源的基本含义是什么？

1-8　为什么要规定额定电压？我国规定的电气设备额定电压等级有哪些？

1-9　什么是负荷曲线？常用的负荷曲线有哪几种？

1-10　最大负荷利用小时数的含义是什么？一班制企业与三班制企业相比，哪类企业的最大负荷利用小时数大？为什么？

1-11　开式网络和闭式网络的区别是什么？

1-12　电力系统有哪些中性点接地方式？它们各适用什么场合？

1-13　消弧线圈的工作原理是什么？电力系统中为什么一般采用过补偿方式？

1-14　三绕组升压型变压器和三绕组降压型在绕组排列方式上有何不同？

1-15　无功功率补偿设备主要包含哪些设备？

1-16　架空输电线路全换位的目的是什么？

1-17　分裂导线的含义是什么？架空输电线路采用分裂导线的目的是什么？

1-18　某企业的年持续负荷曲线如题图 1-18 所示，试求其最大负荷利用小时数。

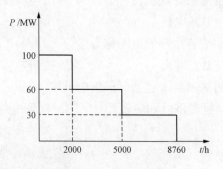

题图 1-18　年持续负荷曲线

1-19　电力系统的接线如题图 1-19 所示，各部分的额定电压及功率输送方向已标明在图中。试确定图示系统发电机、电动机和各台变压器的额定电压。

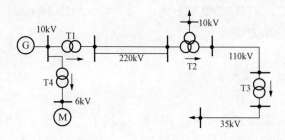

题图 1-19　电力系统接线

1-20 某 300MW 发电机的 P-Q 运行极限图如题图 1-20 所示。如果发电机正常运行时 $\cos\varphi = 0.9$（滞后），则发电机所允许的有功功率和无功功率极限各是多少？

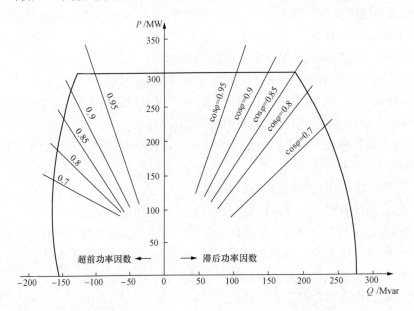

题图 1-20 300MW 发电机的 P-Q 运行极限图

1-21 电力系统是由发电机、变压器、（ ）和用电设备组成的统一整体。

A. 电阻 B. 电抗 C. 电动机 D. 电力线路

1-22 直接将电能分配给各用户的电网称为（ ）网。

A. 发电 B. 输电 C. 配电 D. 电线

1-23 电力系统运行的基本要求包括保证供电可靠性、（ ）。

A. 保证电能质量、运行经济性和环保性 B. 保证电能质量、电能储存性

C. 保证电能储存性 D. 减少对环境的不良影响

1-24 新型电力系统具备安全高效、（ ）、柔性灵活、智慧融合四大重要特征。

A. 火力发电 B. 直流输电 C. 清洁低碳 D. 运行经济

1-25 10kV 供电电压允许偏移为（ ）。

A. ±7% B. ±10% C. +7%和−10% D. +10%和−7%

1-26 三绕组升压变压器的变比为（ ）kV。

A. 220/110/10 B. 242/121/11 C. 242/121/10.5 D. 220/121/10

1-27 用电设备的额定电压为（ ）kV。

A. 11 B. 10 C. 10.5 D. 9

1-28 1000kV 为（ ）压。

A. 低 B. 中 C. 超高 D. 特高

1-29 三班制企业的最大负荷利用小时数 $T_{\max}$（ ）。

A. 比一班制企业 $T_{\max}$ 小 B. 比一班制企业 $T_{\max}$ 大

C. 与一班制企业 $T_{\max}$ 相同 D. 大于 8760h

1-30　对于型号为 JL/G1A-500/35-45/7 的导线，（　　　）mm²。

A．铝线导电截面积为 45 　　　　　　　B．导线总截面积为 500

C．钢线额定截面积为 500 　　　　　　D．铝线导电截面积为 500

1-31　并联无功补偿设备包括（　　　）。

A．并联电容器、静止无功补偿器和同步调相机

B．同步调相机和变压器

C．同步发电机、异步电动机和静止无功补偿器

D．并联电抗器和同步发电机

1-32　中性点直接接地系统是（　　　）。

A．35kV 及以下 　　　　　　　　　　　B．110kV 及以下

C．35kV 及以上 　　　　　　　　　　　D．110kV 及以上

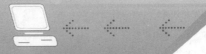

第 2 章

电力网的参数和等值电路

Parameter and Equivalent Circuit of Electric Network

在电力系统的电气计算中，常用等值电路来描述系统元件的特性。目前，电力系统以三相交流系统为主体。为研究三相交流系统稳态运行时的特性和状态，必须建立各种元件的数学模型。电力系统稳态运行时基本上是三相对称的，只需研究一相即可。电力系统各元件三相接线有星形接法和三角形接法，为了便于一相电路分析计算，常把三角形电路转化为星形电路。本章主要介绍三相对称稳态运行时电力变压器和电力线路的等值电路，并推导出参数的计算公式，并在此基础上建立整个电力网的等值电路，同时介绍标幺制及其应用。

2.1 电力变压器的参数和等值电路

Parameter and Equivalent Circuit of Power Transformer

2.1.1 双绕组变压器的数学模型

2.1.1.1 双绕组变压器等值电路

在电机学课程中，已详细推导出正常运行时三相变压器的单相等值电路。电力变压器的励磁电流很小，一般为额定电流的 0.5%～2%，新产品大都小于 1%。因此，通常将等值电路中的励磁支路直接连接到一次侧（为简化计算，也可以移至另一侧），如图 2-1 所示，其中 R_T、X_T 分别为变压器高低压的绕组电阻和漏抗，G_T、B_T 分别为变压器励磁支路的电导和电纳。变压器产品均提供短路试验和空载试验的数据，根据这些数据就可决定 R_T、X_T、G_T 和 B_T 四个参数。

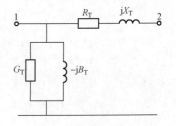

图 2-1 双绕组变压器
单相等值电路

2.1.1.2 短路试验和绕组电阻、漏抗

电力变压器短路试验接线如图 2-2 所示，短路试验时将变压器一侧（例如 2 侧）三相短接，在另一侧（例如 1 侧）加上可调节的三相对称电压，逐渐增加电压使电流达到额定值 I_{N1}（2 侧为 I_{N2}），这时测出三相变压器消耗的总有功功率称为短路损耗功率 P_k，同时测得 1 侧所加的线电压值 U_{k1} 称为短

路电压，通常用 1 侧额定电压 U_{N1} 的百分值表示，即

$$U_k\% = \frac{U_{k1}}{U_{N1}} \times 100 \qquad (2\text{-}1)$$

短路电压比额定电压低很多（比如 110kV 变压器 $U_k\% = 10.5$），这时的励磁电流及铁芯损耗可以忽略不计，所以变压器短路损耗功率 P_k 近似等于额定电流流过变压器时高低压绕组中的总铜耗，因此，可以得到

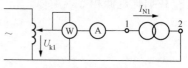

图 2-2　变压器短路试验接线示意图

$$P_k = 3I_{N1}^2 R_T \qquad (2\text{-}2)$$

式中　I_{N1}——变压器 1 侧的额定电流。

将电流表达式 $I_{N1} = S_N/(\sqrt{3}U_{N1})$ 代入式（2-2），并考虑工程实际中各变量与参数所用单位情况，则可以推导出变压器电阻的计算公式，即

$$R_T = \frac{P_k U_{N1}^2}{1000 S_N^2} \qquad (2\text{-}3)$$

式中　R_T——变压器高低压绕组的电阻，Ω；

P_k——变压器的短路损耗，kW；

S_N——变压器的额定容量，MVA；

U_{N1}——变压器 1 侧的额定电压，kV。

由图 2-2 和式（2-1）可见

$$U_k\% = \frac{U_{k1}}{U_{N1}} \times 100 = \frac{\sqrt{3}I_{N1}Z_T}{U_{N1}} \times 100 = \frac{S_N Z_T}{U_{N1}^2} \times 100 \qquad (2\text{-}4)$$

式中　Z_T——变压器高低压绕组的总阻抗，Ω。

由式（2-4）可得到变压器高低压绕组的总阻抗 Z_T

$$Z_T = \frac{U_k\% U_{N1}^2}{100 S_N} \qquad (2\text{-}5)$$

从而，总漏抗 X_T 为

$$X_T = \sqrt{Z_T^2 - R_T^2} \qquad (2\text{-}6)$$

事实上，大容量变压器绕组的漏抗 X_T 比电阻 R_T 大许多倍，例如 110kV、10MVA 的变压器，$X_T/R_T \approx 20$，相应的 $Z_T/X_T \approx 1.001$，因此，短路电压和 X_T 上的电压降相差甚小，所以可以认为 $X_T \approx Z_T$，换言之，可以将式（2-5）和式（2-6）简化为式（2-7），直接求出 X_T

$$X_T = \frac{U_k\% U_{N1}^2}{100 S_N} \qquad (2\text{-}7)$$

2.1.1.3　空载试验和励磁支路的电导、电纳

变压器空载试验是将一侧（例如 2 侧）三相开路，另一侧（例如 1 侧）加上额定电压，

测出三相有功空载损耗 P_0 和空载电流 I_0。

变压器的电导 G_T 对应变压器中的铁损。由于空载电流相对于额定电流而言是很小的，因此，在做空载试验时，绕组电阻中的损耗可以略去，可认为变压器中的铁损与变压器的空载损耗近似相等，所以

$$G_T = \frac{P_0}{1000U_{N1}^2} \tag{2-8}$$

式中　　G_T——变压器励磁支路的电导，S；

　　　　P_0——变压器的空载损耗，kW；

　　　　U_{N1}——变压器1侧的额定电压，kV。

在变压器励磁支路的导纳中，电导 G_T 远小于电纳 B_T，空载电流与 B_T 支路中的电流有效值几乎相等，因此，空载电流百分值为

$$I_0\% = \frac{I_0}{I_{N1}} \times 100 = \frac{U_{N1}B_T}{\sqrt{3}} \times \frac{1}{I_{N1}} \times 100 = \frac{U_{N1}^2 B_T}{S_N} \times 100 \tag{2-9}$$

于是，由式（2-9）可以得到

$$B_T = \frac{I_0\% S_N}{100U_{N1}^2} \tag{2-10}$$

式中　　B_T——变压器励磁支路的电纳，S；

　　　　$I_0\%$——变压器的空载电流百分值；

　　　　S_N——变压器的额定容量，MVA；

　　　　U_{N1}——变压器1侧的额定电压，kV。

式（2-3）、式（2-7）、式（2-8）和式（2-10）为归算到1侧的变压器参数计算式，将各式中的 U_{N1} 换为 U_{N2}，则得到归算到2侧的参数值。

2.1.2　三绕组变压器的等值电路和参数

三绕组变压器的单相等值电路如图 2-3 所示，其励磁支路的导纳 G_T 和 B_T 计算公式与双绕组完全相同，下面主要讨论根据三绕组变压器的短路试验数据计算各绕组电阻和等值漏抗的方法。

三绕组变压器三个绕组的容量可以不同，以最大的一个绕组容量为变压器的额定容量。按照国家标准，我国制造的电力变压器，各侧绕组的额定容量分配有以下三类：

Ⅰ. 容量比为（100/100/100）%。这类变压器高/中/低压绕组的额定容量都等于变压器的额定容量，即 $S_N = \sqrt{3}U_{N1}I_{N1} = \sqrt{3}U_{N2}I_{N2} = \sqrt{3}U_{N3}I_{N3}$。

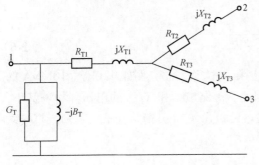

图 2-3　三绕组变压器单相等值电路

Ⅱ. 容量比为（100/100/50）%。与Ⅰ类不同之处是，低压绕组的导线截面减小 50%，

额定电流也相应减小，所以低压绕组的额定容量为变压器额定容量的 50%。此类变压器价格较低，适用于低压绕组负载小于高、中绕组负载的场合。

Ⅲ. 容量比为（100/50/100）%，即中压绕组的额定容量为变压器额定容量的 50%。

一台三绕组变压器共进行三次额定电流短路试验，每次短路试验时一侧绕组开路，另外两侧绕组进行短路试验。例如，变压器的 3 侧开路，1、2 侧短路试验，如图 2-4 所示，可以测得短路损耗 P_{k1-2} 和短路电压 U_{k1-2}%。

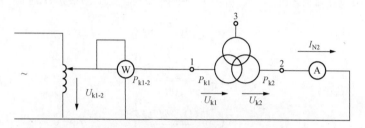

图 2-4　三绕组变压器短路试验之一的接线示意图

目前，按照国家标准，三绕组变压器产品手册中提供一个短路损耗数值，称为最大短路损耗 P_{kmax}，它指的是两个 100% 容量绕组的短路损耗值。根据 P_{kmax} 可以求得两个 100% 绕组的电阻之和。按照变压器设计原则——"各绕组导线的截面积按同一电流密度选择"，假定各绕组每一匝的长度相等，把变压器各侧电阻归算到同侧后，则容量绕组相同，其电阻也相等；容量为 50% 绕组的电阻将是 100% 绕组电阻的 2 倍。由此可得

$$R_{T(100\%)} = \frac{P_{kmax} U_{N1}^2}{2000 S_N^2} \tag{2-11}$$

$$R_{T(50\%)} = 2R_{T(100\%)} \tag{2-12}$$

式中　$R_{T(100\%)}$、$R_{T(50\%)}$——三绕组变压器容量分别为 100% 和 50% 绕组的电阻，Ω；

$\qquad P_{kmax}$——三绕组变压器的最大短路损耗，kW；

$\qquad S_N$——三绕组变压器的额定容量，MVA；

$\qquad U_{N1}$——三绕组变压器 1 侧的额定电压，kV。

三绕组变压器中同相的三个绕组漏磁通可分为三个部分，其中一部分只与本绕组交链，称为自漏磁，用自漏感或自漏抗表示；另两部分则分别穿链到另外两个绕组，称为互漏磁，也就是说与另两个绕组分别有漏磁互感。图 2-3 实质上是将实际变压器用一个只有自漏磁而没有互漏磁的变压器等值，所以得到的是各绕组的等值漏抗。

设三个绕组两两之间短路试验时对应的短路电压百分值分别为 U_{k1-2}%、U_{k2-3}% 和 U_{k3-1}%，各侧绕组的短路电压百分值分别为 U_{k1}%、U_{k2}% 和 U_{k3}%，则由图 2-4 可见

$$\left. \begin{aligned} U_{k1-2}\% &= U_{k1}\% + U_{k2}\% \\ U_{k2-3}\% &= U_{k2}\% + U_{k3}\% \\ U_{k3-1}\% &= U_{k3}\% + U_{k1}\% \end{aligned} \right\} \tag{2-13}$$

由式（2-13）可解得

$$
\left.\begin{array}{l}
U_{k1}\% = \dfrac{U_{k1\text{-}2}\% + U_{k3\text{-}1}\% - U_{k2\text{-}3}\%}{2} \\[3mm]
U_{k2}\% = U_{k1\text{-}2}\% - U_{k1}\% \\[3mm]
U_{k3}\% = U_{k3\text{-}1}\% - U_{k1}\%
\end{array}\right\}
\tag{2-14}
$$

参照双绕组变压器电抗计算式（2-7），可得三绕组变压器各侧绕组的等值漏抗，即

$$
\left.\begin{array}{l}
X_{T1} = \dfrac{U_{k1}\% U_{N1}^{2}}{100 S_{N}} \\[3mm]
X_{T2} = \dfrac{U_{k2}\% U_{N2}^{2}}{100 S_{N}} \\[3mm]
X_{T3} = \dfrac{U_{k3}\% U_{N3}^{2}}{100 S_{N}}
\end{array}\right\}
\tag{2-15}
$$

应该指出，按照相关国家标准，不论变压器各绕组容量比如何，目前手册和制造厂提供的短路电压百分值都已经归算至 100% 额定容量绕组时的数值，因此，计算电抗时，对 Ⅱ、Ⅲ类变压器，不需做其他换算。

需要注意，短路电压及各绕组等值漏抗的相对大小，与三个绕组的布置方式有关（见图 1-10），居于中间的绕组受另两个绕组互漏磁的影响最大，使它的等值漏磁链很小甚至反向，所以它的等值漏抗很小或为负值；最靠近铁芯绕组与最外侧相隔最远，二者之间的电路电压最大，如表 2-1 所示。

表 2-1   三绕组变压器不同结构的短路电压及等值漏抗比较

结构	最大短路电压百分值	最小等值漏抗	示例
升压结构	$U_{k1\text{-}2}\%$	X_{T3}	SFS9-31500，121/38.5/10.5kV，$U_{k1\text{-}2}\%$=17，$U_{k1\text{-}3}\%$=10.5，$U_{k2\text{-}3}\%$=6.5，$X_{T3}\approx 0$
降压结构	$U_{k3\text{-}1}\%$	X_{T2}	SFS9-31500，110/38.5/11kV，$U_{k1\text{-}2}\%$=10.5，$U_{k1\text{-}3}\%$=17，$U_{k2\text{-}3}\%$=6.5，$X_{T2}\approx 0$

【例 2-1】 某变电站装有一台三绕组变压器，其铭牌上的数据为：额定容量 20MVA，容量比为 100/100/50，电压变比为 110/38.5/10.5kV，最大短路损耗 $P_{kmax}=185\text{kW}$，短路电压百分值分别为 $U_{k(1\text{-}2)}\%=10.5$、$U_{k(2\text{-}3)}\%=6.5$、$U_{k(3\text{-}1)}\%=17.5$，空载损耗 $P_0=52.6\text{kW}$，空载电流百分值 $I_0\%=3.6$，试求归算到高压侧的变压器参数并作出等值电路。

解 （1）阻抗。

可以直接用式（2-11）和式（2-12）求出各绕组的电阻

$$
R_{T1} = R_{T2} = \frac{P_{kmax} U_{N1}^{2}}{2000 S_{N}^{2}} = \frac{185 \times 110^{2}}{2000 \times 20^{2}} = 2.8\,(\Omega)
$$

$$
R_{T3} = 2R_{T1} = 2 \times 2.8 = 5.6\,(\Omega)
$$

由式（2-14）先求出各绕组的短路电压百分值

$$U_{k1}\% = \frac{U_{k1-2}\% + U_{k3-1}\% - U_{k2-3}\%}{2} = \frac{10.5 + 17.5 - 6.5}{2} = 10.7$$

$$U_{k2}\% = U_{k1-2}\% - U_{k1}\% = 10.5 - 10.75 = -0.25$$

$$U_{k3}\% = U_{k3-1}\% - U_{k1}\% = 17.5 - 10.75 = 6.75$$

于是，用式（2-15）即可求出各绕组的等值漏抗

$$X_{T1} = \frac{U_{k1}\% U_{N1}^2}{100 S_N} = \frac{10.75 \times 110^2}{100 \times 20} = 65.04\ (\Omega)$$

$$X_{T2} = \frac{U_{k2}\% U_{N1}^2}{100 S_N} = \frac{-0.25 \times 110^2}{100 \times 20} = -1.51\ (\Omega)$$

$$X_{T3} = \frac{U_{k3}\% U_{N1}^2}{100 S_N} = \frac{6.75 \times 110^2}{100 \times 20} = 40.8\ (\Omega)$$

由于是降压变压器，中压绕组居于高压、低压绕组之间，所以它的等值漏抗很小或为负值，在近似计算中常取其为零。

（2）导纳。

$$G_T = \frac{P_0}{1000 U_{N1}^2} = \frac{52.6}{1000 \times 110^2} = 4.3 \times 10^{-6}\ (S)$$

$$B_T = \frac{I_0\% S_N}{100 U_{N1}^2} = \frac{3.6 \times 20}{100 \times 110^2} = 59.5 \times 10^{-6}\ (S)$$

（3）变压器的单相等值电路如图 2-5 所示。

2.1.3　自耦变压器的数学模型

自耦变压器高压绕组与低压绕组之间除了有磁的耦合之外，还存在电的联系。自耦变压器省铜、省铁，价格低，而且功率和电压损耗都较小，但自耦变压器的中性点必须直接接地或经很小的电抗接地，否则在高压侧电网发生单相接地故障而使中性点电压偏移时，低压侧电网将发生严重的过电压。

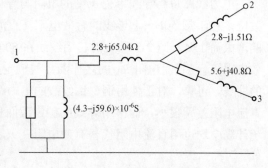

图 2-5　［例 2-1］中三绕组变压器的单相等值电路

因此，它只能用于两侧电网都是中性点直接接地的场合，这就限制了它的应用范围。另外，变压器一侧的电网发生大气过电压（即雷击）或操作过电压时，会通过公共绕组进入另一侧的电网，所以变压器两侧各相出线端都要装设避雷器，而且在任何情况下都不允许不带避雷器运行。

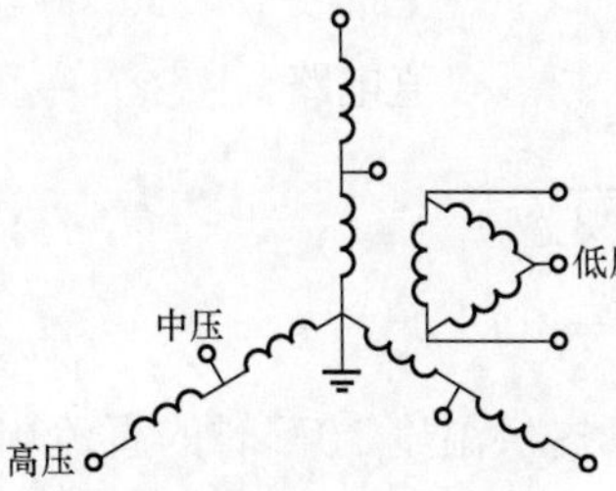

自耦变压器通常还加有磁耦合的第三绕组，如图 2-6 所示。第三绕组一般接成三角形，以抑制由于铁芯饱和引起的三次谐波，并且它的容量比变压器的额定容量（高、中压绕组的通过容量）小。与三绕组变压器类似，按照相关国家标

图 2-6　有第三绕组的
三相自耦变压器

准，目前手册和制造厂提供的自耦变压器短路电压百分值都已经归算至 100% 额定容量绕组时的数值，因此，计算电抗时，不需做其他换算，可以直接利用式（2-14）和式（2-15）计算。

2.2 电力线路的参数和等值电路

Parameter and Equivalent Circuit of Power Line

2.2.1 电力线路的参数

三相电力线路实质上是分布参数的电路，沿导线每一长度单元各相都存在电阻、自感、对地电容和漏电导，各相之间有互感、电容和漏电导。因此，电力线路的参数有四个：反映线路通过电流时产生有功功率损失效应的电阻；反映载流导线产生磁场效应的电感；反映带电导线周围电场效应的电容；反映线路带电时绝缘介质中产生泄流电流及导线附近空气游离而产生有功功率损失的电导。下面先讨论三相对称系统中电力线路各相单位长度的等值电阻、电抗以及对地等值电容和电导，然后从分布参数长线方程出发，推导出集中参数的等值电路。

目前架空线路的导线普遍使用钢芯铝绞线，对机械强度要求不高的低压线路多采用铝绞线，仅在跨越江河、山谷等特大跨距时，才使用合金绞线或钢绞线，以满足机械应力要求。电力电缆的导体通常采用铝和铜材料。因此，下面只考虑铝和铜为导体的线路情况。

2.2.1.1 架空线路电阻

电力线路每相导线单位长度的电阻与导体的材料和截面积有关。由于交流电流的集肤效应，在工频 50Hz 下导线的有效电阻与直流电流下的直流电阻的比值，会随导线截面积的增大而上升。图 2-7 示出钢芯铝绞线在 50℃（约为 75% 允许载流量的情况）、50Hz 时有效电阻 R_{ac} 与直流电阻 R_{dc} 的之比随导线额定截面积 S（相当于导线铝部分的截面积）变化的曲线。可见，对于使用铜、铝绞线的电力线路，除非截面积特别大，工频时有效电阻与直流电阻差别很小，而常用导线的额定截面积大多在 400mm^2 以下，因此，在一般电力系统计算中均可用直流电阻代替有效电阻。

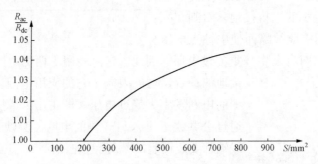

图 2-7 钢芯铝绞线在 50℃、50Hz 时有效电阻与直流电阻的比值

各类导线的单位长度电阻可从产品手册中查到，但大多只提供温度 20℃时的直流电阻。在缺乏相关资料时，可用式（2-16）计算各种铜、铝导线在 20℃时的单位长度电阻

$$r_1 = \frac{\rho}{S} \tag{2-16}$$

式中　r_1——导线在 20℃时的单位长度电阻，Ω/km；

　　　S——导线的额定（标称）截面积，mm^2；

　　　ρ——20℃时的电阻率，Ω·mm^2/km。

考虑到导线的集肤效应，多股绞线每一股长度稍大于导线的长度（1%～3%），因此，可以采用略大于材料本身的电阻率：铜用 18.8Ω·mm^2/km，铝为 31.2～31.5Ω·mm^2/km。

铜和铝的电阻率是温度的函数，温度每变化 10℃，电阻率约变化 4%。当导线的实际温度与 20℃相差很大时，可用式（2-17）对电阻值进行修正，即

$$r_1 = r_{1(20)}[1 + \alpha(t - 20)] \tag{2-17}$$

式中　r_1、$r_{1(20)}$——t℃、20℃时的电阻，Ω/km；

　　　α——电阻温度系数，1/℃；对于铜，$\alpha = 3.93 \times 10^{-3}$1/℃；对于铝 $\alpha = 4.03 \times 10^{-3}$ 1/℃。

2.2.1.2　架空线路电抗

架空线路三相导线可认为是平行架设的，而且线路的长度远大于导线之间的距离，所以可作为三根无限长的平行导线来处理。当三相电流对称时，$i_a + i_b + i_c = 0$，电流只在三相导线中流通，所以导线周围的磁场只取决于三相导线和其中的电流。下面先推导出单根导体的磁链计算公式，然后讨论三相导线等值电感的计算。

每一根导线的磁链包括本相导线电流产生的磁链（以下简称自感磁链）和另两相电流产生的互感磁链。现在分别计算自感磁链和互感磁链。

（1）单根导体的磁链。单根长导体通过电流时在导体内部及其周围就会产生磁场，这时的磁通是一系列同心圆，换言之，在每一横截面中，距离导线圆心 x 处的同心圆上，磁场强度 H_x 都相同，如图 2-8 所示。以下分别计算导体内部和外部的磁链。

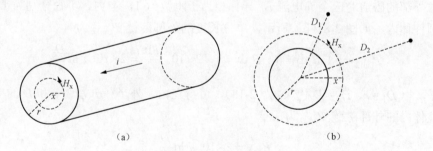

图 2-8　单根长导体的磁场

（a）导体内部；（b）导体外部

由《电磁场》的安培环路定律可知，磁场强度 H 沿任一闭合路径 l 的线积分等于穿过该回路所限定面积的电流 $i_{enclosed}$，即

$$\oint H\mathrm{d}l = i_{enclosed}$$

于是，导体内 x 处的磁场强度 H_x 为

$$H_x = \frac{i_x}{2\pi x}$$

式中　i_x——导体内半径为 x 的圆内电流。

设导体内电流均匀分布，导体足够长，可以不考虑边界效应，则

$$i_x = i\frac{\pi x^2}{\pi r^2} = i\frac{x^2}{r^2}$$

式中　i——导体的总电流；

　　　r——导体的半径。

x 处的磁感应强度 B_x 为

$$B_x = \mu_0\mu_r H_x = i\frac{\mu_0\mu_r x}{2\pi r^2}$$

式中　μ_0——真空的磁导系数，$\mu_0 = 4\pi \times 10^{-7}$H/m；

　　　μ_r——导体材料的相对磁导系数，对于铜和铝导体，$\mu_r = 1$。

对于导体内 x 处径向厚度为 dx、长度为 1m 的中空圆管，其中的磁通 $d\Phi_x$ 为

$$d\Phi_x = B_x(dx \times 1) = i\frac{\mu_0 x dx}{2\pi r^2} = 2 \times 10^{-7}i\frac{x dx}{r^2}$$

此磁通只围绕导体的一部分面积，相当于只有 $\pi x^2/(\pi r^2)$ 匝，因此，1m 长度导体内部的磁链为

$$\Psi_{in} = \int_0^r \frac{x^2}{r^2}d\Phi_x = \int_0^r 2 \times 10^{-7}i\frac{x^3 dx}{r^4} = \frac{1}{2} \times 10^{-7}i$$

式中　Ψ_{in}——长度为 1m 的导体内部总磁链，Wb/m。

同理，导体外部 x 处的磁感应强度

$$B_x = \mu_0 H_x = \frac{\mu_0 i}{2\pi x} = 2 \times 10^{-7}\frac{i}{x}$$

导体外部的磁通对应全部电流 i，导体相当于匝数为 1，在内、半径分别为 D1 和 D2 的中空圆柱体内，如图 2-8（b）所示，单位长度的外部磁链 Ψ_{out12} 为

$$\Psi_{out12} = \int_{D_1}^{D_2} B_x dx = \int_{D_1}^{D_2} B_x dx = \int_{D_1}^{D_2} 2 \times 10^{-7}\frac{i dx}{x} = 2 \times 10^{-7}i\ln\frac{D_2}{D_1} \tag{2-18}$$

于是，以 $D_1 = r$、$D_2 = D$ 代入式（2-18），可得在内、外半径分别为 r 和 D 的单位长度中空圆柱体内的外部磁链 Ψ_{outD} 为

$$\Psi_{outD} = 2 \times 10^{-7}i\ln\frac{D}{r}$$

将导线内部磁链与外部磁链相加，可得单位长度导线在半径为 D 的圆柱体内的总磁链为

$$\Psi_D = 2 \times 10^{-7}i\left(\frac{1}{4} + \ln\frac{D}{r}\right) = 2 \times 10^{-7}i\left(\ln e^{1/4} + \ln\frac{D}{r}\right)$$
$$= 2 \times 10^{-7}i\ln\frac{D}{e^{-1/4}r} = 2 \times 10^{-7}i\ln\frac{D}{D_s} \tag{2-19}$$

式中　D_s——圆柱形导体的几何平均半径，$D_s = e^{-1/4}r = 0.7788r$。

（2）三相线路的电抗。任意布置形式的三相导线相互距离分别为 D_{12}、D_{23} 和 D_{31}，P 点距离各相导线轴心的距离分别为 D_{1P}、D_{2P} 和 D_{3P}，如图 2-9 所示。由式（2-19）可知，

半径为 D_{1P} 的单位长度圆柱体内由 a 相电流产生的总磁链为

$$\Psi_{a1P} = 2 \times 10^{-7} i_a \ln \frac{D_{1P}}{D_s}$$

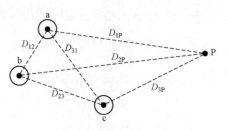

图 2-9　任意布置形式的三相导线

由式（2-18）可知，内、外半径分别为 D_{12} 和 D_{2P} 的单位长度中空圆柱体内由 b 相电流产生的外部磁链为

$$\Psi_{b12-2P} = 2 \times 10^{-7} i_b \ln \frac{D_{2P}}{D_{12}}$$

同理，内、外半径分别为 D_{31} 和 D_{3P} 的单位长度中空圆柱体内由 c 相电流产生的外部磁链为

$$\Psi_{c31-3P} = 2 \times 10^{-7} i_c \ln \frac{D_{3P}}{D_{31}}$$

这三部分磁链的叠加即为在 a～P 之间穿链单位长度 a 相的磁链 Ψ_{aP}

$$\begin{aligned}\Psi_{aP} &= 2 \times 10^{-7} \left(i_a \ln \frac{D_{1P}}{D_s} + i_b \ln \frac{D_{2P}}{D_{12}} + i_c \ln \frac{D_{3P}}{D_{31}} \right)\\ &= 2 \times 10^{-7} \left(i_a \ln \frac{1}{D_s} + i_b \ln \frac{1}{D_{12}} + i_c \ln \frac{1}{D_{31}} + i_a \ln D_{1P} + i_b \ln D_{2P} + i_c \ln D_{3P} \right)\end{aligned} \tag{2-20}$$

三相对称时 $i_c = -(i_a + i_b)$，将它代入到式（2-20）最后一项中，可得

$$\Psi_{aP} = 2 \times 10^{-7} \left(i_a \ln \frac{1}{D_s} + i_b \ln \frac{1}{D_{12}} + i_c \ln \frac{1}{D_{31}} + i_a \ln \frac{D_{1P}}{D_{3P}} + i_b \ln \frac{D_{2P}}{D_{3P}} \right)$$

将图 2-9 所示的 P 点移到无穷远处，就可得到计及 b、c 相时穿链 a 相单位长度的全部磁链 Ψ_a。由于 $\lim\limits_{P \to \infty}\left(\ln \dfrac{D_{1P}}{D_{3P}} \right) = 0$、$\lim\limits_{P \to \infty}\left(\ln \dfrac{D_{2P}}{D_{3P}} \right) = 0$，所以

$$\Psi_a = 2 \times 10^{-7} \left(i_a \ln \frac{1}{D_s} + i_b \ln \frac{1}{D_{12}} + i_c \ln \frac{1}{D_{31}} \right)$$

一般三相导线之间的距离不相等，三相之间的互感不相同，导致各相穿链的磁链不相同。为了弥补这一缺陷，架空线路可以采用换位，如图 1-20 所示，线路全长完成一次换位循环后，a 相单位长度的平均磁链为

$$\begin{aligned}\Psi_a &= \frac{1}{3} \times 2 \times 10^{-7} \left[\left(i_a \ln \frac{1}{D_s} + i_b \ln \frac{1}{D_{12}} + i_c \ln \frac{1}{D_{31}} \right) \right.\\ &\quad + \left(i_a \ln \frac{1}{D_s} + i_b \ln \frac{1}{D_{23}} + i_c \ln \frac{1}{D_{12}} \right) + \left. \left(i_a \ln \frac{1}{D_s} + i_b \ln \frac{1}{D_{31}} + i_c \ln \frac{1}{D_{23}} \right) \right]\\ &= 2 \times 10^{-7} \left(i_a \ln \frac{1}{D_s} + i_b \ln \frac{1}{D_m} + i_c \ln \frac{1}{D_m} \right)\\ &= Li_a + Mi_b + Mi_c\end{aligned} \tag{2-21}$$

式中　D_m——三相导线之间的几何平均距离，简称几何均距，m，$D_m = \sqrt[3]{D_{12}D_{23}D_{31}}$；

L——各相导线的单位长度自感，H/m，$L = 2 \times 10^{-7} \ln \dfrac{1}{D_s}$；

M——经过一次换位循环后两相导线之间的单位长度平均互感，H/m，$M = 2 \times 10^{-7} \ln \dfrac{1}{D_m}$。

把 $i_b + i_c = -i_a$ 代入到式（2-21）中，可得

$$\Psi_a = (L - M)i_a = L_1 i_a \tag{2-22}$$

式中　L_1——各相的等值电感，H/m。

由上述定义可见

$$L_1 = 2 \times 10^{-7} \ln \frac{D_m}{D_s} \tag{2-23}$$

各相的等值电抗为 $x_1 = 2\pi f L_1$。取频率 $f = 50\text{Hz}$，并将单位长度改用 km 表示，则由式（2-23）可得

$$x_1 = 0.0628 \ln \frac{D_m}{D_s} = 0.1445 \lg \frac{D_m}{D_s} \tag{2-24}$$

式中　x_1——各相导线单位长度的等值电抗，Ω/km。

上述分析表明，三相电流 $i_a + i_b + i_c = 0$ 时，经过一次换位循环后，实际的三相线路可以用一条各相电感为 L_1、三相之间没有互感的线路来等值，所以可以取一相进行计算分析。如果不换位，除非三相导线布置在正三角形顶点，则不可能有这种三相"解耦"关系，但近似计算时仍可以用式（2-24）计算其电抗。

在同一杆塔上架设两回或多回三相线路时，由于各回线路各相之间都存在互感，故比只有一回线路要复杂得多。但当各回线路都满足 $i_a + i_b + i_c = 0$ 时，各回线路之间的互感磁通相对很小，所以在一般工程计算中，仍可用式（2-24）计算各回路的等值电抗。

因为架空线路电抗与几何平均半径、几何均距之间为对数关系，所以导线截面积的大小和导线在杆塔上的布置形式对电抗没有显著影响，常常 $x_1 \approx 0.4\,\Omega/\text{km}$。

架空线路导线通常是多股绞线，如果多股绞线计算半径为 r（见附录 D），则

1）对于铜、铝多股绞线，$D_s = (0.724 \sim 0.771)r$。

2）对于钢芯铝绞线，$D_s = (0.77 \sim 0.95)r$。

3）对于铜、铝单股线，$D_s = 0.779r$。

4）对于分裂导线，如图 1-14、图 2-10 所示，通常三相线路各相间距离 D_{12}、D_{23}、D_{31} 远大于分裂间距 d，所以可以认为不同相的导线间的距离都近似等于相应两相分裂导线重心间的距离。利用分裂导线每相的等值几何平均半径 D_{seq}，可以得到分裂导线各相导线单位长度的等值电抗算式（2-25）（推导过程见附录 A）。

$$x_1 = 0.1445 \lg \frac{D_m}{D_{seq}} \tag{2-25}$$

分裂导线每相的等值几何平均半径 D_{seq} 与分裂间距 d 及分裂根数 N 有关。如果每相各子导线轴心均布置在正多边形的顶点上，换言之，各子导线轴心对称布置在半径为 R 的圆

周上，每相一根子导线到其他子导线的轴心距离为 D_{1k}，$k=2$，3，$\cdots$，N，则

$$D_{seq} = \sqrt[N]{D_s \prod_{k=2}^{N} D_{1k}} \qquad (2\text{-}26)$$

或

$$D_{seq} = \sqrt[N]{N D_s R^{N-1}} \qquad (2\text{-}27)$$

由式（2-26）或式（2-27），对于二分裂的情况，$D_{seq} = \sqrt{D_s d}$；三分裂时，$D_{seq} = \sqrt[3]{D_s d^2}$；四分裂时，$D_{seq} = \sqrt[4]{D_s \sqrt{2} d^3}$。

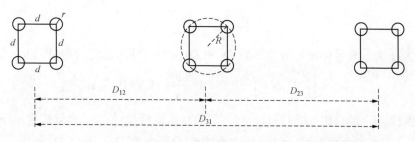

图 2-10　四分裂导线的布置

分型间距 d 通常比每根导线的几何平均半径大得多，因而分裂导线每相电抗要小于单导线电抗，一般约减少 25% 以上。分裂数越多，电抗越小，一般分裂根数为 2、3、4 时，500kV 线路的每相电抗分别在 0.33、0.30、0.27Ω/km 左右，而对应的单导线电抗约为 0.45Ω/km。但分裂根数更多以后，电抗的减少量便越来越不明显，费用增加较多，因此，通常只取分裂根数为 2～4。

对于钢导线，由于集肤效应及导线内部的磁导率均随导线的电流大小而变化，因此，其电阻和电抗均不是定值。钢导线的阻抗无法用解析法确定，只能用实验测定其特性，根据电流大小来确定其阻抗值。

2.2.1.3　架空线路并联电容

架空线路的并联电容反映了导线带电时在其周围介质中建立的电场效应。为了计算线路电容，下面先分析单根和一组带电导体周围电场情况，然后讨论三相导线等值电容的计算。

（1）带电导体的电场和电位差。带正电荷单根长导体的电场分布如图 2-11 所示，这时的等电位面是一系列与导体同心的圆柱面。换言之，在每一横截面中，距离导线圆心 x 处的同心圆上，电场强度 E_x 都相同。

由《电磁场》的高斯通量定律可知，在无限大均匀介质中，通过任意一个闭合曲面 S 的电通量等于该面内的电荷 $q_{enclosed}$ 与介电常数 ε 的比值，与闭合曲面外的电荷无关，即

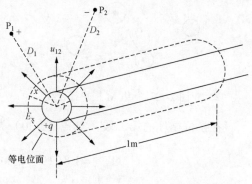

图 2-11　带正电荷单根长导体的电场

$$\oiint_S \vec{E} \mathrm{d}S = \frac{q_{\text{enclosed}}}{\varepsilon}$$

于是，在单根导体 1m 长度的电荷为 q 时，距导体轴心 x 处的电通量为

$$E_x(1 \times 2\pi x) = \frac{q}{\varepsilon}$$

式中　　E_x——距导体轴心 x 处的电场强度，V/m；

　　　　ε——空气介电常数，可近似取为真空介电常数 ε_0，即 $\varepsilon \approx \varepsilon_0 = 10^9/(36\pi) = 8.854 \times 10^{-12}$

　　　　（F/m）。

从而，有

$$E_x = 1.8 \times 10^{10} \frac{q}{x}$$

在图 2-11 中，与导体轴心分别相距 D_1 和 D_2 两个圆柱面之间的电位差 u_{12} 为

$$u_{12} = \int_{D_1}^{D_2} E_x dx = \int_{D_1}^{D_2} 1.8 \times 10^{10} \frac{q dx}{x} = 1.8 \times 10^{10} q \ln \frac{D_2}{D_1} \tag{2-28}$$

如图 2-12 所示的一组 M 根平行导线，假设任意两根导线 k、j 单位长度（1m）的电荷分别为 q_k、q_j，半径分别为 r_k、r_j，相互之间的轴心距离为 D_{kj}，并且 D_{kj} 远大于 r_k、r_j，则可以忽略导线间静电感应的影响，任何两根导线之间的电位差都可以通过对每根导线应用式（2-28）得到的相应电位差叠加而获取，因此，同时计及所有 M 根导线时，由导线 k 到导线 j 的电位差 u_{kj} 为

$$u_{kj} = 1.8 \times 10^{10} \left(q_1 \ln \frac{D_{1j}}{D_{1k}} + q_2 \ln \frac{D_{2j}}{D_{2k}} + \cdots + q_k \ln \frac{D_{kj}}{r_k} + q_j \ln \frac{r_j}{D_{kj}} + \cdots + q_M \ln \frac{D_{Mj}}{D_{Mk}} \right) \tag{2-29}$$

（2）三相线路的电容和电纳。任意布置的三相线路如图 2-13 所示，导线间相距 D_{12}、D_{23}、D_{31}，导线半径均为 r。线路全长完成一次换位循环，如图 1-20 所示。在换位循环的第一段，同时计及 a、b、c 三相时，由式（2-29）可知，a、b 导线之间的电位差为

$$u_{ab(\mathrm{I})} = 1.8 \times 10^{10} \left(q_a \ln \frac{D_{12}}{r} + q_b \ln \frac{r}{D_{12}} + q_c \ln \frac{D_{23}}{D_{31}} \right) \tag{2-30}$$

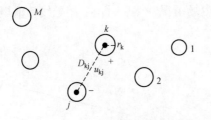

图 2-12　一组 M 根平行导线

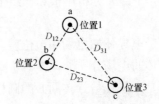

图 2-13　任意布置的三相线路

在换位循环的第二段，与式（2-30）类似，a、b 导线之间的电位差则为

$$u_{ab(\mathrm{II})} = 1.8 \times 10^{10} \left(q_a \ln \frac{D_{31}}{r} + q_b \ln \frac{r}{D_{31}} + q_c \ln \frac{D_{12}}{D_{23}} \right)$$

到换位循环的第三段，a、b 导线之间的电位差又变为

$$u_{ab(III)} = 1.8 \times 10^{10} \left(q_a \ln \frac{D_{23}}{r} + q_b \ln \frac{r}{D_{23}} + q_c \ln \frac{D_{31}}{D_{12}} \right)$$

如认为各个线段单位长度导线上的电荷都相等，取 a、b 相电位差为各段电位的平均值，则有

$$
\begin{aligned}
u_{ab} &= \frac{u_{ab(I)} + u_{ab(II)} + u_{ab(III)}}{3} \\
&= \frac{1.8 \times 10^{10}}{3} \left(q_a \ln \frac{D_{12} D_{23} D_{31}}{r^3} + q_b \ln \frac{r^3}{D_{12} D_{23} D_{31}} + q_c \ln \frac{D_{12} D_{23} D_{31}}{D_{12} D_{23} D_{31}} \right) \\
&= 1.8 \times 10^{10} \left(q_a \ln \frac{D_m}{r} + q_b \ln \frac{r}{D_m} \right)
\end{aligned}
$$

式中的 D_m 仍为三相导线的几何均距。

同理，a、c 相电位差为

$$u_{ac} = 1.8 \times 10^{10} \left(q_a \ln \frac{D_m}{r} + q_c \ln \frac{r}{D_m} \right)$$

在三相对称时，$u_{ab} + u_{ac} = 3u_a$，再计及 $q_b + q_c = -q_a$，则可得 a 相导线对中性点的电位差 u_a 如式（2-31）所示。

$$u_a = 1.8 \times 10^{10} q_a \ln \frac{D_m}{r} \tag{2-31}$$

所以各相对中性点的电容为

$$C_a = C_b = C_c = \frac{q_a}{u_a} = \frac{1}{1.8 \times 10^{10} \ln \frac{D_m}{r}}$$

式中　C_a、C_b、C_c——各相导线的并联电容，F/m。

将单位长度改用 km 表示，并把对数进行换算，则可得各相导线的电容 C_1，即

$$C_1 = \frac{0.0241}{\lg \frac{D_m}{r}} \times 10^{-6} \tag{2-32}$$

各相的等值电纳为 $b_1 = 2\pi f C_1$。取频率 $f = 50\text{Hz}$，由式（2-32）可得各相导线的电纳

$$b_1 = \frac{7.58}{\lg \frac{D_m}{r}} \times 10^{-6} \tag{2-33}$$

式中　b_1——各相导线单位长度的等值电纳，S/km。

在同杆架设两回或多回三相线路时，各回线路各相之间均通过电场相耦合，对于这种情况仍然可以进行严格的电场分析，但在一般工程计算中，仍可用式（2-33）计算各回路每相的等值电纳。

与电抗相似，架空线路电纳的变化范围也不大，在 110kV 电网中，通常 $b_1 \approx 2.85 \times 10^{-6}\text{S/km}$。

对于分裂导线，利用分裂导线的等值半径 r_{eq} 替代导线的半径 r（推导过程见附录 B），

便可以得到分裂导线各相导线单位长度的等值电纳算式，即

$$b_1 = \frac{7.58}{\lg\dfrac{D_m}{r_{eq}}} \times 10^{-6} \tag{2-34}$$

分裂导线每相的等值半径 r_{eq} 与子导线半径 r、分裂间距 d 及分裂根数 N 有关。如果每相各子导线轴心均布置在正多边形的顶点上，换言之，各子导线轴心对称布置在半径为 R 的圆周上，每相一根子导线到其他子导线的轴心距离为 D_{1k}，$k = 2，3，\cdots，N$，则

$$r_{eq} = \sqrt[N]{r\prod_{k=2}^{N} D_{1k}} \tag{2-35}$$

或

$$r_{eq} = \sqrt[N]{rNR^{N-1}} \tag{2-36}$$

由式（2-35）或式（2-36），二分裂时，$r_{eq} = \sqrt{rd}$；三分裂时，$r_{eq} = \sqrt[3]{rd^2}$；四分裂时，$r_{eq} = \sqrt[4]{r\sqrt{2}d^3}$。

由于分裂导线等效增加了每相导线的等值半径，所以分裂导线每相电纳要大于单导线电纳，一般增加 30% 以上。

此外，由于导线周围的电场分布与导线的导磁情况无关，因而各类材料导线的电纳计算方法都相同。

2.2.1.4　架空线路并联电导

一般将线路电压作用引起的有功功率损耗用并联电导表示。电压为 110kV 以下的架空线路，与电压有关的有功功率损耗主要是由绝缘子表面泄漏电流所引起，一般可以略去不计。110kV 及以上电压的架空线路与电压有关的有功功率损耗，主要由电晕放电所引起。电晕是强电场作用下导线周围空气的电离现象，这时会发出咝咝声，并产生臭氧，夜间还可看到紫色的晕光。

超高压或特高压架空线路的电晕放电不仅产生有功功率损耗，而且还会引起对无线电通信的干扰，产生可听噪声。在设计架空线路时，要尽量避免在正常气象条件下发生电晕。事实上，直接增大导线半径或采用分裂导线增大每相的等值半径都可以有效提高电晕起始电压或降低导线表面电场强度（相关公式见附录 C），从而避免导线表面的电场强度超过空气的击穿强度。因此，在实际工程中，选择的导线半径或分裂导线要满足在晴天基本上不产生电晕。而要在非晴天产生电晕虽是难免的，但也应使有功功率损耗、对无线电干扰、可听噪声符合要求。根据相关标准，海拔不超过 1000m 可不验算电晕损耗的导线最小外径和导线型号如表 2-2 所示，这时可以忽略并联电导。

2.2.1.5　电缆线路的参数

由于电力电缆品种很多，结构各异，三芯电缆的导线截面可能为扇形，还有外包层（铝或铅）及钢铠，导体之间和导体与外包层的距离都很小，因此，电缆参数计算相当复杂，在电力系统计算时可使用电缆产品手册提供的参数，这里不予讨论。需要说明的是，一般电缆线路的电阻略大于相同截面积架空线路的电阻，由于电缆三相导体间距离很小，所以

其电抗比架空线路要小得多，而电纳比架空线路要大得多。例如对于铝截面积 185mm² 的单导线 35kV 架空线路，其 $x_1 = 0.37\Omega/km$，$b_1 = 3.0\times10^{-6}S/km$；同样铝截面积和电压等级的三芯电缆，其 $x_1 = 0.113\Omega/km$，$b_1 = 85\times10^{-6}S/km$。

表 2-2　可不验算电晕的导线最小外径和导线型号

额定电压/kV	导线外径/mm	导线型号
110	9.60	JL/G1A-50/8-6/1 或 LGJ-50/8
220	21.60	JL/G1A-240/30-24/7 或 LGJ-240/30
330	33.60	JL/G1A-630/55-48/7 或 LGJ-630/45 或 LGJK-600/50
330		2×JL/G1A-240/30-24/7 或 2×LGJ-240/30
		3×JL/G1A-150/25-26/7 或 3×LGJ-150/25
500		2×JL/G1A-800/55-45/7 或 2×LGJ-800/55
500		3×JL/G1A-400/35-48/7 或 3×LGJ-400/35
		4×JL/G1A-240/30-24/7 或 4×LGJ-240/30
750		4×JL/G1A-800/55-45/7 或 4×LGJ-800/55
750		5×JL/G1A-500/45-48/7 或 5×LGJ-500/65
		6×JL/G1A-400/35-48/7 或 6×LGJ-400/35 或 6×LGJK-300/50
1000		6×JL/G1A-500/45-48/7 或 8×JL/G1A-400/35-48/7 或 8×LGJ-500/35

【例 2-2】 220kV 线路的三相导线水平排列，相间距离为 7m，每相单导线采用 JL/G1A-500/45-48/7；或者采用二分裂导线，分裂间距为 400mm，每根子导线型号为 JL/G1A-240/30-24/7。试计算两种线路结构情况下线路单位长度的电阻、电抗和电纳。

解 （1）单位长度电阻。

对于 JL/G1A-500/45-48/7，即

$$r_1 = 31.2/500 = 0.0624(\Omega/km)$$

对于 2×JL/G1A-240/30-24/7

$$r_1 = 31.2/(2\times240) = 0.065(\Omega/km)$$

（2）单位长度电抗。

对于两种结构，即

$$D_m = \sqrt[3]{D_{12}D_{23}D_{31}} = \sqrt[3]{7000\times7000\times2\times7000} = 8819.5(mm)$$

对于 JL/G1A-500/45-48/7，查附录 D 的表 D-2 可知，导线计算直径为 30mm，取 $D_s = 0.88r = 0.88\times30/2 = 13.2$（mm），则

$$x_1 = 0.1445\lg\frac{D_m}{D_s} = 0.1445\lg\frac{8819.5}{13.2} = 0.408(\Omega/km)$$

对于 JL/G1A-240/30-24/7，导线计算直径为 21.6mm，取 $D_s = 0.88r = 0.88\times21.6/2 = 9.5$（mm），则

$$D_{seq} = \sqrt{D_s d} = \sqrt{9.5\times400} = 61.7(mm)$$

$$x_1 = 0.1445 \lg \frac{D_{\mathrm{m}}}{D_{\mathrm{seq}}} = 0.1445 \lg \frac{8819.5}{61.7} = 0.311 \, (\Omega/\mathrm{km})$$

（3）单位长度电纳。

对于 JL/G1A-500/45-48/7，即

$$b_1 = \frac{7.58}{\lg \dfrac{D_{\mathrm{m}}}{r}} \times 10^{-6} = \frac{7.58}{\lg \dfrac{8819.5}{30/2}} \times 10^{-6} = 2.737 \times 10^{-6} \, (\mathrm{S/km})$$

对于 JL/G1A-240/30-24/7，即

$$r_{\mathrm{eq}} = \sqrt{rd} = \sqrt{21.6/2 \times 400} = 65.7 \, (\mathrm{mm})$$

$$b_1 = \frac{7.58}{\lg \dfrac{D_{\mathrm{m}}}{r_{\mathrm{eq}}}} \times 10^{-6} = \frac{7.58}{\lg \dfrac{8819.5}{65.7}} \times 10^{-6} = 3.563 \times 10^{-6} \, (\mathrm{S/km})$$

2.2.2 电力线路的稳态方程和等值电路

电力线路正常运行时，三相电压和电流都可认为是完全对称的，这时，各相每一单位长度的线路都可以用等值阻抗 $z_1 = r_1 + jx_1$ 和等值对地导纳 $y_1 = g_1 + jb_1$ 来表示。在考虑线路参数分布特性的情况下，可以通过线路稳态方程描述沿线各点电压、电流的分布以及相互之间的关系。在一些场合，线路也可以用集中参数元件表示。下面将讨论线路单相的稳态方程式及其等值电路。

2.2.2.1 稳态方程

考虑电力线路参数分布特性时，线路任一处无限小长度 $\mathrm{d}x$ 都有阻抗 $z_1\mathrm{d}x$ 和并联导纳 $y_1\mathrm{d}x$，如图 2-14 所示。设离线路末端 x 处的电压和电流分别为 $\dot{U}$ 和 $\dot{I}$，$x+\mathrm{d}x$ 处为 $\dot{U}+\mathrm{d}\dot{U}$ 和 $\dot{I}+\mathrm{d}\dot{I}$，则 $\mathrm{d}x$ 段的电压降 $\mathrm{d}\dot{U}$ 和 $\mathrm{d}x$ 两侧电流增量 $\mathrm{d}\dot{I}$ 可表示为

$$\mathrm{d}\dot{I} = \dot{U}y_1\mathrm{d}x$$

$$\mathrm{d}\dot{U} = (\dot{I}+\mathrm{d}\dot{I})z_1\mathrm{d}x$$

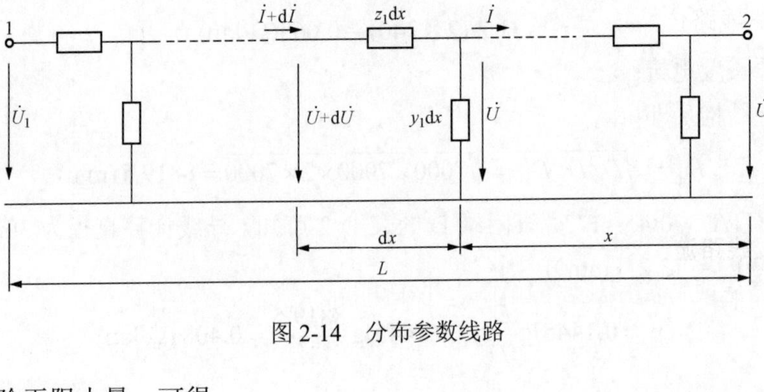

图 2-14　分布参数线路

略去二阶无限小量，可得

$$\frac{\mathrm{d}\dot{I}}{\mathrm{d}x} = \dot{U}y_1$$

$$\frac{\mathrm{d}\dot{U}}{\mathrm{d}x} = \dot{I}z_1$$

上两式分别对 x 求导数，可得

$$\frac{\mathrm{d}^2\dot{I}}{\mathrm{d}x^2} = \frac{\mathrm{d}\dot{U}}{\mathrm{d}x}y_1 = \dot{I}z_1y_1 \tag{2-37}$$

$$\frac{\mathrm{d}^2\dot{U}}{\mathrm{d}x^2} = \frac{\mathrm{d}\dot{I}}{\mathrm{d}x}z_1 = \dot{U}z_1y_1 \tag{2-38}$$

这就是稳态时分布参数线路的微分方程式。式（2-38）的通解为

$$\dot{U} = A_1 e^{\sqrt{z_1y_1}x} + A_2 e^{-\sqrt{z_1y_1}x} \tag{2-39}$$

式中 A_1、A_2——积分常数。

将式（2-39）对 x 求导数后，带入到式（2-37）中，可得

$$\dot{I} = \frac{A_1}{\sqrt{z_1/y_1}}e^{\sqrt{z_1y_1}x} - \frac{A_2}{\sqrt{z_1/y_1}}e^{-\sqrt{z_1y_1}x} \tag{2-40}$$

计及线路末端电压 $\dot{U}_2$ 和电流 $\dot{I}_2$（对应 $x=0$），有

$$\left.\begin{aligned} \dot{U}_2 &= A_1 + A_2 \\ \dot{I}_2 &= \frac{A_1 + A_2}{\sqrt{z_1/y_1}} \end{aligned}\right\}$$

由上式求解出 A_1、A_2，并代入式（2-39）、式（2-40），可以导出描述沿线任意点处电压、电流的表达式为

$$\left.\begin{aligned} \dot{U} &= \dot{U}_2\left(\frac{e^{\gamma x}+e^{-\gamma x}}{2}\right) + \dot{I}_2 Z_c\left(\frac{e^{\gamma x}-e^{-\gamma x}}{2}\right) \\ \dot{I} &= \frac{\dot{U}_2}{Z_c}\left(\frac{e^{\gamma x}-e^{-\gamma x}}{2}\right) + \dot{I}_2\left(\frac{e^{\gamma x}+e^{-\gamma x}}{2}\right) \end{aligned}\right\} \tag{2-41}$$

式中 Z_c——线路特征阻抗或波阻抗，Ω，$Z_c = \sqrt{z_1/y_1}$；

　　　γ——线路传播系数，1/km，$\gamma = \sqrt{z_1y_1} = \alpha + j\beta$。

应用双曲函数的定义，式（2-41）可改写为

$$\left.\begin{aligned} \dot{U} &= \dot{U}_2\cosh\gamma x + \dot{I}_2 Z_c\sinh\gamma x \\ \dot{I} &= \frac{\dot{U}_2}{Z_c}\sinh\gamma x + \dot{I}_2\cosh\gamma x \end{aligned}\right\} \tag{2-42}$$

2.2.2.2 线路波阻抗、自然功率和电压分布

由于超高压或特高压线路的电阻远小于电抗，电导可忽略不计，作为近似估算，可设 $g_1=0$、$r_1=0$，则线路成为一条无损耗的线路，这时，$z_1 = \mathrm{j}2\pi fL_1$，$y_1 = \mathrm{j}2\pi fC_1$，它的波阻抗 $Z_c = \sqrt{L_1/C_1}$ 为纯电阻，$\alpha = 0$，$\beta = 2\pi f\sqrt{L_1C_1}$。在无损线路末端接入纯有功负荷

$$P_e = \frac{U_2^2}{Z_c} \tag{2-43}$$

式（2-43）对应的功率称为自然功率，于是，沿线各点的电压和电流就有如式（2-44）

所示的特点。

$$
\left.\begin{array}{l}
\dot{U} = \dot{U}_2 e^{j\beta x} \\
\dot{I} = \dot{I}_2 e^{j\beta x}
\end{array}\right\}
\tag{2-44}
$$

即线路输送自然功率时，沿线各点电压有效值相等、电流有效值相等，如图 2-15 所示，而且同一点电压和电流都是同相位的，即通过各点的无功功率都等于零。这是由于线路的每一单位长度中电感消耗的无功功率与并联电容提供的无功功率完全平衡。另外，各点电压的相位都不相同，从线路末端起每 km 相位前移 β 弧度，两点间电压的相位差恰等于两点间距离乘于 β，如图 2-15（b）所示。电流相位的变化情况也完全一样。

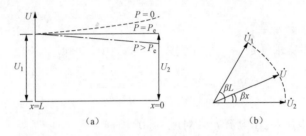

图 2-15　无损线路在输送自然功率下沿线电压分布

(a) 电压分布；(b) $P = P_e$ 时的电压相量

在线路输送功率不等于自然功率时，线路各点电压有效值将不再相同。设线路首端有电源保持端口的电压不变，则当输电功率大于自然功率时，线路上的电压将降低，见图 2-15（a）；如果输电功率小于自然功率，则线路上电压将升高，线路空载时电压升高最明显。这两种现象随线路长度的增大而越严重。因此，长输电线路必须采取措施解决这个问题。至于短线路，这种现象就不明显，其输电功率一般都可大于自然功率，且轻负荷时线路末端电压的上升值一般也不会超过允许范围。

对于 $f = 50\text{Hz}$ 的三相架空线路，$\beta \approx 1.05 \times 10^{-3}\text{rad/km} \approx 0.06°/\text{km}$，相应的波长 $\lambda = 2\pi/\beta \approx 6000\text{km}$。当线路长度 $L = 100\text{km}$ 时，始末端电压的相位差为 6°；线路 $L = 1500\text{km}$ 时，始末端电压的相位差将达 90°。如果 L 与 λ 可比时，则称为远距离输电线路，例如架空线路 $L \geqslant 600\text{km}$ 的情况。由于电缆线路的 β 随额定电压和芯线截面积的不同，变化范围比较大，且比架空线路要大好几倍，所以电缆线路的波长比架空线路要短得多。因此，从经济上和技术角度出发，迄今无法用电缆线路作交流长距离输电。

自然功率常用来衡量长距离输电线路的输电能力。一般 220kV 及以上电压等级的架空线路的输电能力大致接近于自然功率。远距离输电线路由于运行稳定性的限制，输电能力往往达不到自然功率，所以必须采取措施加以提高。表 2-3 列出了 220kV 及以上电压等级架空线路的波阻抗和自然功率的典型值。

表 2-3　　　　　　　　　　架空线路的波阻抗和自然功率的典型值

额定电压/kV	导线分裂数	Z_c/Ω	P_e/MW
220	1	380	127
220	2	300	161

续表

额定电压/kV	导线分裂数	Z_c/Ω	P_c/MW
330	2	300	363
500	4	270	926
750	4	260	2163
1000	8	230	4348

2.2.2.3 线路的等值电路

在电力系统稳态分析中，一般只考虑电力线路首、末两端的电压和电流。在式（2-42）中，令 $x=L$，则线路首端电压 $\dot{U}_1$ 和电流 $\dot{I}_1$ 与线路末端电压和电流之间的关系式为

$$\begin{bmatrix} \dot{U}_1 \\ \dot{I}_1 \end{bmatrix} = \begin{bmatrix} \cosh\gamma L & Z_c\sinh\gamma L \\ \dfrac{1}{Z_c}\sinh\gamma L & \cosh\gamma L \end{bmatrix}\begin{bmatrix} \dot{U}_2 \\ \dot{I}_2 \end{bmatrix} \tag{2-45}$$

显然，从电力线路两端来看，可以把它作为无源的两端口网络来处理，而且还可以用两端口网络传输参数 A、B、C 和 D 表示为

$$\begin{bmatrix} \dot{U}_1 \\ \dot{I}_1 \end{bmatrix} = \begin{bmatrix} A & B \\ C & D \end{bmatrix}\begin{bmatrix} \dot{U}_2 \\ \dot{I}_2 \end{bmatrix} \tag{2-46}$$

其中

$$A = D = \cosh\gamma L$$
$$B = Z_c\sinh\gamma L$$
$$C = 1/Z_c\sinh\gamma L$$

对这样的无源的两端口网络可用 Π 型或 T 型等值电路表示。考虑到 T 型等值电路多一个中间节点，在电力系统计算中一般不采用它。电力线路的 Π 型等值电路如图2-16 所示。

由于 $A=D$，所以图 2-16 中两端的并联支路相等，用导纳 $Y/2$ 表示。等值电路的参数与两端口网络传输参数的关系为

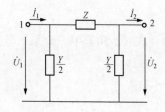

图 2-16 电力线路的 Π 型等值电路

$$\left.\begin{array}{l} Z = B = Z_c\sinh\gamma L \\ \dfrac{Y}{2} = \dfrac{A-1}{B} = \dfrac{\cosh\gamma L - 1}{Z_c\sinh\gamma L} \end{array}\right\} \tag{2-47}$$

考虑到 $Z_c = \sqrt{z_1/y_1} = z_1/\gamma = \gamma/y_1$，于是，式（2-47）可改写为

$$\left.\begin{array}{l} Z = \dfrac{\sinh\gamma L}{\gamma L}z_1 L = K_z z_1 L \\ \dfrac{Y}{2} = \dfrac{2(\cosh\gamma L - 1)}{\gamma L\sinh\gamma L}\dfrac{y_1 L}{2} = K_y\dfrac{y_1 L}{2} \end{array}\right\} \tag{2-48}$$

其中

$$K_z = \frac{\sinh \gamma L}{\gamma L}$$

$$K_y = \frac{2(\cosh \gamma L - 1)}{\gamma L \sinh \gamma L} = \frac{\tanh(\gamma L / 2)}{\gamma L / 2} \right\} \tag{2-49}$$

由式（2-48）可见，Π型等值电路中的串联阻抗 Z 等于线路单位长度阻抗的总和（$z_1 L$）乘以系数 K_z，两端的并联导纳 $Y/2$ 等于线路单位长度导纳总和的一半（$y_1 L/2$）乘以系数 K_y，这两个系数可称为Π型等值电路阻抗和导纳的修正系数。将修正系数式（2-49）中的双曲函数展开为级数

$$\sinh \gamma L = \gamma L + \frac{(\gamma L)^3}{3!} + \frac{(\gamma L)^5}{5!} + \frac{(\gamma L)^7}{7!} + \cdots$$

$$\tanh \frac{\gamma L}{2} = \frac{\gamma L}{2} - \frac{1}{3}\left(\frac{\gamma L}{2}\right)^3 + \frac{2}{15}\left(\frac{\gamma L}{2}\right)^5 - \frac{17}{315}\left(\frac{\gamma L}{2}\right)^7 + \cdots$$

架空线路长度约小于 1000km 时，$|\gamma L| < 1$；电缆线路长度约小于 300km 时，$|\gamma L| < 1$。在这种情况下，上列两个级数收敛很快，可以仅取它们的前两项，从而得到修正系数的实用计算近似式

$$K_z \approx 1 + \frac{(\gamma L)^2}{6} = 1 + \frac{z_1 y_1}{6} L^2$$

$$K_y \approx 1 - \frac{(\gamma L)^2}{12} = 1 - \frac{z_1 y_1}{12} L^2 \right\}$$

再计及 $g_1 = 0$，则可以得到

$$Z \approx k_r r_1 L + j k_x x_1 L$$

$$\frac{Y}{2} \approx j k_b \frac{b_1 L}{2} \right\} \tag{2-50}$$

式（2-50）中三个系数分别为

$$k_r = 1 - x_1 b_1 \frac{L^2}{3}$$

$$k_x = 1 - \left(x_1 - \frac{r_1^2}{x_1}\right) b_1 \frac{L^2}{6} \right\} \tag{2-51}$$

$$k_b = 1 + x_1 b_1 \frac{L^2}{12}$$

由式（2-51）可见，这三个系数都是实数，计算更为方便。但架空线路长于 1000km、电缆线路长于 300km 时，仍要用式（2-49）计算修正系数。

当线路长度较短，例如架空线路短于 300km、电缆线路短于 100km（常常称为中等长度线路）时，不用考虑线路的分布参数特性，各修正系数均可取 1。

架空线路短于 100km 的 110kV 及以下电压的线路（常常称为短线路），由于线路短、电压低，并联电容电流小，因而可以不计并联导纳，这样，等值电路就只有一个串联阻抗 $z_1 L$。

【例 2-3】 长度为 600km 的 500kV 线路，三相导线水平排列，相间距离为 13m，采用

四分裂导线，分裂间距为 450mm，每根子导线型号为 JL/G1A-400/35-48/7。试计算该线路的 Π 型等值电路参数。

解　（1）先计算该线路单位长度电阻、电抗和电纳。

$$r_1 = 31.2/(4 \times 400) = 0.0195\,(\Omega/\mathrm{km})$$

$$D_\mathrm{m} = \sqrt[3]{D_{12}D_{23}D_{31}} = \sqrt[3]{13000 \times 13000 \times 2 \times 13000} = 16379\,(\mathrm{mm})$$

查附录 D 的表 D-2 可知，导线计算直径为 26.8mm，取 $D_\mathrm{s} = 0.88r = 0.88 \times 26.8/2 = 11.8$（mm），则

$$D_\mathrm{seq} = \sqrt[4]{D_\mathrm{s}\sqrt{2}d^3} = \sqrt[4]{11.8 \times \sqrt{2} \times 450^3} = 197.4\,(\mathrm{mm})$$

$$x_1 = 0.1445\lg\frac{D_\mathrm{m}}{D_\mathrm{seq}} = 0.1445\lg\frac{16379}{197.4} = 0.277\,(\Omega/\mathrm{km})$$

$$r_\mathrm{eq} = \sqrt[4]{r\sqrt{2}d^3} = \sqrt[4]{26.8/2 \times \sqrt{2} \times 450^3} = 203.9\,(\mathrm{mm})$$

$$b_1 = \frac{7.58}{\lg\dfrac{D_\mathrm{m}}{r_\mathrm{eq}}} \times 10^{-6} = \frac{7.58}{\lg\dfrac{16379}{203.9}} \times 10^{-6} = 3.98 \times 10^{-6}\,(\mathrm{S/km})$$

（2）精确计算。

先计算 Z_c、γL 和双曲线函数，即

$$z_1 = r_1 + jx_1 = 0.0195 + j0.277 = 0.278\angle 85.98°\,(\Omega/\mathrm{km})$$

$$y_1 = jb_1 = j3.98 \times 10^{-6} = 3.98 \times 10^{-6}\angle 90°\,(\mathrm{S/km})$$

$$Z_\mathrm{c} = \sqrt{z_1/y_1} = \sqrt{\frac{0.278}{3.98 \times 10^{-6}}}\angle\frac{85.98° - 90°}{2} = 264.302\angle -2.01°\,(\Omega)$$

$$\gamma L = \sqrt{z_1 y_1}L = 600 \times \sqrt{0.278 \times 3.98 \times 10^{-6}}\angle\frac{85.98° + 90°}{2} = 0.631\angle 87.99° = 0.022 + j0.631$$

$$e^{\gamma L} = e^{0.022}e^{j0.631} = 1.022\angle 36.13° = 0.826 + j0.603$$

$$e^{-\gamma L} = 1/(1.022\angle 36.13°) = 0.978\angle -36.13° = 0.79 - j0.577$$

$$\sinh\gamma L = \frac{e^{\gamma L} - e^{-\gamma L}}{2} = 0.018 + j0.59 = 0.59\angle 88.26°$$

$$\cosh\gamma L = \frac{e^{\gamma L} + e^{-\gamma L}}{2} = 0.808 + j0.013 = 0.808\angle 0.93°$$

最后计算 Π 型等值电路参数，即

$$Z = Z_\mathrm{c}\sinh\gamma L = 264.302\angle -2.01° \times 0.59\angle 88.26° = 155.953\angle 86.25° = 10.196 + j155.619\,(\Omega)$$

$$\frac{Y}{2} = \frac{\cosh\gamma L - 1}{Z_\mathrm{c}\sinh\gamma L} = \frac{0.808 + j0.013 - 1}{264.302\angle -2.01° \times 0.59\angle 88.26°} = 1.235 \times 10^{-3}\angle 89.86° \approx j1.235 \times 10^{-3}\,(\mathrm{S})$$

等值电路如图 2-17（a）所示。

（3）近似考虑线路分布参数特性的实用计算。

$$k_\mathrm{r} = 1 - x_1 b_1\frac{L^2}{3} = 1 - 0.277 \times 3.98 \times 10^{-6} \times \frac{600^2}{3} = 0.868$$

$$k_x = 1 - \left(x_1 - \frac{r_1^2}{x_1}\right)b_1\frac{L^2}{6} = 1 - \left(0.277 - \frac{0.0195^2}{0.277}\right) \times 3.98 \times 10^{-6} \times \frac{600^2}{6} = 0.934$$

$$k_b = 1 + x_1 b_1 \frac{L^2}{12} = 1 + 0.277 \times 3.98 \times 10^{-6} \times \frac{600^2}{12} = 1.033$$

$$k_r r_1 L = 0.868 \times 0.0195 \times 600 = 10.151(\Omega)$$

$$k_r x_1 L = 0.934 \times 0.277 \times 600 = 155.406(\Omega)$$

$$k_r b_1 L/2 = 1.033 \times 3.98 \times 10^{-6} \times 600/2 = 1.233 \times 10^{-3}(S)$$

等值电路如图 2-17（b）所示。与准确计算比较，电阻误差为 −0.45%，电抗误差为 −0.14%，电纳误差为 −0.13%。本例线路长度小于 1000km，用实用公式计算已足够准确。如果完全忽略线路的分布参数特性，取 $K_z = K_y = 1$，则线路电阻、电抗和电纳分别为 11.7Ω、166.364Ω 和 1.194×10^{-3}S，与准确计算比较，电阻误差为 12.85%，电抗误差为 6.46%，电纳误差为 −3.45%。

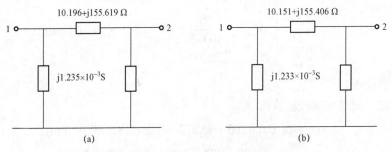

图 2-17 例 2-3 架空线路的 Π 型等值电路

（a）精确计算；（b）实用计算

2.3 电网等值电路

Equivalent Circuit of Electric Network

在电力系统正常运行状态的计算中，同步发电机作为向电力网注入有功和无功功率的电源处理，负荷用有功和无功功率表示，而电力网部分则用单相等值电路描述。本节将介绍多电压等级电网的等值电路、参数的归算、标幺制和变压器的 Π 型等值电路。

2.3.1 多电压等级电力网的等值电路

先作出电力线路与变压器的等值电路，然后根据电力网的电气接线图将它们连接起来，即可得到该电网的等值电路。图 2-18 为一个多电压等级电网的电气接线图和等值电路的例子。

在多电压等级电网中，应将各级电压的阻抗、导纳及相应的电压、电流归算到一个所选的某一个电压等级，该电压等级称为基本级，也叫基准级。基本级可以任取，常常取为电网中的最高电压等级，或者选为元件数最多的电压等级，以节省计算工作量。非基本级元件参数的归算是根据变压器参数归算的原理进行的。设从基本级到某电压等级之间串联有变比为 $k_1, k_2, \cdots, k_n$ 的 n 台变压器，则该电压等级中某元件阻抗 Z' 和导纳 Y' 归算到基本级的计算式分别为式（2-52）和式（2-53）。

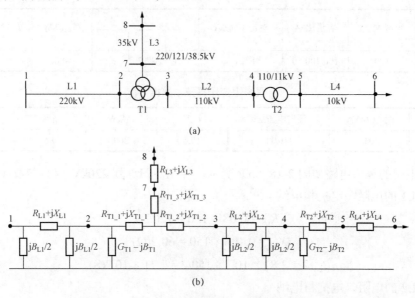

图 2-18　多电压等级电网的电气接线图和等值电路

（a）电气接线图；（b）等值电路

$$Z = Z'(k_1 k_2 \cdots k_n)^2 \tag{2-52}$$

$$Y = \frac{Y'}{(k_1 k_2 \cdots k_n)^2} \tag{2-53}$$

相应地，该电压等级中的电压 U' 和电流 I' 归算到基本级的计算式分别为式（2-54）和式（2-55），即

$$U = U'(k_1 k_2 \cdots k_n) \tag{2-54}$$

$$I = \frac{I'}{k_1 k_2 \cdots k_n} \tag{2-55}$$

归算中各变压器要用实际的变比，例如变压器高压侧切换到某一分接头运行，则要用该分接头的绕组电压计算变比。各变压器的变比见式（2-56），即

$$k_i = \frac{\text{靠近基本级一侧的变压器绕组电压}}{\text{靠近待归算一侧的变压器绕组电压}}, \quad i = 1, 2, \cdots, n \tag{2-56}$$

【例 2-4】某电网的电气接线如图 2-18（a）所示，各元件的技术数据见表 2-4～表 2-6，其中各变压器均在主抽头运行，35、10kV 线路的并联导纳略去不计。取基本级为 220kV，试计算各元件的参数，并绘制该电网的等值电路。

表 2-4　　　　　　　　　　　　电力线路技术数据

线路	类型	电阻/（Ω/km）	电抗/（Ω/km）	电纳/（S/km）	长度/km
L1	架空线路	0.08	0.406	2.81×10^{-6}	150
L2	架空线路	0.105	0.383	2.98×10^{-6}	60
L3	架空线路	0.17	0.38		13
L4	电缆	0.45	0.08		2.5

表 2-5   三绕组变压器技术数据

变压器	容量/MVA	容量比/%	额定电压/kV	$U_k\%$			P_{kmax}/kW	$I_0\%$	P_0/kW
				1-2	3-1	2-3			
T1	120	100/100/50	220/121/38.5	13.1	22.7	7.3	480	0.8	133

表 2-6   双绕组变压器技术数据

变压器	容量/MVA	额定电压/kV	$U_k\%$	P_k/kW	$I_0\%$	P_0/kW
T2	63	110/11	10.5	260	0.6	65

解　电网的等值电路如图 2-18（b）所示，各元件归算到 220kV 侧的参数计算如下：

线路 L1 的电阻、电抗和电纳

$$R_{L1} = 0.08 \times 150 = 12(\Omega)$$

$$X_{L1} = 0.406 \times 150 = 60.9(\Omega)$$

$$B_{L1}/2 = 2.81 \times 10^{-6} \times 150/2 = 2.11 \times 10^{-4}(S)$$

线路 L2 的电阻、电抗和电纳

$$R_{L2} = 0.105 \times 60 \times (220/121)^2 = 20.8(\Omega)$$

$$X_{L2} = 0.383 \times 60 \times (220/121)^2 = 75.8(\Omega)$$

$$B_{L2}/2 = 2.98 \times 10^{-6} \times 60/(220/121)^2/2 = 2.7 \times 10^{-5}(S)$$

线路 L3 的电阻和电抗

$$R_{L3} = 0.17 \times 13 \times (220/38.5)^2 = 72(\Omega)$$

$$X_{L3} = 0.38 \times 13 \times (220/38.5)^2 = 161(\Omega)$$

线路 L4 的电阻和电抗

$$R_{L4} = 0.45 \times 2.5 \times (110/11 \times 220/121)^2 = 372(\Omega)$$

$$X_{L4} = 0.08 \times 2.5 \times (110/11 \times 220/121)^2 = 66(\Omega)$$

变压器 T1 的电阻、电抗、电导和电纳

$$R_{T1\_1} = R_{T1\_2} = \frac{480 \times 220^2}{2000 \times 120^2} = 0.81(\Omega)$$

$$R_{T1\_3} = 2R_{T1\_1} = 2 \times 0.81 = 1.62\,(\Omega)$$

$$U_{T1\_k1}\% = \frac{13.1 + 22.7 - 7.3}{2} = 14.25$$

$$U_{T1\_k2}\% = 13.1 - 14.25 = -1.15$$

$$U_{T1\_k3}\% = 22.7 - 14.25 = 8.45$$

$$X_{T1\_1} = \frac{14.25 \times 220^2}{100 \times 120} = 57.48\,(\Omega)$$

$$X_{T1\_2} = \frac{-1.15 \times 220^2}{100 \times 120} = -4.64\,(\Omega)$$

$$X_{T1\_3} = \frac{8.45 \times 220^2}{100 \times 120} = 8.45\,(\Omega)$$

$$G_{T1} = \frac{133}{1000 \times 220^2} = 2.75 \times 10^{-6} \, (S)$$

$$B_{T1} = \frac{0.8 \times 120}{100 \times 220^2} = 19.84 \times 10^{-6} \, (S)$$

变压器 T2 的电阻、电抗、电导和电纳

$$R_{T2} = \frac{260 \times 110^2}{1000 \times 63^2} \times \left(\frac{220}{121}\right)^2 = 2.62 \, (\Omega)$$

$$X_{T2} = \frac{10.5 \times 110^2}{100 \times 63} \times \left(\frac{220}{121}\right)^2 = 66.67 \, (\Omega)$$

$$G_{T2} = \frac{65}{1000 \times 110^2} \times \left(\frac{121}{220}\right)^2 = 1.63 \times 10^{-6} \, (S)$$

$$B_{T2} = \frac{0.6 \times 63}{100 \times 110^2} \times \left(\frac{121}{220}\right)^2 = 9.45 \times 10^{-6} \, (S)$$

2.3.2 标幺制及其应用

2.3.2.1 标幺值

在进行电力系统计算时，功率、电压、电流和阻抗等物理量可以用 MVA、kV、kA 和 Ω 等有名单位值进行运算，也可以用没有量纲的相对值——标幺值进行运算。没有量纲的标幺值系统称为标幺制。

在标幺制中，不同意义和不同量纲的物理量都要各指定一个基准值。某物理量的标幺值为它的有名值与其基准值之比。标幺值、有名值、基准值之间的关系为

$$标幺值 = \frac{有名值（MVA、kV、kA、\Omega、S 等）}{基准值（与对应的有名值单位相同）} \tag{2-57}$$

当三相交流系统在三相对称运行时，三相功率为单相功率的 3 倍，线电压为相电压的 $\sqrt{3}$ 倍，如取三相功率的基准值为单相功率基准值的 3 倍，线电压的基准值为相电压基准值的 $\sqrt{3}$ 倍，则由式（2-57）可知，三相功率与单相功率的标幺值相等，线电压与相电压的标幺值相等。这是标幺制的一个特点，对电力系统正常运行分析会带来不少方便。

为了使以标幺值表示的回路方程、功率方程等电路方程与有名单位制表示的方程式在形式保持相同，基准值之间应满足电路的基本关系，即有如下关系

$$\left.\begin{array}{l} S_B = \sqrt{3} U_B I_B \\ U_B = \sqrt{3} I_B Z_B \\ Z_B = 1/Y_B \end{array}\right\} \tag{2-58}$$

式中 S_B——三相功率的基准值；

U_B、I_B——线电压、线电流的基准值；

Z_B、Y_B——每相阻抗、导纳的基准值。

由于有三个约束方程式，所以五个基准值只能任选两个，其余三个由式（2-58）决定。一般选定三相功率 S_B 和线电压基准值 U_B 最为方便，然后由关系式（2-58）求得线电流、每相阻抗和导纳的基准值

$$I_B = \frac{S_B}{\sqrt{3}U_B} \\ Z_B = \frac{U_B^2}{S_B} \\ Y_B = \frac{1}{Z_B} \left.\right\}$$

（2-59）

基准值的大小要选择适当，以便于标幺值与有名值之间的换算，并使各量的标幺值大小合适，便于运算。三相功率基准值 S_B 通常取 100 或 1000MVA，也可以取某台变压器或发电机的额定容量。线电压基准值 U_B 宜用电网基本级的额定电压。电力系统正常运行时，各节点电压一般在额定值附近，选择额定电压作基准电压时，各节点电压的标幺值均接近1，这样不但数据计算方便，而且能直观地评估各节点电压的质量，也便于判断计算的正确性。

2.3.2.2　多电压等级的标幺值

在单一电压级电网等值电路中，只要将各元件参数或变量的有名值除以选定的相应基准值即可求得标幺值。对于多电压等级电网的等值电路，可以通过两种方式计算标幺值，在每种计算方式中，各元件参数或变量的标幺值均分两步计算：先将各电压等级的参数有名值归算到基本级，然后再根据基本级的基准值计算标幺值；或者，先将基本级的基准值归算到各电压等级，然后再在各电压等级直接对未归算的有名值求取标幺值。这两种方式殊途同归，所得各元件参数或变量的标幺值没有差别。由于一个电压等级只有一组基准值，而元件数有时可能很多，所以用第二种方式计算有时可以节省计算工作量。

设基本级选择的三相功率和线电压基准值分别为 S_B 和 U_B，按式（2-59）求出 Z_B、Y_B 和 I_B；又设从基本级到某电压级之间串联有 n 台变比分别为 k_1、k_2、$\cdots$、k_n 的变压器，该电压级的电压、电流、阻抗和导纳有名值 U'、I'、Z'、Y' 归算到基本级分别为 U、I、Z 和 Y，如式（2-60）所示。

$$Z = Z'(k_1k_2\cdots k_n) \\ Y = \frac{Y'}{k_1k_2\cdots k_n} \\ U = U'(k_1k_2\cdots k_n) \\ I = \frac{I'}{k_1k_2\cdots k_n} \left.\right\}$$

（2-60）

相应的标幺值如式（2-61）所示。

$$Z_* = \frac{Z}{Z_B} = Z\frac{S_B}{U_B^2} \\ Y_* = \frac{Y}{Y_B} = Y\frac{U_B^2}{S_B} \\ U_* = \frac{U}{U_B} \\ I_* = \frac{I}{I_B} = I\frac{\sqrt{3}U_B}{S_B} \left.\right\}$$

（2-61）

或者，先将基本级基准值归算到所计算电压级的基准值 U'_B、I'_B、Z'_B 和 Y'_B，即

$$\left.\begin{aligned}
U'_\mathrm{B} &= \frac{U_\mathrm{B}}{k_1 k_2 \cdots k_n} \\
Z'_\mathrm{B} &= \frac{Z_\mathrm{B}}{(k_1 k_2 \cdots k_n)^2} = \frac{U'^2_\mathrm{B}}{S_\mathrm{B}} \\
Y'_\mathrm{B} &= Y_\mathrm{B}(k_1 k_2 \cdots k_n)^2 = \frac{S_\mathrm{B}}{U'^2_\mathrm{B}} = \frac{1}{Z'_\mathrm{B}} \\
I'_\mathrm{B} &= \frac{S_\mathrm{B}}{\sqrt{3} U_\mathrm{B}}(k_1 k_2 \cdots k_n) = \frac{S_\mathrm{B}}{\sqrt{3} U'_\mathrm{B}}
\end{aligned}\right\}
\qquad (2\text{-}62)$$

相应的标幺值见式（2-63）。

$$\left.\begin{aligned}
Z_* &= \frac{Z'}{Z'_\mathrm{B}} = Z' \frac{S_\mathrm{B}}{U'^2_\mathrm{B}} \\
Y_* &= \frac{Y'}{Y'_\mathrm{B}} = Y' \frac{U'^2_\mathrm{B}}{S_\mathrm{B}} \\
U_* &= \frac{U'}{U'_\mathrm{B}} \\
I_* &= \frac{I'}{I'_\mathrm{B}} = I' \frac{\sqrt{3} U'_\mathrm{B}}{S_\mathrm{B}}
\end{aligned}\right\}
\qquad (2\text{-}63)$$

在归算的式（2-62）中，各电压级的功率基准值相同，这与功率归算到另一电压等级数值不变的道理是一样的。因此，只需计算出基准电压的归算值，其余基准的归算值可直接用式（2-62）的后三式求得。

【例 2-5】 试计算例 2-4 电网等值电路中各元件参数的标幺值。

解　指定 220kV 级为基本级，取 $S_\mathrm{B} = 1000\mathrm{MVA}$，$U_\mathrm{B} = 220\mathrm{kV}$。先计算各电压级的电压基准值

$$U'_{\mathrm{B\_110}} = 220/(220/121) = 121(\mathrm{kV})$$
$$U'_{\mathrm{B\_35}} = 220/(220/38.5) = 38.5(\mathrm{kV})$$
$$U'_{\mathrm{B\_10}} = 220/(220/121 \times 110/11) = 12.1(\mathrm{kV})$$

线路 L1 的电阻、电抗和电纳

$$R_{\mathrm{L1}*} = 0.08 \times 150 \times 1000/220^2 = 0.25$$
$$X_{\mathrm{L1}*} = 0.406 \times 150 \times 1000/220^2 = 1.26$$
$$B_{\mathrm{L1}}/2 = 2.81 \times 10^{-6} \times 150/2 \times 220^2/1000 = 10.2 \times 10^{-3}$$

线路 L2 的电阻、电抗和电纳

$$R_{\mathrm{L2}*} = 0.105 \times 60 \times 1000/121^2 = 0.43$$
$$X_{\mathrm{L2}*} = 0.383 \times 60 \times 1000/121^2 = 1.57$$
$$B_{\mathrm{L2}*}/2 = 2.98 \times 10^{-6} \times 60/2 \times 121^2/1000 = 1.31 \times 10^{-3}$$

线路 L3 的电阻和电抗

$$R_{\mathrm{L3}*} = 0.17 \times 13 \times 1000/38.5^2 = 1.49$$
$$X_{\mathrm{L3}*} = 0.38 \times 13 \times 1000/38.5^2 = 3.33$$

线路 L4 的电阻和电抗

$$R_{L4*} = 0.45 \times 2.5 \times 1000/12.1^2 = 7.69$$
$$X_{L4*} = 0.08 \times 2.5 \times 1000/12.1^2 = 1.37$$

变压器 T1 的电阻、电抗、电导和电纳

$$R_{T1\_1*} = R_{T1\_2*} = \frac{480 \times 220^2}{2000 \times 120^2} \times \frac{1000}{220^2} = 0.02$$
$$R_{T1\_3*} = 2R_{T1\_1*} = 2 \times 0.02 = 0.04$$
$$X_{T1\_1*} = \frac{14.25 \times 220^2}{100 \times 120} \times \frac{1000}{220^2} = 1.19$$
$$X_{T1\_2*} = \frac{-1.15 \times 220^2}{100 \times 120} \times \frac{1000}{220^2} = -0.09$$
$$X_{T1\_3*} = \frac{8.45 \times 220^2}{100 \times 120} \times \frac{1000}{220^2} = 0.7$$
$$G_{T1*} = \frac{133}{1000 \times 220^2} \times \frac{220^2}{1000} = 1.33 \times 10^{-4}$$
$$B_{T1*} = \frac{0.8 \times 120}{100 \times 220^2} \times \frac{220^2}{1000} = 9.6 \times 10^{-4}$$

变压器 T2 的电阻、电抗、电导和电纳

$$R_{T2*} = \frac{260 \times 110^2}{1000 \times 63^2} \times \frac{1000}{121^2} = 0.05$$
$$X_{T2*} = \frac{10.5 \times 110^2}{100 \times 63} \times \frac{1000}{121^2} = 1.38$$
$$G_{T2*} = \frac{65}{1000 \times 110^2} \times \frac{121^2}{1000} = 7.87 \times 10^{-5}$$
$$B_{T2*} = \frac{0.6 \times 63}{100 \times 110^2} \times \frac{121^2}{1000} = 4.57 \times 10^{-4}$$

等值电路见图 2-19。

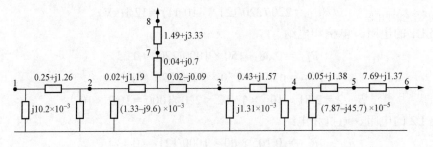

图 2-19 例 2-5 电网的等值电路

2.3.3 具有非标准变比变压器的电力网等值电路

在电力系统正常运行状态计算中，往往需要改变某些变压器分接头的位置，调整某些节点的电压。如果使用前述的等值电路，在变压器分接头改变时，则需要重新计算一些阻抗、导纳及电压、电流等参数或变量的有名值或标幺值。对于大规模的电网，这需要很大的计算工作量。为了克服这个缺点，下面将阐述变压器的实际变比与两侧电网额定电压（或基准电压）之比不同时的Π型等值电路，简称非标准变比变压器的Π型等值电路，并介绍采用这种等值电路时，电网等值电路中各参数、变量的计算方法。

图 2-20（a）表示变比为 k 时的双绕组变压器，图 2-20（b）为它的单相等值图。这里用一变比为 k 的理想变压器和归算到 2 侧的原变压器阻抗 Z_T 来代替实际的变压器，如图中虚线框所示。所谓理想变压器是指励磁电流、电阻和漏抗均为零的变压器。这种存在磁耦合的电路在电力系统计算、分析中仍然不方便。因为从实质来说，仅仅引入理想变压器，与一般的折算并无根本的区别。可以设想，如果将理想变压器及与它串联的阻抗进一步变换成电气上直接相连的等值电路，用一个仅包含串联阻抗和并联接地导纳支路所组成的等值电路来代替，则在整个电网的等值电路中，便全部是一般的串联阻抗和并联接地导纳支路，再没有任何变压器的痕迹，显然，这样的等值电路非常便于在电力系统计算中的应用。

下面进行变压器Π型等值电路的推导。为了使导出的等值电路既适用于一般情况，公式又简洁，可以将原变压器励磁导纳 Y_m 也归算到 2 侧，并且放在Π型等值电路之外，作为变压器外的并联支路处理。

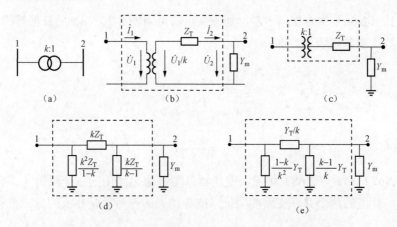

图 2-20　双绕组变压器和等值电路

（a）双绕组变压器；（b）接入理想变压器的等值电路；（c）接入理想变压器的等值电路简单表示形式；

（d）阻抗形式的Π型等值电路；（e）导纳形式的Π型等值电路

因为通过图 2-20（b）或（c）虚线框内理想变压器的功率不变，所以可以列出理想变压器两端的电压、电流关系

$$\dot{U}_1 \overset{*}{\dot{I}}_1 = (\dot{U}_1 / k) \overset{*}{\dot{I}}_2$$

从而

$$\dot{I}_1 = \dot{I}_2 / k \tag{2-64}$$

此外，对于图 2-20（b）虚线框内的变压器，还可列出如下方程

$$\dot{U}_1 / k = \dot{U}_2 + \dot{I}_2 Z_T \tag{2-65}$$

联立求解式（2-64）和式（2-65）可得

$$\left.\begin{array}{l}\dot{I}_1 = \dfrac{\dot{U}_1}{Z_{\mathrm{T}}k^2} - \dfrac{\dot{U}_2}{Z_{\mathrm{T}}k} \\[3mm] -\dot{I}_2 = \dfrac{\dot{U}_2}{Z_{\mathrm{T}}} - \dfrac{\dot{U}_1}{Z_{\mathrm{T}}k} \end{array}\right\}$$

将上式变换为

$$\left.\begin{array}{l}\dot{I}_1 = \dfrac{(1-k)\dot{U}_1}{Z_{\mathrm{T}}k^2} + \dfrac{\dot{U}_1 - \dot{U}_2}{Z_{\mathrm{T}}k} \\[3mm] -\dot{I}_2 = \dfrac{(k-1)\dot{U}_2}{kZ_{\mathrm{T}}} + \dfrac{\dot{U}_2 - \dot{U}_1}{Z_{\mathrm{T}}k} \end{array}\right\} \tag{2-66}$$

于是，该变压器可用 2-20（d）的 Π 型等值电路表示，其中三个阻抗参数分别为

$$\left.\begin{array}{l}z_{12} = Z_{\mathrm{T}}k \\[2mm] z_{120} = \dfrac{k^2 Z_{\mathrm{T}}}{1-k} \\[3mm] z_{210} = \dfrac{kZ_{\mathrm{T}}}{k-1} \end{array}\right\} \tag{2-67}$$

如果在式（2-66）中令 $Y_{\mathrm{T}} = 1/Z_{\mathrm{T}}$，则该变压器可用图 2-20（e）的 Π 型等值电路表示，其中三个参数均以导纳表示，即

$$\left.\begin{array}{l}y_{12} = \dfrac{Y_{\mathrm{T}}}{k} \\[3mm] y_{120} = \dfrac{1-k}{k^2}Y_{\mathrm{T}} \\[3mm] y_{210} = \dfrac{k-1}{k}Y_{\mathrm{T}} \end{array}\right\} \tag{2-68}$$

由式（2-67）和式（2-68）可见，变压器 Π 型等值电路中的三个阻抗（或导纳）都与变比 k 有关，Π 型的两个并联支路的阻抗（或导纳）的符号总是相反的，三个支路阻抗之和恒等于零。

变压器采用这种 Π 型等值电路时，不管变比 k 变化与否，两侧电压和电流都是实际值，不存在归算问题。下面以两个电压等级的电力网为例，如图 2-21（a）所示，应用这种变压器等值电路，建立多电压等级电网的等值电路。为简单起见，这里忽略了变压器和线路的导纳，如计及这些导纳，也不会对计算形成任何困难。

（1）有名制中的应用。在图 2-21（b）中，如果线路阻抗 Z'_{LI}、Z'_{LII} 都未经归算，变压器高、低压侧绕组电压分别为 U_{I}、U_{II}，变压器阻抗 $Z'_{\mathrm{T}} = R'_{\mathrm{T}} + \mathrm{j}X'_{\mathrm{T}}$ 归算到低压侧，如式（2-69）所示。

$$\left.\begin{array}{l}R'_{\mathrm{T}} = \dfrac{P_{\mathrm{k}} U_{\mathrm{II}}^2}{1000 S_{\mathrm{N}}^2} \\[4mm] X'_{\mathrm{T}} = \dfrac{U_{\mathrm{k}}\% U_{\mathrm{II}}^2}{100 S_{\mathrm{N}}} \end{array}\right\} \tag{2-69}$$

这时，图 2-21（c）为采用变压器阻抗形式表示的 Π 型等值电路，则相应理想变压器的变比为

$$k = \frac{U_I}{U_{II}} \tag{2-70}$$

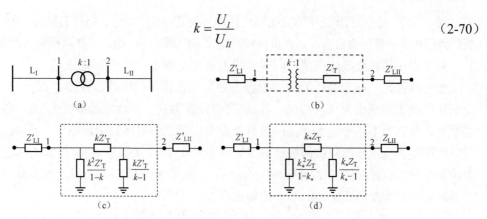

图 2-21　双绕组变压器 Π 型等值电路应用

（a）电网接线图；（b）接入理想变压器的等值电路；（c）所有阻抗均未归算时的 Π 型等值电路；
（d）阻抗均归算至高压侧时的 Π 型等值电路

在图 2-21（a）、（b）中，如果选择 L_I 所在的电压等级作为基本级，将线路阻抗 Z'_{LII} 和变压器阻抗 Z'_T 都通过标准变比 $k_S = U_{IN}/U_{IIN}$ 归算至高压侧，其中 U_{IN} 和 U_{IIN} 分别为变压器两侧电网的额定电压，如式（2-71）所示。

$$\left. \begin{aligned} Z_{LII} &= Z'_{LII} k_S^2 \\ Z_T &= Z'_T k_S^2 \end{aligned} \right\} \tag{2-71}$$

这时，应用变压器阻抗形式表示的 Π 型等值电路如图 2-21（d）所示，则相应理想变压器的变比为

$$k_* = \frac{k}{k_S} = \frac{U_I}{U_{II}} \bigg/ \frac{U_{IN}}{U_{IIN}} = \frac{U_I U_{IIN}}{U_{II} U_{IN}} \tag{2-72}$$

理想变压器变比按照式（2-72）这样取值，其效果相当于将已经归算至高压侧的线路 L_{II} 和变压器阻抗按标准变比 k_S 先归算回低压侧，然后再按式（2-70）的实际变比 k 归算至高压侧。

图 2-21（c）和（d）所示的等值电路有一个明显特点：当变压器分接头切换而使变比 k 改变时，除了此变压器 Π 型等值电路的三个参数需要修改外，其他参数值都保持不变。

（2）标幺制中的应用。以上是用有名单位值进行计算，同样也可以用标幺值计算。设功率基准值为 S_B，各电压等级基准电压分别为 $U_{IB}=U_{IN}$ 和 $U_{IIB}=U_{IIN}$，这样就可省去电压基准值的归算，而且不必明确指定基本级。线路和变压器的阻抗都按已经选定的基准电压 U_{IB}、U_{IIB} 折算为标幺值，如式（2-73）所示。

$$\left. \begin{aligned} Z_{LI*} &= Z'_{LI} \frac{S_B}{U_{IB}^2} \\[6pt] Z_{LII*} &= Z'_{LII} \frac{S_B}{U_{IIB}^2} \\[6pt] Z_{T*} &= Z'_T \frac{S_B}{U_{IIB}^2} \end{aligned} \right\} \tag{2-73}$$

这时，相应理想变压器变比的标幺值（也以 k_* 表示）见式（2-74）。

$$k_* = \frac{U_I}{U_{II}} \bigg/ \frac{U_{IB}}{U_{IIB}} = \frac{U_I U_{IIB}}{U_{II} U_{IB}} \tag{2-74}$$

对于这样取值的理想变压器变比标幺值，其效果相当于将已经折算为标幺值的线路 L_{II} 和变压器阻抗先折算回有名值，然后再按实际变比 k 归算至高压侧，并在高压侧折算为标幺值。

对于电压等级更多的电网，同样可用上述方法制定它的等值电路。

非标准变比三绕组变压器也可根据上述原理作出等值电路。在图 2-22（a）中，三绕组变压器的实际变比为 $U_I/U_{II}/U_{III}$。以标幺值计算为例，设功率基准值为 S_B，各电压等级基准电压分别为 U_{IB}、U_{IIB} 和 U_{IIIB}（通常取为变压器三侧电网的额定电压），类似式（2-73），可以将线路和变压器的阻抗都按已选定的基准电压 U_{IB}、U_{IIB} 和 U_{IIIB} 折算为标幺值，这些阻抗标幺值已标注在图 2-22（b）中。这时，三绕组变压器高、中压侧各串联一个理想变压器，相应理想变压器变比的标幺值如式（2-75）所示。

$$\left.\begin{aligned}
k_{1*} &= \frac{U_I}{U_{III}} \bigg/ \frac{U_{IB}}{U_{IIIB}} = \frac{U_I U_{IIIB}}{U_{III} U_{IB}} \\
k_{2*} &= \frac{U_{II}}{U_{III}} \bigg/ \frac{U_{IIB}}{U_{IIIB}} = \frac{U_{II} U_{IIIB}}{U_{III} U_{IIB}}
\end{aligned}\right\} \tag{2-75}$$

这样就把三绕组变压器转变为两个非标准变比的双绕组变压器，接下去就可按双绕组变压器作出等值电路，如图 2-22（c）所示。

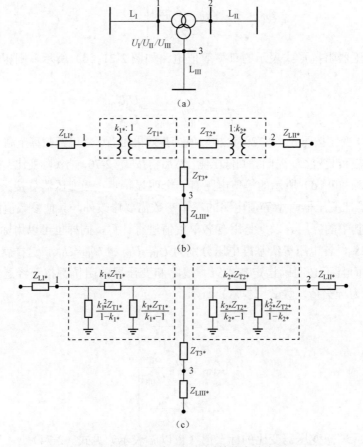

图 2-22　三绕组变压器∏型等值电路应用

（a）电网接线图；（b）接入理想变压器的等值电路；（c）阻抗形式的∏型等值电路应用

　　必须说明，这种处理方法不是唯一的，理想变压器可以安排在任意两侧端点处。但理想变压器之所以安排在双绕组变压器的高压绕组端点处或三绕组变压器的高压和中压绕组端点处，变压器本身的阻抗都先按低压绕组电压计算有名值，然后再进行归算或折算标幺值，其原因是低压绕组仅一个分接头，低压绕组电压不会发生变化，因此，由此求得的变压器各绕组阻抗不会随着高、中压绕组分接头的调整而改变。

　　处理复杂的电力系统时，普遍使用本小节介绍的等值电路，并用标幺值计算。

　　【例 2-6】 一台容量为 50MVA 的三绕组变压器，三个绕组的容量比为 100/100/100，额定电压为 110/38.5/11kV，高-中、高-低、中-低压绕组之间的短路电压百分值分别为 10.5、18 和 6.5，不计电阻和励磁导纳，高压绕组和中压绕组分别在+2.5%和−2.5%分接头上运行。取 $S_B = 100$MVA，并分别取高、中、低压侧电网的额定电压 110、35kV 和 10kV 作为相应侧的基准电压，试计算参数标幺值，并作出三绕组变压器导纳形式的 Π 型等值电路。

　　解 由绕组之间的短路电压百分值，可以得出高、中、低压绕组的短路电压百分值分别为

$$U_{k1}\% = \frac{10.5 + 18 - 6.5}{2} = 11$$

$$U_{k2}\% = 10.5 - 11 = -0.5$$

$$U_{k3}\% = 18 - 11 = 7$$

高、中、低压绕组阻抗在低压侧所计算的标幺值分别为

$$Z_{1*} = j\frac{11 \times 11^2}{100 \times 50} \times \frac{100}{10^2} = j0.2662$$

$$Z_{2*} = -j\frac{0.5 \times 11^2}{100 \times 50} \times \frac{100}{10^2} = -j0.0121$$

$$Z_{3*} = j\frac{7 \times 11^2}{100 \times 50} \times \frac{100}{10^2} = j0.1694$$

高、中压绕组对低压绕组的变比标幺值分别为

$$k_{1*} = \frac{U_{\mathrm{I}} U_{\mathrm{IIIB}}}{U_{\mathrm{III}} U_{\mathrm{IB}}} = \frac{110 \times (1 + 0.025) \times 10}{11 \times 110} = 0.9318$$

$$k_{2*} = \frac{U_{\mathrm{II}} U_{\mathrm{IIIB}}}{U_{\mathrm{III}} U_{\mathrm{IIB}}} = \frac{38.5 \times (1 - 0.025) \times 10}{11 \times 35} = 0.975$$

接入理想变压器的等值电路如图 2-23（a）所示。

计算导纳

$$Y_{1*} = \frac{1}{Z_{1*}} = \frac{1}{j0.2662} = -j3.7566$$

$$y_{1\mathrm{O}*} = \frac{Y_{1*}}{k_{1*}} = \frac{-j3.7566}{0.9318} = -j4.0314$$

$$y_{1\mathrm{OO}*} = \frac{1 - k_{1*}}{k_{1*}^2} Y_{1*} = \frac{1 - 0.9318}{0.9318^2}(-j3.7566) = -j0.295$$

$$y_{\mathrm{O}1\mathrm{O}*} = \frac{k_{1*} - 1}{k_{1*}} Y_{1*} = \frac{0.9318 - 1}{0.9318}(-j3.7566) = j0.2794$$

$$Y_{2*} = \frac{1}{-j0.0121} = j82.6446$$

$$y_{2O*} = \frac{j82.6446}{0.975} = j84.7634$$

$$y_{2OO*} = \frac{1-0.975}{0.975^2}(j82.6446) = j2.1734$$

$$y_{O2O*} = \frac{0.975-1}{0.975}(j82.6446) = -j2.1191$$

$$Y_{3*} = \frac{1}{Z_{3*}} = \frac{1}{j0.1694} = -j5.9032$$

导纳形式的 Π 型等值电路如图 2-23（b）所示。

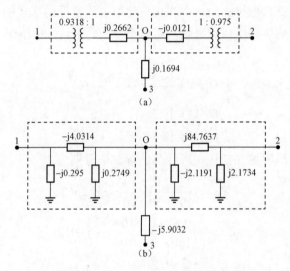

图 2-23　例 2-6 三绕组变压器 Π 型等值电路

（a）接入理想变压器的等值电路；（b）导纳形式的 Π 型等值电路

小　　结

Summary

三相交流电力系统常用星形等值电路来模拟，对称运行时，可用一相等值电路进行分析计算。

双绕组变压器等值电路中的电阻、电抗、电导和电纳，可根据变压器铭牌中给出的短路损耗、短路电压、空载损耗和空载电流这四个数据分别计算。对于三绕组变压器，三个绕组的容量比会影响变压器的短路损耗和短路电压，三个绕组的排列情况会影响短路电压和绕组电抗。变压器的参数一般都归算到同一电压等级。

架空线路的一相等值电感中考虑了相间互感的影响，一相等值电容也计及了相间电容的作用。架空线路的换位可使各相的等值参数趋于相等。采用分裂导线相当于扩大了导线的等效半径，因而能减小电感，增大电容。

在制定多电压等级电网的等值电路时，应选择某一电压等级作为基本级，所有参数应归算到基本级。

一个物理量的标幺值是指该物理量的实际值与所选基准值的比值。采用标幺制，首先必须选择基准值。基准值的选择，原则上不应有什么限制，通常总是希望有利于简化计算和对计算结果的分析评价。在多电压等级电网中，基准功率是全网统一的，基准电压则按不同电压等级分别选定。

在电力系统稳态分析中，可以引入理想变压器，从而采用变压器的 Π 型等值电路。

习 题 及 思 考 题
Exercise and Questions

2-1　为什么同样导体截面的电缆线路的电抗小于架空线路的电抗,而电缆线路的电纳却大于架空线路的电纳?

2-2　架空输电线路的电导反映线路的哪些特性？为什么正常运行情况下一般不考虑线路电导的影响？

2-3　对于长线路通常如何考虑分布参数的影响？

2-4　电力系统分析中，输电线路为什么采用 Π 型等值电路，而不采用 T 型等值电路？

2-5　标幺制情况下,电力系统参数标幺值的计算方法有哪两种？两种方法的计算结果是否相同？

2-6　非标准变比变压器的含义是什么？

2-7　某变电所装设的三相双绕组变压器，型号为 SF-40000/110，额定电压为 110/11kV，空载损耗 P_0=46kW，短路损耗 P_k=174kW，短路电压 $U_k\%$=10.5，空载电流 $I_0\%$=0.8，试求变压器归算到高压侧的阻抗及导纳参数，并绘制等值电路。

2-8　在题 2-7 中，作出变压器 Π 型等值电路，并计算其参数。

2-9　某发电厂装设一台三相三绕组变压器，型号为 SFSL-31500/110，额定电压为 121/38.5/10.5kV，各绕组容量比为 100/100/100，两两绕组间的短路电压为 $U_{k(1-2)}\%$=17，$U_{k(3-1)}\%$=10.5，$U_{k(2-3)}\%$=6.5，空载损耗 P_0=46kW，最大短路损耗 P_{kmax}=175kW，空载电流 $I_0\%$=1，试求变压器参数，并作等值电路。

2-10　某变电所装设的变压器型号为 SFPS-150000/220，额定电压为 220/38.5/11kV，各绕组容量比为 100/100/50，两两绕组间的短路电压为 $U_{k(1-2)}\%$=14，$U_{k(3-1)}\%$=22.5，$U_{k(2-3)}\%$=8，空载损耗 P_0=157kW，最大短路损耗 P_{kmax}=570kW，空载电流 $I_0\%$=0.8，试求变压器参数，并作等值电路。

2-11　某变电所装设一台 OSFPS-120000/220 型三相三绕组自耦变压器，各绕组电压 220/121/38.5kV，容量比为 100/100/50，两两绕组间的短路电压为 $U_{k(1-2)}\%$=9，$U_{k(3-1)}\%$=32，$U_{k(2-3)}\%$=22，空载损耗 P_0=71kW，最大短路损耗 P_{kmax}=340kW，空载电流 $I_0\%$=0.6，试求该自耦变压器的参数，并绘制等值电路。

2-12　一条 110kV、80km 的单回输电线路，导线采用 JL/G1A-150/25-26/7 型钢芯铝绞

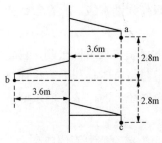

题图 2-13　导线布置图

线，其相间距离为 3.5m，导线分别按等边三角形和水平排列，试计算线路等值电路参数，并比较分析排列方式对参数的影响。

2-13　220kV 线路导线在杆塔上的排列如题图 2-13 所示，每相采用二分裂导线，分裂间距为 400mm，每根子导线型号为 JL/G1A-240/40-26/7。试计算线路单位长度的电阻、电抗和电纳。

2-14　500kV 线路长 600km，三相导线水平排列，相间距离为 11m，采用四分裂导线，分裂间距为 400mm，每根子导线型号为 JL/G1A-400/35-48/7。试计算该线路的Π型等值电路参数：

（1）不计线路参数的分布特性；

（2）近似计及分布特性；

（3）精确计及分布特性。

并对三种条件计算所得结果进行比较分析。

2-15　有一条 330kV 单回输电线路，采用 LGJ-2×300 分裂导线，每根导线的直径 24.2mm，分裂间距为 400mm，三相导线水平排列，线间距离为 2m，线路长 300km，试计算该线路的参数，并作出该线路的等值电路图。

2-16　已知电网如题图 2-16 所示，各元件参数如下：

变压器 T_1：$S_N = 31.5\text{MVA}$，$U_k\% = 12$，242/10.5kV；

变压器 T_2：$S_N = 40\text{MVA}$，$U_k\% = 12$，220/121kV；

变压器 L_1：200km，$x_1 = 0.4\Omega/\text{km}$（每回路）；

变压器 L_2：60km，$x_1 = 0.4\Omega/\text{km}$；

取基准容量 $S_B = 1000\text{MVA}$，试作出电网的等值电路，并标上各元件的标幺值参数。

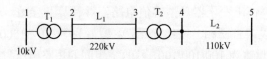

题图 2-16　电网接线图

2-17　对题 2-16 的电网，若选各电压级的电网额定电压作为基准电压，试作含理想变压器的等值电路，并计算其参数的标幺值。

2-18　对于三绕组升压变压器，其短路电压（　　）%最大。

A．U_{k3}　　　　　B．U_{k2-3}　　　　　C．U_{k3-1}　　　　　D．U_{k1-2}

2-19　对于三绕组降压变压器，其等值电抗（　　）最小。

A．X_{T1}　　　　　B．X_{T2}　　　　　C．X_{T3}　　　　　D．X_{T1-3}

2-20　变压器等值电路中，电导的物理含义表征为（　　）。

A．铁损　　　　　　　　　　　　B．铜损

C．漏磁通　　　　　　　　　　　D．激磁功率

2-21　架空线路换位的目的是（　　）。

A. 使三相功率变大　　　　　　　　　B. 降低线路电阻

C. 降低线路电抗　　　　　　　　　　D. 使三相参数对称

2-22　同一型号导线，在电压等级越高的线路中，其电抗值（　　）。

A. 越大　　　　　　　　　　　　　　B. 越小

C. 不变　　　　　　　　　　　　　　D. 等于电阻

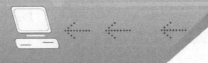

第 3 章

简单电力系统潮流计算与运行特性

Load Flow Solution and Operation Characteristics in Simple Power System

所谓电力系统的潮流，是指电力系统中各母线的电压大小与相位、各条线路与各台变压器中的功率及功率损耗等运行状态参数。电力系统潮流计算的任务是根据给定的某些运行条件（比如：有功与无功负荷功率、发电机的有功出力和发电机母线电压大小等）和电力系统接线方式，求解电力系统的运行状态参数，包括各母线的电压大小与相位、电网中的功率及功率损耗等。电力系统潮流计算的目的主要是为电气设备选择、继电保护整定计算和电气接线方式等提供数据；并在不同的运行方式下，判断电力系统各母线电压是否在允许的范围内、有无电气元件过负荷、电网功率分布是否合理等。电力系统的运行、调度、规划、设计以及稳定分析等，都是以潮流计算为基础的。因此，潮流计算是电力系统分析中的一种最基本计算。

本章将介绍电力线路和变压器的电压降落、功率损耗和电能损耗的计算方法，简要分析线路的一些正常运行特性，阐述辐射网与简单闭式网的潮流计算方法、简单环网的经济功率分布与潮流调控。

3.1 电力网的电压降落和功率损耗

Voltage Drop and Power Loss of Electric Network

3.1.1 电压降落

电力线路最简单的等值电路是连接两节点间的一条阻抗支路，如图 3-1（a）所示，其中 $R+jX$ 为线路单相阻抗，$\dot{U}_1$、$\dot{U}_2$ 分别为节点 1 和 2 的相电压，$\tilde{S}_2 = P_2 + jQ_2$ 为节点 2 负荷的一相功率。首先讨论这种等值电路中的电压降落。

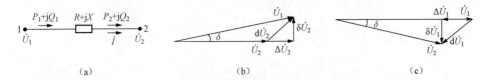

图 3-1 电力线路等值电路和电压相量图

（a）短线路等值电路；（b）末端电压为参考相量的相量图；（c）始端电压为参考相量的相量图

该线路始、末两端电压的相量差（即电压降落）为

$$\mathrm{d}\dot{U}_2 = \dot{U}_1 - \dot{U}_2 = \dot{I}(R + \mathrm{j}X) \tag{3-1}$$

（1）已知末端电压和末端功率的情况。

由末端功率 $\tilde{S}_2 = \dot{U}_2 \overset{*}{I}$ 可得电流 $\dot{I}$ 的计算式为

$$\dot{I} = \left(\frac{\tilde{S}_2}{\dot{U}_2} \right)^* = \left(\frac{P_2 + \mathrm{j}Q_2}{\dot{U}_2} \right)^* = \frac{P_2 - \mathrm{j}Q_2}{\overset{*}{U}_2}$$

将 $\dot{I}$ 的计算式代入式（3-1），并以节点 2 的相电压为参考相量，即 $\dot{U}_2 = U_2 \angle 0°$，可求得线路的电压降落为

$$\begin{aligned}
\mathrm{d}\dot{U}_2 &= \frac{P_2 - \mathrm{j}Q_2}{U_2}(R + \mathrm{j}X) \\
&= \frac{P_2 R + Q_2 X}{U_2} + \mathrm{j}\frac{P_2 X - Q_2 R}{U_2} = \Delta U_2 + \mathrm{j}\delta U_2
\end{aligned} \tag{3-2}$$

式中　ΔU_2、δU_2——电压降落纵分量、横分量，它们的计算式见式（3-3）。

$$\left.\begin{aligned}
\Delta U_2 &= \frac{P_2 R + Q_2 X}{U_2} \\
\delta U_2 &= \frac{P_2 X - Q_2 R}{U_2}
\end{aligned}\right\} \tag{3-3}$$

于是

$$\dot{U}_1 = U_2 + \Delta U_2 + \mathrm{j}\delta U_2 \tag{3-4}$$

线路的电压相量图见图 3-1（b）。从相量图或式（3-4）中可以求得线路始端相电压有效值和相位

$$U_1 = \sqrt{(U_2 + \Delta U_2)^2 + (\delta U_2)^2} \tag{3-5}$$

$$\delta = \arctan \frac{\delta U_2}{U_2 + \Delta U_2} \tag{3-6}$$

对于长度较短的电力线路，其两端电压相位差一般都不大，可近似地认为

$$U_1 \approx U_2 + \Delta U_2 = U_2 + \frac{P_2 R + Q_2 X}{U_2} \tag{3-7}$$

（2）已知始端电压和始端功率的情况。

同理可得

$$\dot{I} = \left(\frac{P_1 + \mathrm{j}Q_1}{\dot{U}_1} \right)^* = \frac{P_1 - \mathrm{j}Q_1}{\overset{*}{U}_1}$$

以节点 1 的相电压为参考相量，即 $\dot{U}_1 = U_1 \angle 0°$，可求得线路的电压降落

$$\begin{aligned}
\mathrm{d}\dot{U}_1 &= \frac{P_1 - \mathrm{j}Q_1}{U_1}(R + \mathrm{j}X) \\
&= \frac{P_1 R + Q_1 X}{U_1} + \mathrm{j}\frac{P_1 X - Q_1 R}{U_1} = \Delta U_1 + \mathrm{j}\delta U_1
\end{aligned} \tag{3-8}$$

在式（3-8）中的 ΔU_1 和 δU_1 也分别称为电压降落纵分量和横分量，但它们都是以 $\dot U_1$ 为参考相量的，所以 ΔU_1 和 ΔU_2 不同，δU_1 与 δU_2 不同，即 $\Delta U_1 \neq \Delta U_2$，$\delta U_1 \neq \delta U_2$。

同样，对于两端电压与电压降落之间的关系，有

$$\dot U_2 = U_1 - \Delta U_1 - j\delta U_1 \tag{3-9}$$

线路的电压相量图见图 3-1（c），线路末端相电压有效值和相位分别为

$$U_2 = \sqrt{(U_1 - \Delta U_1)^2 + (\delta U_1)^2} \tag{3-10}$$

$$\delta = \arctan \frac{\delta U_1}{U_1 - \Delta U_1} \tag{3-11}$$

长度较短的电力线路可近似地认为

$$U_2 \approx U_1 - \Delta U_1 = U_1 - \frac{P_1 R + Q_1 X}{U_1} \tag{3-12}$$

应当注意，在电力系统正常运行情况的分析计算中，通常同时采用线电压和三相功率。这时，式（3-2）~式（3-12）中，将电压改为线电压，同时将功率改为三相功率，关系式仍是正确的；各量用标幺值表示时也同样适用。在电力系统潮流计算中，通常同时采用线电压和三相功率。

当线路采用Π型等值电路时，如图 3-2 所示，线路并联总导纳 $Y = jB$。与图 3-1（a）相比，线路两端各多了一条数值为线路等值导纳 Y 一半的对地并联导纳支路，电压降落的计算必须考虑并联导纳支路的功率。

当已知末端电压和末端负荷功率时，末端并联导纳支

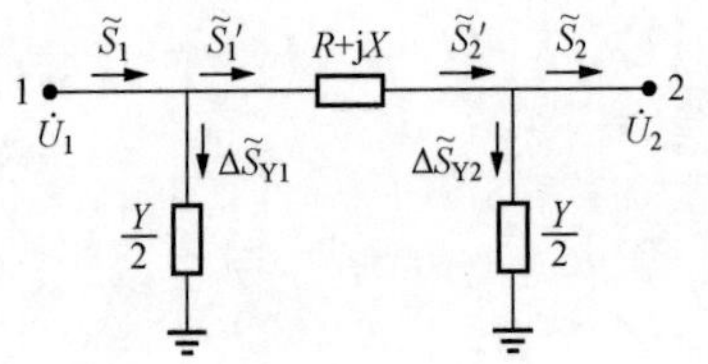

图 3-2　电力线路采用Π型等值电路

路吸收的功率见式（3-13）。

$$\Delta \tilde S_{Y2} = \dot U_2 \left(\frac{Y}{2} \dot U_2 \right)^* = U_2^2 \left(\frac{Y}{2} \right)^* = -j\frac{B}{2} U_2^2 \tag{3-13}$$

于是，线路串联阻抗支路末端的功率和电压降落为

$$\tilde S_2' = \tilde S_2 + \Delta \tilde S_{Y2} = P_2 + j\left(Q_2 - \frac{B}{2} U_2^2 \right) = P_2' + jQ_2' \tag{3-14}$$

$$\mathrm{d}\dot U_2 = \frac{P_2' R + Q_2' X}{U_2} + j\frac{P_2' X - Q_2' R}{U_2} = \Delta U_2 + j\delta U_2 \tag{3-15}$$

当已知始端电压和始端功率时，相应的计算式见式（3-16）~式（3-18），即

$$\Delta \tilde S_{Y1} = \dot U_1 \left(\frac{Y}{2} \dot U_1 \right)^* = U_1^2 \left(\frac{Y}{2} \right)^* = -j\frac{B}{2} U_1^2 \tag{3-16}$$

$$\tilde S_1' = \tilde S_1 - \Delta \tilde S_{Y1} = P_1 + j\left(Q_1 + \frac{B}{2} U_1^2 \right) = P_1' + jQ_1' \tag{3-17}$$

$$\mathrm{d}\dot U_1 = \frac{P_1' R + Q_1' X}{U_1} + j\frac{P_1' X - Q_1' R}{U_1} = \Delta U_1 + j\delta U_1 \tag{3-18}$$

3.1.2　电压损耗

电压损耗是标志电网电压运行水平的指标之一。所谓电压损耗，是指线路始、末两端电压的数量差，即 U_1-U_2。通常电压损耗用百分数表示，如式（3-19）所示。

$$电压损耗\% = \frac{U_1-U_2}{U_N}\times100\,\%$$ （3-19）

由式（3-7）和式（3-12）可见，对于长度较短的电力线路，其电压损耗可近似地用电压降落的纵分量 ΔU 表示。

3.1.3　电压偏移

电压偏移也是标志电网电压运行水平的指标。所谓电压偏移，是指线路始端或末端电压与线路额定电压的数值差，即 U_1-U_N 或 U_2-U_N，可用来衡量两端电压偏离额定电压的程度。通常电压偏移用百分数表示，如式（3-20）和式（3-21）所示。

$$始端电压偏移\% = \frac{U_1-U_N}{U_N}\times100\,\%$$ （3-20）

$$末端电压偏移\% = \frac{U_2-U_N}{U_N}\times100\,\%$$ （3-21）

3.1.4　线路功率损耗和功率分布

在已知末端电压和末端功率的情况下，当线路采用如图 3-2 所示 Π 型等值电路时，在根据式（3-14）求出线路串联阻抗支路末端的功率后，可以计算串联阻抗支路的功率损耗

$$\Delta \tilde{S}_z = 3I^2(R+jX) = \frac{P_2'^2+Q_2'^2}{U_2^2}(R+jX)$$
$$= \frac{P_2'^2+Q_2'^2}{U_2^2}R + j\frac{P_2'^2+Q_2'^2}{U_2^2}X = \Delta P_z + j\Delta Q_z$$ （3-22）

串联阻抗支路始端的功率见式（3-23）。

$$\tilde{S}_1' = \tilde{S}_2' + \Delta\tilde{S}_z = (P_2'+\Delta P_z)+j(Q_2'+\Delta Q_z) = P_1'+jQ_1'$$ （3-23）

根据式（3-15）求出线路的电压降落，然后可得始端电压如式（3-24）所示。

$$\dot{U}_1 = U_2 + \Delta U_2 + j\delta U_2$$ （3-24）

根据式（3-25）可以计算始端并联导纳支路的功率。

$$\Delta \tilde{S}_{Y1} = \dot{U}_1\left(\frac{Y}{2}\dot{U}_1\right)^* = U_1^2\left(\frac{Y}{2}\right)^* = -j\frac{B}{2}U_1^2$$ （3-25）

于是，线路始端功率如式（3-26）所示。

$$\tilde{S}_1 = \tilde{S}_1' + \Delta\tilde{S}_{Y1} = P_1' + j\left(Q_1' - \frac{B}{2}U_1^2\right) = P_1 + jQ_1$$ （3-26）

线路的总功率损耗为

$$\tilde{S}_1 - \tilde{S}_2 = \Delta\tilde{S}_{Y1} + \Delta\tilde{S}_Z + \Delta\tilde{S}_{Y2}$$

$$= \frac{P_2'^2 + Q_2'^2}{U_2^2}R + j\left(\frac{P_2'^2 + Q_2'^2}{U_2^2}X - \frac{B}{2}U_1^2 - \frac{B}{2}U_2^2\right) \tag{3-27}$$

由式（3-27）可见，线路的总无功功率损耗由两部分组成：其一为线路串联等值电抗中消耗的无功功率，这部分无功功率与负荷功率平方成正比；其二为对地并联等值电纳消耗的无功功率（又称充电功率），由于这部分无功功率是容性的，因而事实上是发出感性无功功率，它的大小与所加电压的平方成正比，而与线路流过的负荷无直接关系。因此，整条线路是消耗无功功率还是发出无功功率，取决于这两部分无功功率之间的差值。如果线路通过的功率较小，即轻载或空载，则整条线路有多余的无功功率，即发出无功功率；反之，如果线路通过的功率较大，则整条线路消耗无功功率；如果线路通过的功率在自然功率附件时，则二者可能正好相抵消，整条线路总无功功率损耗为零。线路损耗的无功功率是一个与负荷有关的量。

求得线路两端功率，就可以计算线路输电效率，即线路末端输出的有功功率 P_2 与始端输入的有功功率 P_1 之比。线路输电效率通常以百分数表示为

$$输电效率\% = \frac{P_2}{P_1} \times 100\%$$

对于已知始端电压和始端功率的情况，同理可以得到相应的功率损耗和功率分布计算公式。

3.1.5 变压器的电压降落和功率损耗

与电力线路一样，变压器的电压降落和功率损耗也可按其等值电路计算。在手工计算时，一般采用变压器的 Γ 型等值电路，如图 3-3 所示。变压器的电压降落计算与线路的计算相同，如式（3-2）和式（3-18）所示，但在式中要用变压器的等值电阻 R_T 和电抗 X_T 来代替线路的电阻和电抗。

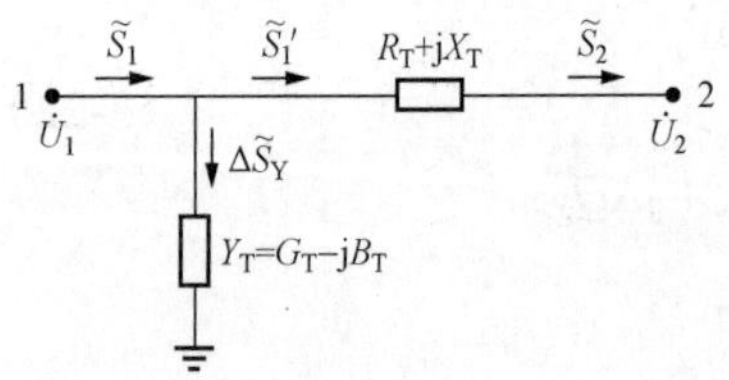

在计算变压器的功率损耗时，要注意到变压器的对地并联电纳支路是也感性的，因而它始终消耗无功功率。另外，对地并联导纳支路还消耗有功功率，即变压器的铁芯损耗。这两部分损耗在等值电路中可用接于供电端的并联电纳$-B_T$ 和电导 G_T 支路来表示，如图 3-3 所示。变压器并联导纳支路的功率见式（3-28）。

图 3-3 变压器等值电路

$$\Delta\tilde{S}_Y = \dot{U}_1(Y_T\dot{U}_1)^* = U_1^2 \overset{*}{Y}_T = U_1^2(G_T - jB_T)^* = G_TU_1^2 + jB_TU_1^2 \tag{3-28}$$

在已知 2 端电压和负荷功率时，变压器串联阻抗支路的功率损耗可以用式（3-29）计算。

$$\Delta\tilde{S}_Z = \frac{P_2^2 + Q_2^2}{U_2^2}(R_T + jX_T) = \frac{P_2^2 + Q_2^2}{U_2^2}R_T + j\frac{P_2^2 + Q_2^2}{U_2^2}X_T = \Delta P_Z + j\Delta Q_Z \tag{3-29}$$

变压器的总功率损耗为

$$\tilde{S}_1 - \tilde{S}_2 = \Delta\tilde{S}_Z + \Delta\tilde{S}_Y = \left(\frac{P_2^2 + Q_2^2}{U_2^2}R_T + G_T U_1^2\right) + j\left(\frac{P_2^2 + Q_2^2}{U_2^2}X_T + B_T U_1^2\right) \quad (3\text{-}30)$$

串联阻抗支路始端的功率见式（3-31）。

$$\tilde{S}_1' = \tilde{S}_2' + \Delta\tilde{S}_Z = (P_2' + \Delta P_Z) + j(Q_2' + \Delta Q_Z) = P_1' + jQ_1' \quad (3\text{-}31)$$

由式（3-30）可见，变压器的有功损耗与无功损耗都是由两部分组成：一部分为与负荷无关的分量，另一部分是与通过的负荷功率平方成正比的损耗。

有时在近似计算中，近似取变压器端电压等于额定电压，则将变压器并联导纳用不变的负荷功率代替，如式（3-32）所示。

$$\Delta\tilde{S}_Y = \Delta P_Y + j\Delta Q_Y = \frac{P_0}{1000} + j\frac{I_0\%}{100}S_N \text{(MVA)} \quad (3\text{-}32)$$

3.2　电力线路的运行特性
Operation Characteristics of Power Lines

基于第 3.1 节所介绍的线路电压降落、功率损耗和功率分布的计算公式，本节将介绍高压输电线路的一些重要运行特性。

3.2.1　高压输电线路的空载运行特性

高压输电线路空载时，线路末端的功率为零，即在图 3-2 中的 $P_2=0$ 和 $Q_2=0$。在已知线路末端电压情况下，式（3-15）变为式（3-33）。

$$d\dot{U}_2 = -\frac{BX}{2}U_2 + j\frac{BR}{2}U_2 = \Delta U_2 + j\delta U_2 \quad (3\text{-}33)$$

线路始端电压如式（3-34）所示。

$$\dot{U}_1 = U_2 + d\dot{U}_2 = U_2 - \frac{BX}{2}U_2 + j\frac{BR}{2}U_2 \quad (3\text{-}34)$$

线路空载情况下电压相量图见图 3-4。

考虑到高压线路一般所采用的导线截面较大，在忽略电阻的情况下有

$$U_1 \approx \left(1 - \frac{BX}{2}\right)U_2 \quad (3\text{-}35)$$

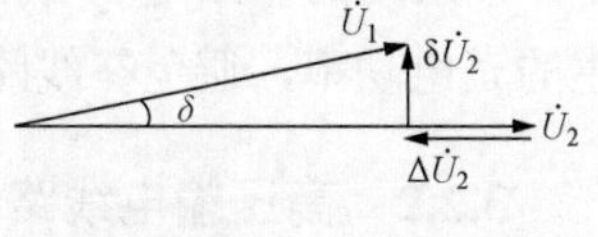

由于线路Ⅱ型等值电路的电纳是容性的，B 本身大于零，因此，由式（3-35）和图 3-4 可见 $U_1 < U_2$，即在空载情况下，线路末端的电压将高于其始端电压。

图 3-4　空载线路的电压相量图

在使用电缆时，因为电缆的电纳远大于架空线的电纳，而电缆的电抗常小于架空线的电抗，所以高压电缆线路空载时的末端电压升高现象尤为突出。

在中等长度线路的情况下，Ⅱ型等值电路中的电纳 B 约为单位长度的电纳 b_1 与线路长度 L 的乘积，电抗 X 约为单位长度的电抗 x_1 与线路长度 L 的乘积，由式（3-35）可推导出式（3-36）。

$$电压损耗\% = \frac{U_1 - U_2}{U_N} \times 100\% \approx -\frac{BX}{2} \times 100\% = -\frac{b_1 x_1}{2} L^2 \times 100\% \quad （3-36）$$

即线路末端空载电压的升高近似与线路长度的平方成正比。如果线路更长，则需要直接应用线路方程式（2-46），得出

$$\dot{U}_1 = \dot{U}_2 \cosh \gamma L$$

计及长线路 $r_1 \approx 0$ 和 $g_1 \approx 0$ 的情况，则有

$$U_1 = U_2 \cos(\sqrt{x_1 b_1} L) \quad （3-37）$$

从而可以得出空载电压 U_2 与线路长度 L 的关系。在极端情况下，当 $\sqrt{x_1 b_1} L = 90°$ 时，$U_1 = 0$，说明在这一情况下，即使 $U_1 = 0$ 也可以使末端得到给定的电压 U_2，这种情况相当于线路发生了谐振，对应的架空线路长度约 1/4 波长，即 1500km。

【例 3-1】 一条 500kV 架空线路空载运行，线路参数为：$x_1 = 0.28\Omega/km$，$b_1 = 4 \times 10^{-6}$ S/km，当始端电压为 U_N 时，考察线路末端电压与线路长度之间的关系。

解 由式（3-37）得

$$U_2 = \frac{U_1}{\cos(\sqrt{x_1 b_1} L)} = \frac{U_N}{\cos(1.058 \times 10^{-3} \times L)}$$

由此可以得出末端电压与线路长度之间的关系为

L/km	100	300	500	700	900	1100	1300	1500
U_2/U_N	1.006	1.053	1.158	1.355	1.725	2.526	5.150	∞

由计算结果可见，当线路长度超过 500km 时，在空载情况下，末端电压已超过线路始端电压的 15%；长度达 1500km 时，出现谐振情况。

实际上，高压输电线路在轻载时，也会产生末端电压升高的现象。如果线路末端电压超过允许值，则将导致设备绝缘的损坏。因此，高压线路在空载或轻载运行时发出的无功功率，对无功功率缺乏的系统而言可能是有益的，但对于超高压或特高压输电线路却是不利的。超高压或特高压线路等值对地电容产生的无功功率比较大，而这类线路输送的无功功率又比较小，或者说输送功率的功率因数比较高，这样就有可能会产生在轻载时线路充电功率大于线路输送的无功功率，线路末端电压高于始端电压。当线路始端电压保持在正常水平，可能会导致末端电压高于允许值。在此情况下必须采取措施来补偿线路的充电功率，常采用的方法是在线路末端加装并联电抗器，用它在空载或轻载时抵消分布电容所产生的充电功率，避免在线路上出现过电压现象。

3.2.2 高压输电线路的传输功率极限

输电线路在给定的始、末端电压下所能传送的最大功率，称为传输功率极限。下面先考虑最简单的情况，对线路的传输功率极限进行分析。

如果不计线路的电阻和并联导纳，则输电线路的等值电路便变成一个简单的串联电抗 X，于是，在取线路末端电压相位为参考相量时，由式（3-2）～式（3-4）可以推导出

$$\dot{U}_1 = U_2 + \frac{Q_2 X}{U_2} + j \frac{P_2 X}{U_2}$$

令线路始端电压为 $\dot{U}_1 = U_1\angle\delta = U_1(\cos\delta + \mathrm{j}\sin\delta)$，与上式比较虚部、实部，则可以得到

$$\frac{P_2X}{U_2} = U_1\sin\delta$$

$$U_2 + \frac{Q_2X}{U_2} = U_1\cos\delta$$

在忽略线路电阻的情况下，线路始、末端的有功功率相等，于是可以得出线路的传输功率 P、末端的无功功率 Q_2 与两端电压的幅值 U_1、U_2 及其相位差 δ 之间的关系

$$P = \frac{U_1U_2}{X}\sin\delta \qquad\qquad (3\text{-}38)$$

$$Q_2 = \frac{U_2(U_1\cos\delta - U_2)}{X} \qquad\qquad (3\text{-}39)$$

当 U_1 和 U_2 给定时，传输功率 P 与 δ 之间呈正弦函数关系，如图 3-5 所示。可见，传输功率极限为 U_1U_2/X，所对应的线路两端电压相位差 δ 为 90°。虽然这里忽略了线路的电阻和并联电纳，但由于高压输电线路中所采用的导线截面较大，通常电抗远大于电阻，而对于不太长的线路来说，电纳的存在对有功功率传输极限影响很小，因此，用式（3-38）来估算线路的传输功率极限不会产生很大的误差。

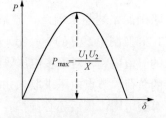

图 3-5 输电线路传输功率与两端电压相位差 δ 之间的关系

输电线路的传输功率极限与两端电压的乘积成正比，而与线路的电抗成反比。因此，增加始端或末端的电压可以提高线路的传输功率极限，但受设备绝缘等因素的限制，其最高电压通常不允许超过一定的允许值（例如额定电压的 1.1 倍），有必要时可以采用更高一级的电压等级。在实际工程中，减少线路的电抗 X 要比提高电压等级容易和经济得多，比如采用分裂导线，或者在线路上串联电容器。

实际工程中还要考虑到导线发热和系统稳定性等其他因素，所以输送的有功功率往往比式（3-38）估算的传输功率极限小很多。

3.2.3 输电线路功率与电压之间的基本关系

线路输送的有功功率与两端电压相位差之间的近似关系见式（3-38）。由于 δ 是始端电压相位与末端电压相位的差，由此可知，有功功率一般是由电压相位相对超前的一端向电压相位相对滞后的一端传送（相当于 $\delta>0$）；在输送功率达到传输极限以前，相位差越大，传输的有功功率越大。虽然式（3-38）中的传输功率同时与线路两端电压有关，但由于两端的运行电压一般接近于额定电压，因此，电压大小并不能像电压相位差那样影响输送有功功率的大小。

同样考虑高压输电线路 $X\gg R$ 的条件，在式（3-7）中取 $R=0$，或者在式（3-39）中取 $\delta=0$，则可以近似得到

$$Q_2 \approx \frac{(U_1 - U_2)U_2}{X} \qquad\qquad (3\text{-}40)$$

由式（3-40）可见，线路传输的无功功率与两端的电压数值差（即线路的电压损耗）近似成正比，而且无功功率一般是由电压高的一端向电压低的一端流动。因此，如果要增加线路始端送到末端的无功功率，需要设法提高始端的电压或降低末端的电压。显然，线路传输的无功功率与两端电压的相位差关系较小。

综上所述，在高压输电网，特别是超高压或特高压输电网中，因为线路和变压器的电阻远小于电抗，所以有功功率与两端电压相位差之间、无功功率与电压损耗之间关系比较紧密，而有功功率与电压损耗之间、无功功率与电压相位差之间的敏感度较小，这是高压输电系统中非常重要的特性，在电力系统分析中，可以用于解释许多现象和解决不少问题。

3.3 辐射型电力网中的潮流计算方法
Load Flow Solution to Radial Electric Network

电力系统中很多情况是采用辐射型电网或开式电网。辐射型电网的特点是各条线路有明确的始端与末端，一般是由一个电源点通过辐射状网络向若干个负荷节点供电，如图1-28 及图1-29（a）～（d）所示的情况。进行辐射型电网的潮流计算时，首先应做出电网的等值电路，对于多电压等级电网，所有参数和变量要先归算到基本级；接下来利用已知的负荷、节点电压求取未知的节点电压、线路与变压器功率分布、功率损耗；对于多电压等级电网，最后还必须把各节点电压归算回原电压级。

（1）已知末端功率和电压。这是最简单的情形，可利用 3.1 节所述的方法，从末端逐段往始端推算，直至求得所有要求的量。

【例 3-2】 对于图 3-6 所示的电网，已知线路的长度为 100km，每回导线参数为：$r_1 = 0.21\Omega/km$，$x_1 = 0.415\Omega/km$，$b_1 = 2.74 \times 10^{-6}S/km$；每台变压器归算到 110kV 侧的参数为：

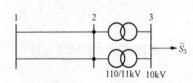

图 3-6 例 3-2 中的电网接线图

$R_T = 4.08\Omega$，$X_T = 63.52\Omega$，$G_T = 1.82 \times 10^{-6}S$，$B_T = 13.2 \times 10^{-6}S$，变压器低压侧母线的电压为 10kV，低压侧负荷为 30 + j20MVA，试计算电网潮流。

解 1）取 110kV 为基本级，做出电网的等值电路，如图 3-7 所示，所有参数和变量归算到基本级，其中节点 3 的电压归算至 110kV 为

$$U_3 = 10 \times \frac{110}{11} = 100 \ (kV)$$

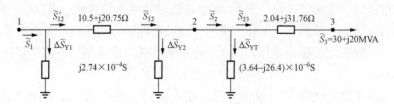

图 3-7 例 3-2 中的等值电路

2）计算变压器的电压降落、功率损耗、功率分布和节点 2 电压

$$d\dot{U}_{23} = \frac{30 \times 2.04 + 20 \times 31.76}{100} + j\frac{30 \times 31.76 - 20 \times 2.04}{100} = 6.964 + j9.12\,(kV)$$

$$\dot{U}_2 = 100 + 6.964 + j9.12 = 107.352\angle 4.87°\,(kV)$$

如果略去电压降落横分量，则 $U_2 = 100 + 6.964 = 106.964$（kV），误差仅 107.352 − 106.964 = 0.388（kV），即仅 0.36%。

$$\Delta\tilde{S}_{Z23} = \frac{30^2 + 20^2}{100^2}(2.04 + j31.76) = 0.265 + j4.129\,(MVA)$$

$$\tilde{S}_{23} = 30 + 0.265 + j(20 + 4.129) = 30.265 + j24.129\,(MVA)$$

$$\Delta\tilde{S}_{YT} = 107.35^2 \times (3.64 \times 10^{-6} - j26.4 \times 10^{-6})^* = 0.042 + j0.304\,(MVA)$$

$$\tilde{S}_2 = (30.265 + j24.129) + (0.042 + j0.304) = 30.307 + j24.433\,(MVA)$$

3）计算线路的电压降落、功率损耗、功率分布和节点 1 电压

$$\Delta\tilde{S}_{Y2} = 107.352^2 \times (j2.74 \times 10^{-4})^* = -j3.158\,(MVA)$$

$$\tilde{S}_{12} = 30.307 + j(24.433 - 3.158) = 30.307 + j21.275\,(MVA)$$

$$\Delta\tilde{S}_{Z12} = \frac{30.307^2 + 21.275^2}{107.35^2}(10.5 + j20.75) = 1.249 + j2.469\,(MVA)$$

$$\tilde{S}'_{12} = 30.307 + 1.249 + j(21.275 + 2.469) = 31.556 + j23.744\,(MVA)$$

$$dU_{12} = \frac{30.307 \times 10.5 + 21.275 \times 20.75}{107.352} + j\frac{30.307 \times 20.75 - 21.275 \times 10.5}{107.352}$$

$$= 7.077 + j3.777\,(kV)$$

$$\dot{U}_1 = 107.352 + 7.077 + j3.777 = 114.491\angle 1.89°\,(kV)$$

如果略去电压降落横分量，则 $U_1 = 107.352 + 7.077 = 114.429$（kV），误差仅 114.491 − 114.429 = 0.062（kV），即仅 0.05%。

$$\Delta\tilde{S}_{Y1} = 114.491^2 \times (j2.74 \times 10^{-4})^* = -j3.592\,(MVA)$$

$$\tilde{S}_1 = 31.556 + j(23.744 - 3.592) = 31.556 + j20.152\,(MVA)$$

此外，由上列计算结果可以得到电网的电压指标如下

$$节点\ 1\ 的电压偏移\% = \frac{114.491 - 110}{110} \times 100\% = 4.1\%$$

$$节点\ 2\ 的电压偏移\% = \frac{107.352 - 110}{110} \times 100\% = -2.4\%$$

$$节点\ 3\ 的电压偏移\% = \frac{10 - 10}{10} \times 100\% = 0\%$$

$$线路的电压损耗\% = \frac{114.491 - 107.352}{110} \times 100\% = 6.5\%$$

$$变压器的电压损耗\% = \frac{107.352 - 100}{110} \times 100\% = 6.7\%$$

$$电网的电压损耗\% = \frac{114.491 - 100}{110} \times 100\% = 13.2\%$$

（2）已知末端功率和始端电压。这是最常见的情形。末端可理解成负荷点，始端为电源或变电站母线。对于这种情形，通常将计算过程分为两步：

第一步是计算近似的功率分布。将全网各节点假设为基本级额定电压 U_N，由末端起求全网的功率损耗和功率分布。

第二步是用求得的近似功率分布和已知的线路始端电压，从始端起求电压降落和各节点的电压。

经过上述两步计算，一般情况下潮流计算的结果已经基本满足工程要求。如果有必要使计算结果更精确，还可以采用迭代法来求解，可以用第二步求得的电网各节点电压，重新从末端起求全网的功率损耗和功率分布；然后，按照第二步中的方法重新计算各节点电压。如果还不满意，可以继续按照这样的计算过程计算下去，直到求得的各节点电压（或各支路功率）与前次计算的结果相差小于允许值为止。第 4 章将会论述应用计算机进行电力系统潮流计算迭代法，配电网的一种计算机潮流算法就是这里提及的迭代法。

【例 3-3】 对于图 3-8（a）所示的电网，线路、变压器归算到 110kV 侧的参数见图 3-8（b），其中所有变压器并联导纳用不变的负荷功率代替。已知电源侧母线 1 的电压为 10.3kV，母线 4、5 和 6 的负荷分别为 20+j8MVA、15+j6MVA 和 10+j3MVA，试计算电网潮流分布。

解 1）从母线 4、5 和 6 开始，用额定电压 110kV 计算全网的近似功率损耗和功率分布

$$\Delta \tilde{S}_{Y430} = \Delta \tilde{S}_{Y340} = 110^2 \times (j4.1 \times 10^{-5})^* = -j0.496 \ (MVA)$$

$$\tilde{S}_{34} = 20 + j(8 - 0.496) = 20 + j7.504 \ (MVA)$$

$$\Delta \tilde{S}_{Z34} = \frac{20^2 + 7.504^2}{110^2}(6.3 + j12.48) = 0.238 + j0.471 \ (MVA)$$

$$\tilde{S}'_{34} = 20 + 0.238 + j(7.504 + 0.471) = 20.238 + j7.975 \ (MVA)$$

$$\tilde{S}''_{34} = 20.238 + j(7.975 - 0.496) = 20.238 + j7.478 \ (MVA)$$

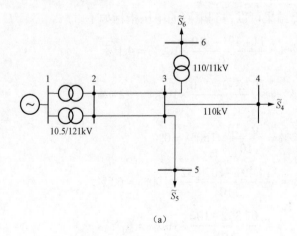

（a）

图 3-8　例 3-3 中的电网（一）

（a）接线图

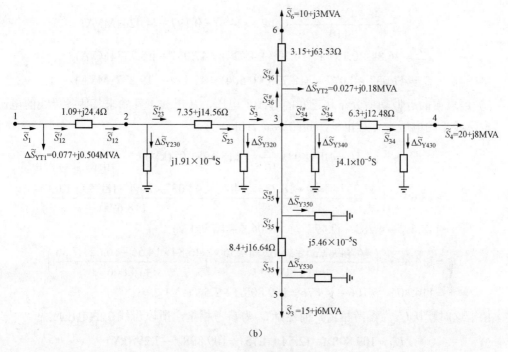

（b）

图 3-8　例 3-3 中的电网（二）

（b）等值电路

$$\Delta\tilde{S}_{Y530} = \Delta\tilde{S}_{Y350} = 110^2 \times (\text{j}5.46\times10^{-5})^* = -\text{j}0.661\,(\text{MVA})$$

$$\tilde{S}_{35} = 15 + \text{j}(6 - 0.661) = 15 + \text{j}5.339\,(\text{MVA})$$

$$\Delta\tilde{S}_{Z35} = \frac{15^2 + 6^2}{110^2}(8.4 + \text{j}16.64) = 0.176 + j0.349\,(\text{MVA})$$

$$\tilde{S}'_{35} = 15 + 0.176 + \text{j}(5.339 + 0.349) = 15.176 + \text{j}5.688\,(\text{MVA})$$

$$\tilde{S}''_{35} = 15.176 + \text{j}(5.688 - 0.661) = 15.176 + \text{j}5.027\,(\text{MVA})$$

$$\Delta\tilde{S}_{Z36} = \frac{10^2 + 3^2}{110^2}(3.15 + \text{j}63.53) = 0.026 + \text{j}0.525\,(\text{MVA})$$

$$\tilde{S}'_{36} = 10 + 0.026 + \text{j}(3 + 0.525) = 10.026 + \text{j}3.525\,(\text{MVA})$$

$$\tilde{S}''_{36} = 10.026 + 0.027 + \text{j}(3.525 + 0.18) = 10.053 + \text{j}3.705\,(\text{MVA})$$

$$\tilde{S}_3 = 20.238 + 15.176 + 10.053 + \text{j}(7.478 + 5.027 + 3.705) = 45.467 + \text{j}16.211\,(\text{MVA})$$

$$\Delta\tilde{S}_{Y320} = \Delta\tilde{S}_{Y230} = 110^2 \times (\text{j}1.91\times10^{-4})^* = -\text{j}2.311\,(\text{MVA})$$

$$\tilde{S}_{23} = 45.467 + \text{j}16.211 - 2.311) = 45.467 + \text{j}13.9\,(\text{MVA})$$

$$\Delta\tilde{S}_{Z23} = \frac{45.467^2 + 13.9^2}{110^2}(7.35 + \text{j}14.56) = 1.373 + \text{j}2.72\,(\text{MVA})$$

$$\tilde{S}'_{23} = 45.467 + 1.373 + \text{j}(13.9 + 2.72) = 46.84 + \text{j}16.62\,(\text{MVA})$$

$$\tilde{S}_{12} = 46.84 + \text{j}(16.62 - 2.311) = 46.84 + \text{j}14.309\,(\text{MVA})$$

$$\Delta \tilde{S}_{Z12} = \frac{46.84^2 + 14.309^2}{110^2}(1.09 + j24.4) = 0.197 + j4.424 \, (\text{MVA})$$

$$\tilde{S}'_{12} = 46.84 + 0.197 + j(14.309 + 4.424) = 47.037 + j18.733 \, (\text{MVA})$$

$$\tilde{S}_1 = 47.037 + 0.077 + j(18.733 + 0.504) = 47.114 + j19.237 \, (\text{MVA})$$

2）用求得的近似功率分布和已知的母线 1 电压，从母线 1 开始求其他各母线的电压取母线 1 的电压为参考相量，其归算至 110kV 为

$$\dot{U}_1 = 10.3\angle 0° \times \frac{121}{10.5} = 118.695\angle 0° \, (\text{kV})$$

$$\dot{U}_2 = 118.695 - \left(\frac{47.037 \times 1.09 + 18.733 \times 24.4}{118.695} + j\frac{47.037 \times 24.4 - 18.733 \times 1.09}{118.695}\right)$$

$$= 118.695 - 4.283 - j9.497 = 114.806\angle - 4.75° \, (\text{kV})$$

$$\dot{U}_3 = 114.806 - \left(\frac{46.84 \times 7.35 + 16.62 \times 14.56}{114.806} + j\frac{46.84 \times 14.56 - 16.62 \times 7.35}{114.806}\right)$$

$$= 114.806 - 5.106 - j4.876 = 109.808\angle - 2.54° \, (\text{kV})$$

由于这时默认 $\dot{U}_2$ 为参考相量，而实际 $\dot{U}_1$ 为参考相量，所以母线 3 的电压应为

$$\dot{U}_3 = 109.808\angle - (2.54 + 4.75) = 109.808\angle - 7.29° \, (\text{kV})$$

或直接求 $\dot{U}_3$ 和其他节点电压

$$\dot{U}_3 = \dot{U}_2 - \left(\frac{\tilde{S}'_{23}}{\dot{U}_2}\right)^* Z_{23} = 114.806\angle - 4.75° - \left(\frac{46.84 - j16.62}{114.806\angle 4.75°}\right)(7.35 + j14.56)$$

$$= 109.808\angle - 7.29° \, (\text{kV})$$

$$\dot{U}_4 = \dot{U}_3 - \left(\frac{\tilde{S}'_{34}}{\dot{U}_3}\right)^* Z_{34} = 109.808\angle - 7.29° - \left(\frac{20.238 - j7.975}{109.808\angle 7.29°}\right)(6.3 + j12.48)$$

$$= 107.756\angle - 8.27° \, (\text{kV})$$

$$\dot{U}_5 = \dot{U}_3 - \left(\frac{\tilde{S}'_{35}}{\dot{U}_3}\right)^* Z_{35} = 109.808\angle - 7.29° - \left(\frac{15.176 - j5.688}{109.808\angle 7.29°}\right)(8.4 + j16.64)$$

$$= 107.801\angle - 8.28° \, (\text{kV})$$

$$\dot{U}_6 = \dot{U}_3 - \left(\frac{\tilde{S}'_{36}}{\dot{U}_3}\right)^* Z_{36} = 109.808\angle - 7.29° - \left(\frac{10.62 - j3.525}{109.808\angle 7.29°}\right)(3.15 + j63.53)$$

$$= 107.632\angle - 10.33° \, (\text{kV})$$

母线 6 的实际电压为

$$\dot{U}'_6 = 107.632\angle - 10.33° \times \frac{11}{110} = 10.763\angle - 10.33° \, (\text{kV})$$

3.4 闭式网络中的潮流计算

Load Flow Solution to Network with Two-way Power Supply

简单闭式网络一般包括环式和两端供电网，如图 1-29（e）和（f）所示的情况。在这

两种电网中，如果任何一条线路断开，则负荷仍然可以由其他线路供电。因此，这两种网络的供电可靠性比辐射型网络高，而且运行灵活。下面分别阐述这两种网络的潮流计算方法、环网中的经济功率分布以及潮流调控。

3.4.1　环式网络的功率分布和潮流计算

图 3-9（a）为一个简单的环形网络，它由三条线路连成一个回路，其等值电路如图 3-9（b）所示。实际电力系统中的环形网络可能由几个独立的回路组成，形成复杂的环形网络，这里只介绍单个回路的环形网络。

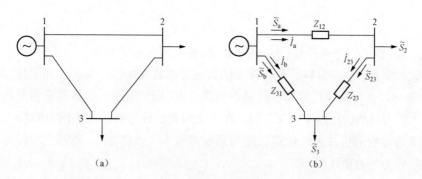

图 3-9　简单环形网络

（a）接线图；（b）等值电路

实际电力系统中每个母线本身可能还接有辐射型网络。在此情况下，图 3-9（b）中母线 2 和 3 的功率 S_2 和 S_3 将包括两部分：一部分是直接由这些母线供电的负荷，另一部分是在母线上所连接的辐射型网络的全部负荷及功率损耗，它们可以用上节所介绍的辐射型网络近似功率分布的计算方法求得。此外，在手工计算时，对于环形网络中接在每一条母线上的两条线路，其并联接地导纳的充电功率也应包含到 S_2 或 S_3 中。以图 3-9 中的母线 3 为例，在线路 2-3 和线路 3-1 的 Π 型等值电路中，接在母线 3 侧的并联接地导纳中的充电功率应包含到 S_3 中。通常都是假定加在并联接地导纳上的电压为额定电压，然后计算其充电功率。经过这样计算得出的功率 S_3 常称为母线的运算负荷。显然，经过这样简化处理后，在图 3-9（b）的等值电路中，只剩线路的串联阻抗支路。

在环形网络的等值电路中，如果采用图 3-9（b）所示各支路的电流正方向，根据基尔霍夫电压定律，则可以列出回路的电压平衡方程式

$$Z_{12}\dot{I}_a + Z_{23}\dot{I}_{23} - Z_{31}\dot{I}_b = 0$$

与简单辐射型网络的潮流计算方法相同，在计算环形网络近似功率分布时也先认为各母线的电压都等于额定电压，相位都等于零，这时，由功率与电压、电流之间的关系 $\tilde{S} = \sqrt{3}\dot{U}\overset{*}{I}$ 可以得出 $\dot{I} = \overset{*}{S}/(\sqrt{3}U_N)$，将回路电压平衡方程式中的电流分别换成相应的复功率，可得

$$Z_{12}\overset{*}{S}_a + Z_{23}\overset{*}{S}_{23} - Z_{31}\overset{*}{S}_b = 0 \tag{3-41}$$

对母线 2、3 列出功率平衡方程

$$\left. \begin{array}{r} \tilde{S}_{\mathrm{a}} - \tilde{S}_2 = \tilde{S}_{23} \\ \tilde{S}_{\mathrm{a}} - \tilde{S}_2 - \tilde{S}_3 = -\tilde{S}_{\mathrm{b}} \end{array} \right\} \tag{3-42}$$

由式（3-41）和式（3-42）可以得出线路 1-2 中功率的近似值

$$\tilde{S}_{\mathrm{a}} = \frac{(Z_{23} + Z_{31})^* \tilde{S}_2 + \overset{*}{Z}_{31} \tilde{S}_3}{(Z_{12} + Z_{23} + Z_{31})^*} \tag{3-43}$$

如果环形网络中各线路采用相同的导线和结构，并且线路长度较短，不用考虑线路的分布参数特性时，则它们的阻抗与其长度成正比，在此情况下，式（3-43）将简化成

$$\tilde{S}_{\mathrm{a}} = \frac{(L_{23} + L_{31})\tilde{S}_2 + L_{31}\tilde{S}_3}{L_{12} + L_{23} + L_{31}} \tag{3-44}$$

式中 L_{12}、L_{23} 和 L_{31}——与阻抗 Z_{12}、Z_{23} 和 Z_{31} 相对应的线路长度。

从形式上来看，式（3-44）与杠杆中的力矩平衡公式相似。实际上如果将环形网络从母线 1 处割开，并将其像杠杆那样拉直，如图 3-10（a）所示，将运算负荷复功率比喻为加在杠杆上的力，则杠杆以 1′为支点时，在 1 处为使杠杆平衡所施加的力即相当于 $\tilde{S}_{\mathrm{a}}$。因此，复功率与相应阻抗共轭或线路长度的乘积常称为"负荷矩"，而以上求线路中功率分布的方法常称为"力矩法"。

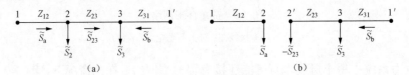

图 3-10　环形网络的负荷矩和功率分点

（a）力矩法求功率分布；（b）将环网在功率分点处分割成两部分

同理，可以得出线路 1-3 中功率的近似值

$$\tilde{S}_{\mathrm{b}} = \frac{\overset{*}{Z}_{12}\tilde{S}_2 + (Z_{12} + Z_{23})^* \tilde{S}_3}{(Z_{12} + Z_{23} + Z_{31})^*} \tag{3-45}$$

在图 3-10（a）中，式（3-45）相当于杠杆以 1 为支点的情况。如果环形网络中各线路采用相同的导线和结构，并且不考虑线路的分布参数特性时，则有

$$\tilde{S}_{\mathrm{b}} = \frac{L_{12}\tilde{S}_2 + (L_{12} + L_{23})\tilde{S}_3}{L_{12} + L_{23} + L_{31}}$$

由式（3-42）的第二式，可以得出

$$\tilde{S}_{\mathrm{a}} + \tilde{S}_{\mathrm{b}} = \tilde{S}_2 + \tilde{S}_3$$

上式反映了不计线路串联阻抗中功率损耗情况下的功率平衡关系。

式（3-43）和式（3-45）不难推广到具有两条母线或更多母线的简单环形网络情况。

用式（3-43）计算出 $\tilde{S}_{\mathrm{a}}$ 以后，便可以应用式（3-42）求出环形网络其他阻抗支路中通过的功率 $\tilde{S}_{23}$ 和 $\tilde{S}_{\mathrm{b}}$，它们便是近似功率分布。这里的近似功率分布还没有计入线路串联阻抗的功率损耗，所以也称为初步功率分布。为了求得这些功率损耗，可以先从近似功率分布中找出"功率分点"，即负荷所取的功率实际上由相邻两条线路分担的母线。例如，在

图 3-10（a）中，若母线 2 的负荷 $\tilde{S}_2 = 50 + \mathrm{j}30\,\mathrm{MVA}$ 是由线路 1-2 和线路 2-3 共同供给，
$\tilde{S}_a = 42.75 + \mathrm{j}22.22\,\mathrm{MVA}$，$\tilde{S}_{23} = -7.25 - \mathrm{j}7.78\,\mathrm{MVA}$，即线路 1-2 上的实际功率流向是从 1 到
2，线路 2-3 上的实际功率流向是从 3 到 2，则母线 2 为功率分点。然后，按照实际的线路
近似功率，将功率分点处的负荷分割成两部分，并将网络也相应地进行分割。例如，将 $\tilde{S}_2$
分成 $\tilde{S}_2 = \tilde{S}_a + (-\tilde{S}_{23})$，如图 3-10（b）所示。于是，原来的环形网络便变成两个辐射型
网络，这样便可以用辐射型网络相同的计算方法求出考虑功率损耗后的功率分布和各
母线电压。

有时，有功功率分点和无功功率分点不在同一个母线上，在这种情况下，原则上可以
在两个中的任一个母线处进行分割，但由 3.2 节可知，在高压电网中，线路传输的无功功
率与线路的电压损耗近似成正比，无功功率分点处的电压往往是电网电压的最低点，习惯
上常将无功功率分点进行分割。

综上所述，简单环形网络的潮流计算方法可以归结为以下步骤：

1）计算电网各元件的参数，做出其等值电路，求出环形网络中各母线的运算负荷，
包括所连线路并联接地导纳中的功率及下属辐射型网络的总负荷及损耗。

2）按式（3-43）和式（3-42）计算环形网络中的初步功率分布，并确定功率分点。

3）在无功功率分点处将负荷按近似功率分布结果分割成两部分，并将环形网络分成
两个辐射型网络，然后分别采用辐射型网络的潮流计算方法计算环形网络的功率损耗、最
终的功率分布，再计算各母线的电压。

【例 3-4】　对于图 3-11 所示的 110kV 电网，已知母线 1 的电压 $U_1 = 116\mathrm{kV}$，各回线路
的参数列于表 3-1 中，试计算电网潮流。

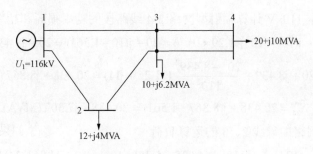

图 3-11　例 3-4 中的电网

表 3-1 每回电力线路技术数据

线路	电阻/（Ω/km）	电抗/（Ω/km）	电纳/（S/km）	长度/km
1-2	0.27	0.423	2.69×10^{-6}	30
1-3	0.21	0.416	2.74×10^{-6}	45
2-3	0.27	0.423	2.69×10^{-6}	40
3-4	0.45	0.44	2.58×10^{-6}	50

解　1）计算电网各元件的参数，做出其等值电路如图 3-12（a）所示。

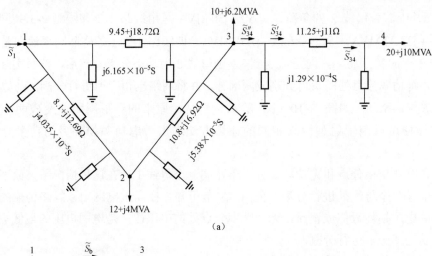

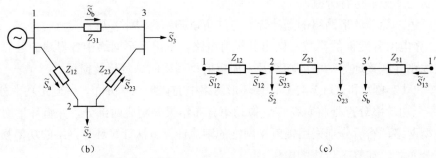

图 3-12　例 3-4 中的等值电路及功率分点

（a）等值电路；（b）环形网络部分；（c）功率分点及两个辐射型网络

2）用额定电压 110kV 计算辐射型网络 3-4 线路段的功率损耗和功率分布

$$\tilde{S}_{34} = 20 + j(10 - 110^2 \times 1.29 \times 10^{-4}) = 20 + j(10 - 1.561) = 20 + j8.439 \,(\text{MVA})$$

$$\tilde{S}'_{34} = 20 + j8.439 + \frac{20^2 + 8.439^2}{110^2}(11.25 + j11) = 20.438 + j8.867 \,(\text{MVA})$$

$$\tilde{S}''_{34} = 20.438 + j(8.867 - 1.561) = 20.438 + j7.307 \,(\text{MVA})$$

3）求出环形网络中母线 2、3 的运算负荷

$$\tilde{S}_2 = 12 + j4 - j1 \cdot 110^2 \times (4.035 + 5.38) \times 10^{-5} = 12 + j2.861 \,(\text{MVA})$$

$$\tilde{S}_3 = 20.438 + j7.307 + 10 + j6.2 - j1 \cdot 110^2 \times (6.165 + 5.38) \times 10^{-5} = 30.438 + j12.11 \,(\text{MVA})$$

4）计算环形网络中的初步功率分布

$$Z_{23} + Z_{31} = 10.8 + j16.92 + 9.45 + j18.72 = 20.25 + j35.64 \,(\Omega)$$

$$Z_{12} + Z_{23} + Z_{31} = 8.1 + j12.69 + 10.8 + j16.92 + 9.45 + j18.72 = 28.35 + j48.33 \,(\Omega)$$

$$\begin{aligned}
\tilde{S}_a &= \frac{(Z_{23} + Z_{31})^* \tilde{S}_2 + \overset{*}{Z}_{31} \tilde{S}_3}{(Z_{12} + Z_{23} + Z_{31})^*} \\
&= \frac{(20.25 - j35.64)(12 + j2.861) + (9.45 - j18.72)(30.438 + j12.11)}{28.35 - j48.33} \\
&= 20.461 + j5.777 \,(\text{MVA})
\end{aligned}$$

90

$$\tilde{S}_{23} = \tilde{S}_a - \tilde{S}_2 = 20.461 + j5.777 - (12 + j2.861) = 8.461 + j2.916 \text{(MVA)}$$

$$\tilde{S}_b = \tilde{S}_3 - \tilde{S}_{23} = 30.438 + j12.11 - (8.461 + j2.916) = 21.977 + j9.193 \text{(MVA)}$$

由图 3-12（b）和初步功率分布，可以看出母线 3 为功率分点，在母线 3 将环形网络分成为两个辐射型网络，如图 3-12（c）所示。

5）从母线 3 开始，用额定电压 110kV 计算环形网络的功率损耗和功率分布

$$\tilde{S}'_{13} = 21.977 + j9.193 + \frac{21.977^2 + 9.193^2}{110^2}(9.45 + j18.72) = 22.42 + j10.071 \text{(MVA)}$$

$$\tilde{S}'_{23} = 8.461 + j2.916 + \frac{8.461^2 + 2.916^2}{110^2}(10.8 + j16.92) = 8.533 + j3.028 \text{(MVA)}$$

$$\tilde{S}_{12} = 12 + j2.861 + 8.533 + j3.028 = 20.533 + j5.889 \text{(MVA)}$$

$$\tilde{S}'_{12} = 20.533 + j5.889 + \frac{20.533^2 + 5.889^2}{110^2}(8.1 + j12.69) = 20.838 + j6.368 \text{(MVA)}$$

电源向母线 1 提供的总功率为

$$\tilde{S}_1 = 20.838 + j6.368 + 22.42 + j10.071 - j116^2 \times (4.035 + 6.165) \times 10^{-5}$$
$$= 43.258 + j15.066 \text{(MVA)}$$

6）计算电网中各母线电压（不计电压降落横分量）

$$U_2 = 116 - \frac{20.838 \times 8.1 + 6.368 \times 12.69}{116} = 113.848 \text{(kV)}$$

$$U_3 = 116 - \frac{22.42 \times 9.45 + 10.071 \times 18.72}{116} = 112.548 \text{(kV)}$$

$$U_4 = 112.548 - \frac{20.438 \times 11.25 + 8.867 \times 11}{112.548} = 109.639 \text{(kV)}$$

最后，将潮流计算结果标于图 3-13。

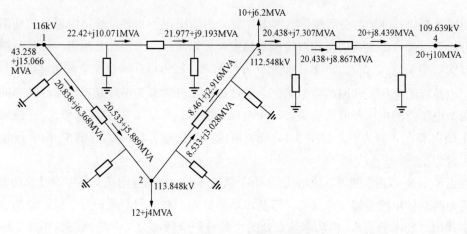

图 3-13　［例 3-4］的潮流计算结果

3.4.2　两端供电网的功率分布和潮流计算

在图 3-14（a）的两端供电网中，设 $\dot{U}_1 \neq \dot{U}_4$，可以列出回路的电压平衡方程式

$$Z_{12}\dot{I}_a + Z_{23}\dot{I}_{23} - Z_{34}\dot{I}_b = (\dot{U}_1 - \dot{U}_4)/\sqrt{3}$$

计及 $\dot{I} = \overset{*}{S}/(\sqrt{3}U_N)$，将回路电压平衡方程式中的电流分别换成相应的复功率，可得

$$Z_{12}\overset{*}{S}_a + Z_{23}\overset{*}{S}_{23} - Z_{34}\overset{*}{S}_b = (\dot{U}_1 - \dot{U}_4)^* U_N$$

对母线 2、3 列出功率平衡方程

$$\left.\begin{array}{l} \tilde{S}_a - \tilde{S}_2 = \tilde{S}_{23} \\ \tilde{S}_a - \tilde{S}_2 - \tilde{S}_3 = -\tilde{S}_b \end{array}\right\} \tag{3-46}$$

于是，由这些式子，可以求得线路 1-2 和 4-3 中功率的近似值

$$\left.\begin{array}{l} \tilde{S}_a = \dfrac{(Z_{23} + Z_{34})^* \tilde{S}_2 + Z_{34}^* \tilde{S}_3}{(Z_{12} + Z_{23} + Z_{34})^*} + \dfrac{(\dot{U}_1 - \dot{U}_4)^* U_N}{(Z_{12} + Z_{23} + Z_{34})^*} = \tilde{S}_{a\_loop} + \tilde{S}_{cir} \\[4mm] \tilde{S}_b = \dfrac{Z_{12}^* \tilde{S}_2 + (Z_{12} + Z_{23})^* \tilde{S}_3}{(Z_{12} + Z_{23} + Z_{34})^*} - \dfrac{(\dot{U}_1 - \dot{U}_4)^* U_N}{(Z_{12} + Z_{23} + Z_{34})^*} = \tilde{S}_{b\_loop} - \tilde{S}_{cir} \end{array}\right\} \tag{3-47}$$

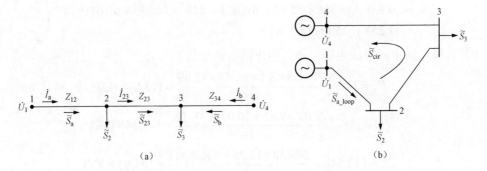

图 3-14　两端供电网

（a）接线与参数；（b）两部分功率示意（电压差取为 $\dot{U}_1 - \dot{U}_4$）

由式（3-47）可见，在两端供电网中，如果两端电压不相等，线路中通过的功率包含两部分，第一部分由负荷功率和网络参数确定，可以通过"力矩法"求得，也是两端电压相等时的功率 $\tilde{S}_{a\_loop}$、$\tilde{S}_{b\_loop}$；第二部分与负荷无关，它可以在网络中负荷切除的情况下，由两个电源点的电压差和网络参数确定，通常称这部分功率为循环功率。循环功率的正方向与两个电源点的电压差取值有关，如果电压差取为 $\dot{U}_1 - \dot{U}_4$，则循环功率 $\tilde{S}_{cir}$ 在线路中由节点 1 流向节点 4 时为正，如图 3-14（b）所示；如果取为 $\dot{U}_4 - \dot{U}_1$，则 $\tilde{S}_{cir}$ 由节点 4 流向节点 1 时为正。

求出 $\tilde{S}_a$、$\tilde{S}_b$ 以后，便可以应用式（3-46）求出环形网络其他阻抗支路中通过的功率 $\tilde{S}_{23}$，它们便是两端供电网近似功率分布，即初步功率分布。与环网潮流计算一样，由初步功率分布中找出"功率分点"，将功率分点处的负荷分割成两部分，并将网络也相应地进行分割，把原来的两端供电网变成两个辐射型网络，然后分别采用辐射型网络的潮流计算方法计算两端供电网的功率损耗、最终的功率分布和各母线的电压。

应当注意，式（3-47）对于单相系统也适用，同样可以用于各量均为标幺值的情况。

【例 3-5】　在图 3-14（a）所示的两端供电网中，已知 $\dot{U}_1 = 112\angle 0°\text{kV}$，$Z_{12} = 8.1 +$

j12.69Ω，$Z_{23} = 9.9 + j12.87Ω$，$Z_{34} = 13.2 + j17.16Ω$，$\tilde{S}_2 = 23.2 + j15.87MVA$，$\tilde{S}_3 = 14.14 + j11.76MVA$。

（1）如果节点 1、4 的电压大小和相位相同，试求电网初步功率分布。

（2）如果与 $\dot{U}_1 = \dot{U}_4$ 的情况相比，电源 1 拟少送 5 + j5MVA，试求节点 4 的电压大小和相位；不计功率损耗和电压降落横分量时，节点 2、3 的电压各为多少？

解　（1）$\dot{U}_1 = \dot{U}_4$ 时的初步功率分布

$$\tilde{S}_{a\_loop} = \frac{(9.9 - j12.87 + 13.2 - j17.16)(23.2 + j15.87) + (13.2 - j17.16)(14.14 + j11.76)}{8.1 - j12.69 + 9.9 - j12.87 + 13.2 - j17.16}$$

$$= 21.99 + j16.73(MVA)$$

$$\tilde{S}_{23\_loop} = \tilde{S}_{a\_loop} - \tilde{S}_2 = 21.99 + j16.73 - (23.2 + j15.87) = -1.21 + j0.86\ (MVA)$$

$$\tilde{S}_{b\_loop} = \tilde{S}_3 - \tilde{S}_{23\_loop} = 14.14 + j11.76 - (-1.21 + j0.86) = 15.35 + j10.9\ (MVA)$$

（2）电源 1 拟少送 5 + j5MVA，意味着循环功率 $\tilde{S}_{cir}$ 需要由节点 4 流向节点 1，即

$$5 + j5 = \frac{110 \times (\dot{U}_4 - 112\angle 0°)^*}{8.1 - j12.69 + 9.9 - j12.87 + 13.2 - j17.16}$$

可以求得 $\dot{U}_4 = 115.36\angle 0.26°kV$。这时，两端供电网中的初步功率分布变为

$$\tilde{S}_a = \tilde{S}_{a\_loop} - \tilde{S}_{cir} = 21.99 + j16.73 - (5 + j5) = 16.99 + j11.73\ (MVA)$$

$$\tilde{S}_{23} = \tilde{S}_{23\_loop} - \tilde{S}_{cir} = -1.21 + j0.86 - (5 + j5) = -6.21 - j4.14\ (MVA)$$

$$\tilde{S}_b = \tilde{S}_{b\_loop} + \tilde{S}_{cir} = 15.35 + j10.9 + (5 + j5) = 20.35 + j15.9\ (MVA)$$

可见，功率分点是节点 2。计算电网中各母线电压

$$U_2 = 112 - \frac{16.99 \times 8.1 + 11.73 \times 12.69}{112} = 109.44\ (kV)$$

$$U_3 = 115.36 - \frac{20.35 \times 13.2 + 15.9 \times 17.16}{115.36} = 110.6\ (kV)$$

3.4.3　含变压器的简单环网的功率分布

在图 3-15 所示的环网中，假设两台升压变压器的变比不等，其中 T_1 的变比为 231/10.5kV，T_2 变比为 242/10.5kV，节点 1 实际电压为 $U_1 = 10.5kV$，则在电网空载、断路器 CB 断开和不计并联导纳支路的情况下，断路器断口两侧的电压将分别为 $U_2 = 10.5 \times (231/10.5) = 231$（kV）和 $U_6 = 10.5 \times (242/10.5) = 242$（kV），因此，断路器断口两侧会有电压差 $U_6 - U_2 = 242 - 231 = 11$（kV），该电压差也称环路电势。从而，将该断路器闭合时，将有逆时针方向（6→2）的循环功率流动

$$\tilde{S}_{cir} = \left(\frac{U_6 - U_2}{Z_\Sigma}\right)^* U_N \qquad (3-48)$$

式中　Z_Σ——环网的环路总阻抗。

于是，类似于两端供电网，这里也可以采用叠加原理求得变压器 T_1 中功率的近似值（即初步功率分布）

$$\tilde{S}_a = \frac{\Sigma \overset{*}{Z_i} \tilde{S}_i}{(Z_{\Sigma})^*} - \left(\frac{U_6 - U_2}{Z_{\Sigma}}\right)^* U_N = \tilde{S}_{a\_loop} - \tilde{S}_{cir} \tag{3-49}$$

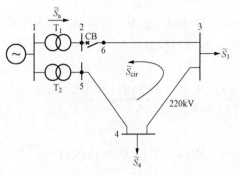

图 3-15　含变压器的简单环网

式（3-49）说明，环网中的初步功率分布是由两部分功率叠加而成，一部分是变压器变比相等且供给实际负荷时的功率分布，另一部分是不计负荷仅因变比不同而引起的循环功率。环路电势是因变压器的变比不等而引起的，循环功率是由环路电势产生，因此，循环功率的方向与环路电势的作用方向一致，在断口处（相当于外电路），循环功率由高电位流向低电位。断口必须取在基本级，U_N 为基本级额定电压。

最终的功率分布和节点电压的计算步骤与普通环网潮流计算的步骤相同。

【例3-6】 两台同型号变压器并联运行，如图 3-16（a）所示，已知每台变压器容量为 20MVA，额定电压为 110/11kV，短路电压百分值为 $U_k\% = 10$，不计其电阻和励磁导纳，T_1 高压绕组在主抽头运行，T_2 高压绕组在+2.5%分接头上运行；低压母线实际电压为 $U_2 = 10.1$kV，负荷功率为 $\tilde{S}_2 = 18 + j12$MVA。试求变压器的功率分布和高压侧电压。

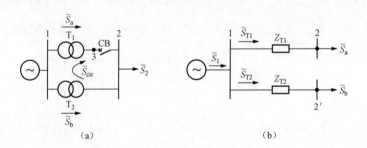

图 3-16　两台变压器并联运行

（a）两台变压器并联接线图；（b）功率分点拆解电网

解　T_1 变比为 110/11kV，T_2 变比为 $110 \times (1 + 2.5\%)/11 = 112.75/11$（kV）。将变压器的电抗归算到低压侧，则有

$$Z_{T1} = Z_{T2} = j\frac{U_k\% U_N^2}{100 S_N} = j\frac{10.5 \times 11^2}{100 \times 20} = j0.635(\Omega)$$

由于所有参数归算到低压侧，所以断口应该取在低压侧，如图 3-16（a）所示。断开断路器 CB，则断路器断口两侧的电压将分别为

$$U_2 = 10.1\text{kV}$$

$$U_3 = 10.1 \times (112.75/11) \times (11/110) = 10.353\text{kV}$$

环路电势为

$$U_3 - U_2 = 10.353 - 10.1 = 0.253\text{kV}$$

于是，循环功率为顺时针方向（3→2），初步功率分布为（事实上，由于两台变压器的阻抗相等，所以 $S_{a\_loop} = S_2/2$）

$$\tilde{S}_a = \tilde{S}_{a\_loop} + \tilde{S}_{cir} = \frac{\overset{*}{Z}_{T2}\tilde{S}_2}{(Z_{T1} + Z_{T2})^*} + \frac{(U_3 - U_2)^* U_N}{(Z_{T1} + Z_{T2})^*}$$

$$= \frac{-j0.635 \times (18 + j12)}{-j0.635 - j0.635} + \frac{0.253 \times 10}{-j0.635 - j0.635} = 9 + j6 + j1.987 = 9 + j7.987(\text{MVA})$$

$$\tilde{S}_b = \tilde{S}_2 - \tilde{S}_a = 18 + 12 - (9 + j6.987) = 9 + j4.013 \ (\text{MVA})$$

可见，母线 2 为功率分点，在母线 2 将环形网络分成为两个辐射型网络，如图 3-16（b）所示，由两台变压器送到低压母线的功率分别为 $\tilde{S}_a$ 和 $\tilde{S}_b$。从母线 2 开始，计算功率损耗和功率分布

$$\tilde{S}_{T1} = \tilde{S}_a + \Delta\tilde{S}_{T1} = 9 + j7.987 + \frac{9^2 + 7.987^2}{10.1^2} \times (j0.635) = 9 + j9.407 \ (\text{MVA})$$

$$\tilde{S}_{T2} = \tilde{S}_b + \Delta\tilde{S}_{T2} = 9 + j4.013 + \frac{9^2 + 4.013^2}{10.1^2} \times (j0.635) = 9 + j4.964 \ (\text{MVA})$$

电源向母线 1 提供的总功率为

$$\tilde{S}_1 = 9 + j9.407 + 9 + j4.964 = 18 + j14.371(\text{MVA})$$

计算母线 1 电压

$$U_1 = \sqrt{\left(10.1 + \frac{7.987 \times 0.635}{10.1}\right)^2 + \left(\frac{9 \times 0.635}{10.1}\right)^2} \times \frac{110}{11} = 106.175 \ (\text{kV})$$

或

$$U_1 = \sqrt{\left(10.1 + \frac{4.013 \times 0.635}{10.1}\right)^2 + \left(\frac{9 \times 0.635}{10.1}\right)^2} \times \frac{112.75}{11} = 106.27 \ (\text{kV})$$

对于更多电压等级的环网，环路电势和循环功率的确定原则与上述相同。例如，在图 3-17 中，变压器 T_1 的变比为 242/10.5kV，T_2 变比为 121/10.5kV，T_3 变比为 220/121/11kV，节点 1 实际电压为 U_1=10.5kV，如果所有参数归算到 220kV，则断口应该取在 220kV 级，环路电势为

$$U_2 - U_6 = 10.5 \times (242/10.5) - 10.5 \times (121/10.5) \times (220/121) = 242 - 220 = 22(\text{kV})$$

循环功率为顺时针方向（2→6），为

$$\tilde{S}_{cir} = \frac{(U_2 - U_6)^* U_N}{(Z_\Sigma)^*} = \frac{22 \times 220}{(Z_\Sigma)^*}$$

循环功率只是在变压器的变比不匹配的情况下才会出现。如果环网中原来的功率分布在技术或经济上不合理，则可以通过调整变压器的变比，产生所需要方向的循环功率来改善功率分布。

随便提及一下参数的归算问题。在图 3-17 中，当取基本级为 220kV 时，若将线路

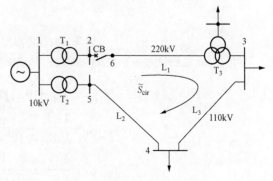

图 3-17　多电压等级的环网

L_2 阻抗 Z'_{L2} 归算到基本级，顺时针归算时，有

$$Z_{L2} = (k_{T2}k_{T1})^2 Z'_{L2} = (10.5/121 \times 242/10.5)^2 Z'_{L2} = (242/121)^2 Z'_{L2}$$

逆时针归算时

$$Z_{L2} = (k_{T3})^2 Z'_{L2} = (220/121)^2 Z'_{L2}$$

可见，沿不同的方向归算，会得到不同的数值。在简化计算时，可以采用各级线路的额定电压对参数进行近似的归算，从而避免这种情况的发生。如果需要精确计算，可以将变压器都采用理想变压器的Π型等值电路表示，这时线路阻抗可以不进行归算，通过非标准变比修正变压器本身的Π型等值电路即可。此外，采用变压器的Π型等值电路，潮流计算时可以不考虑上述的循环功率。

【例 3-7】 在例 3-6 中，通过采用变压器的Π型等值电路，求变压器的功率分布和高压侧电压。

解 T_1 变比为 $k_1 = 110/11 = 10$，T_2 变比为 $k_2 = 112.75/11 = 10.25$，接入理想变压器的等值电路如图 3-18（a）所示。

计算Π型等值电路的阻抗和导纳，并标注到图 3-18（b）中。

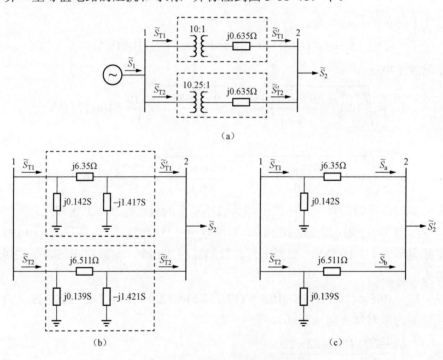

图 3-18 接入理想变压器的等值电路

（a）接入理想变压器的等值电路；（b）Π型等值电路；（c）低压侧以运算负荷表示的等值电路

$$Z'_{T1} = k_1 Z_{T1} = 10 \times (j0.635) = j6.35 \quad (\Omega)$$

$$y_{T1\_120} = \frac{1-k_1}{k_1^2 Z_{T1}} = \frac{1-10}{10^2 \times (j0.635)} = j0.142(S)$$

$$y_{T1\_210} = \frac{k_1-1}{k_1 Z_{T1}} = \frac{10-1}{10 \times (j0.635)} = -j1.417(S)$$

$$Z'_{T2} = k_2 Z_{T2} = 10.25 \times (j0.635) = j6.511(\Omega)$$

$$y_{T2\_120} = \frac{1-k_2}{k_2^2 Z_{T2}} = \frac{1-10.25}{10.25^2 \times (j0.635)} = j0.139(S)$$

$$y_{T2\_210} = \frac{k_2-1}{k_2 Z_{T2}} = \frac{10.25-1}{10.25 \times (j0.635)} = -j1.421(S)$$

将两台变压器低压侧的两个接地并联导纳中功率与负荷率合并，得到运算负荷

$$\tilde{S}'_2 = \tilde{S}_2 + U_2^2 \overset{*}{y}_{T1\_210} + U_2^2 \overset{*}{y}_{T2\_210} = 18 + j12 + 10.1^2 \times (-j1.417)^* + 10.1^2 \times (-j1.421)^*$$
$$= 18 + j12 + j144.524 + j144.916 = 18 + j301.44(MVA)$$

如图 3-18（c）所示，初步功率分布为

$$\tilde{S}_a = \frac{\overset{*}{Z}'_{T2} \tilde{S}'_2}{(Z'_{T1} + Z'_{T2})^*} = \frac{-j6.511 \times (18 + j301.44)}{-j6.35 - j6.511} = 9.111 + j152.581(MVA)$$

$$\tilde{S}_b = \tilde{S}'_2 - \tilde{S}_a = 18 + 301.44 - (9.111 + j152.581) = 8.889 + j148.859 \ (MVA)$$

于是，由两台变压器送到低压母线的功率分别为

$$\tilde{S}'_{T1} = \tilde{S}_a + U_2^2 \overset{*}{y}_{T1\_210} = 9.111 + j152.581 - j144.524 = 9.111 + j8.057(MVA)$$

$$\tilde{S}'_{T2} = \tilde{S}_b + U_2^2 \overset{*}{y}_{T2\_210} = 8.889 + j148.859 - j144.916 = 8.889 + j3.943(MVA)$$

从母线 2 开始，计算母线 1 电压

$$U_1 = \sqrt{\left(10.1 + \frac{152.581 \times 6.35}{10.1}\right)^2 + \left(\frac{9.111 \times 6.35}{10.1}\right)^2} = 106.222 \ (kV)$$

或

$$U_1 = \sqrt{\left(10.1 + \frac{148.859 \times 6.511}{10.1}\right)^2 + \left(\frac{8.889 \times 6.511}{10.1}\right)^2} = 106.222 \ (kV)$$

可见，从任意一台变压器的等值电路所计算的电压结果相同。

计算功率损耗和功率分布

$$\tilde{S}_{T1} = \tilde{S}_a + \Delta \tilde{S}'_{T1} + U_1^2 (y_{T1\_120})^*$$
$$= 9.111 + j152.581 + \frac{9.111^2 + 152.581^2}{10.1^2} \times (j6.35) + 106.222^2 \times (j0.142)^*$$
$$= 9.111 + j8.978(MVA)$$

$$\tilde{S}_{T2} = \tilde{S}_b + \Delta \tilde{S}'_{T2} + U_1^2 (y_{T2\_120})^*$$
$$= 8.889 + j148.859 + \frac{8.889^2 + 148.859^2}{10.1^2} \times (j6.511) + 106.222^2 \times (j0.139)^*$$
$$= 8.889 + j4.532(MVA)$$

电源向母线 1 提供的总功率为

$$\tilde{S}_1 = 9.111 + j8.978 + 8.889 + j4.532 = 18 + j13.51(MVA)$$

与例 3-5 相比，两种方法的计算结果相差不大，但显然例 3-5 中的近似方法计算量要小，更适合手工计算。

3.4.4　简单环网中的经济功率分布与潮流调控

由式（3-43）和式（3-45）可知，简单环形网络的功率是按线段的阻抗分布的，这种分布称为功率的自然分布。下面讨论一下，在环网的有功功率损耗最小时，功率应如何分布？

在图 3-19（a）的简单环形网络中，环网的有功功率损耗为

$$\Delta P_\Sigma \approx \frac{S_a^2}{U_N^2}R_{12} + \frac{S_{23}^2}{U_N^2}R_{23} + \frac{S_b^2}{U_N^2}R_{31}$$

$$= \frac{P_a^2 + Q_a^2}{U_N^2}R_{12} + \frac{(P_a - P_2)^2 + (Q_a - Q_2)^2}{U_N^2}R_{23} + \frac{(P_a - P_2 - P_3)^2 + (Q_a - Q_2 - Q_3)^2}{U_N^2}R_{31}$$

将上式分别对 P_a 和 Q_a 取偏导数，并令其等于零，便得

$$\frac{\partial \Delta P_\Sigma}{\partial P_a} = \frac{2P_a}{U_N^2}R_{12} + \frac{2(P_a - P_2)}{U_N^2}R_{23} + \frac{2(P_a - P_2 - P_3)}{U_N^2}R_{31} = 0$$

$$\frac{\partial \Delta P_\Sigma}{\partial Q_a} = \frac{2Q_a}{U_N^2}R_{12} + \frac{2(Q_a - Q_2)}{U_N^2}R_{23} + \frac{2(Q_a - Q_2 - Q_3)}{U_N^2}R_{31} = 0$$

于是，可以解得

$$P_{a\_ec} = \frac{(R_{23} + R_{31})P_2 + R_{31}P_3}{R_{12} + R_{23} + R_{31}}$$

$$Q_{a\_ec} = \frac{(R_{23} + R_{31})Q_2 + R_{31}Q_3}{R_{12} + R_{23} + R_{31}}$$

或

$$\tilde{S}_{a\_ec} = \frac{(R_{23} + R_{31})\tilde{S}_2 + R_{31}\tilde{S}_3}{R_{12} + R_{23} + R_{31}} \tag{3-50}$$

式（3-50）表明，功率在环形网络中按线段的电阻分布时，有功功率损耗达到最小，这时的功率分布称为经济功率分布。

由阻抗与电阻的关系 $Z = R + jX = R(1 + jX/R)$ 可知，只有在每段线路的比值 X/R 都相等的均一环网中，功率的自然分布才与经济功率分布相同。在一般情况下，这两者是有差别的，各段线路的不均一程度越大，这两种功率分布的差别就越大。图 3-19（b）、（c）分别列出了简单环网功率的自然分布和经济分布，由于不是每段线路的比值 X/R 都相等，所以这两种功率不相同。

为调控环网的功率分布为 $\tilde{S}_{a\_ec}$，可以采取的措施有：

（1）串联电容。串联电容的作用是以其容抗抵偿线路的感抗。将串联电容安装在环网中阻抗相对较大的线路上，可以转移其他线段上的功率。如图 3-19（d）所示，在线路 1-3 段安装了 −j3.915Ω 的串联电容后，环网将实现经济功率分布。

（2）串联电抗。串联电抗的作用是限流。将串联电抗安装在环网中的线路上，可以降

低该线段上通过的功率。如图 3-19（e）所示，在线路 1-2 段安装了 j4.47Ω 的串联电抗后，环网的功率分布将接近经济功率分布。但串联电抗对电压质量和电力系统运行的稳定性有不良影响，因此，实际工程中不宜采用这种措施。

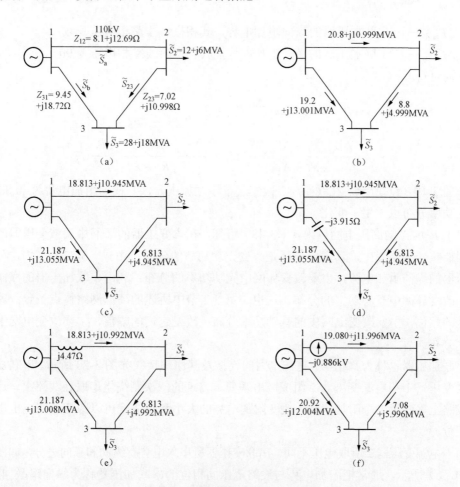

图 3-19　环形网络功率分布的调控

（a）环网接线图；（b）环网功率自然分布；（c）经济功率分布；（d）串联电容的作用；
（e）串联电抗的作用；（f）串联加压器的作用

（3）在含变压器的环网中调节变压器分接头或加装串联加压器。如前所述，在含变压器的环网中，可以通过调整变压器的变比，产生所需要方向和大小的循环功率来改善功率分布。

串联加压器的作用是在环网功率自然分布 $\tilde{S}_a$ 上叠加一个强制循环功率 $\tilde{S}_{f\_cir}$，且满足条件

$$\tilde{S}_{a\_ec} = \tilde{S}_a + \tilde{S}_{f\_cir}$$

就可以使环网功率分布达到经济功率分布的要求。由此可得所要求的强制循环功率为

$$\tilde{S}_{f\_cir} = \tilde{S}_{a\_ec} - \tilde{S}_a = (P_{a\_ec} - P_a) + j(Q_{a\_ec} - Q_a) = P_{f\_cir} + jQ_{f\_cir}$$

为产生该强制循环功率 $\tilde{S}_{\text{f\_cir}}$ 所需的附加电势如式（3-51）所示。

$$\Delta\dot{E}_{\text{add}} = \frac{\overset{*}{S}_{\text{f\_cir}} Z_\Sigma}{U_N} = \frac{P_{\text{f\_cir}} R_\Sigma + Q_{\text{f\_cir}} X_\Sigma}{U_N} + j\frac{P_{\text{f\_cir}} X_\Sigma - Q_{\text{f\_cir}} R_\Sigma}{U_N} = \Delta E_{\text{addx}} + j\Delta E_{\text{addy}} \tag{3-51}$$

式中　ΔE_{addx}——串联加压器的纵向附加电势，其相位与线路相电压一致；

　　　ΔE_{addy}——串联加压器的横向附加电势，其相位与线路相电压差 90°。

从而可得

$$\tilde{S}_{\text{f\_cir}} = P_{\text{f\_cir}} + jQ_{\text{f\_cir}} = \left(\frac{\Delta\dot{E}_{\text{add}}}{Z_\Sigma}\right)^* U_N$$
$$= \frac{\Delta E_{\text{addx}} R_\Sigma + \Delta E_{\text{addy}} X_\Sigma}{R_\Sigma^2 + X_\Sigma^2} U_N + j\frac{\Delta E_{\text{addx}} X_\Sigma - \Delta E_{\text{addy}} R_\Sigma}{R_\Sigma^2 + X_\Sigma^2} U_N \tag{3-52}$$

如图 3-19（f）所示，在线路 1-2 段安装了串联加压器，其横向附加电势为-j0.886kV，环网的功率分布也发生了变化。

对于 $R \ll X$ 的高压电网，由式（3-48）可知，在含变压器的环网中调节变压器的分接头，即调整变压器变比，其主要作用是改变无功功率的分布；由式（3-52）可知，利用串联加压器的纵向附加电势，主要改变环网中无功功率的分布；利用串联加压器的横向附加电势，改变环网中有功功率的分布。这也与第 3.2 节中所述的高压网络特点一致：改变节点电压的相位，主要改变电网中的有功功率分布；改变它们的幅值，主要改变电网中的无功功率分布。

串联加压器也称为移相器，它与电网的连接及其原理接线如图 3-20 所示。串联加压器由串联变压器 1 和电源变压器 2 组成。串联变压器 1 的二次侧绕组串联在线路上，这相当于在线路上串联了一个附加电势，改变附加电势的大小和相位就可以改变线路上电压的大小和相位。

由于电源变压器 2 所取电压不同，串联变压器所串入电势有纵向和横向之分，如图 3-20（b）和（c）所示，通常把附加电势与线路电压同相位的串联加压器称为纵向串联加压器，把附加电势与线路电压有 90°相位差的串联加压器称为横向串联加压器。

纵向串联加压器原理接线图和相量图如图 3-20（b）所示。当电源变压器按图示的接线方式接入时，附加电势的方向与母线的相电压相同，可以提高线路电压；反之，如将串联变压器反接，则可降低线路电压。纵向串联加压器只有纵向电势，只能改变线路电压的大小，不改变线路电压的相位。

横向串联加压器原理接线图和相量图如图 3-20（c）所示。当电源变压器按图示的接线方式接入时，附加电势的相位超前于线路电压 90°，对线路电压的相位有影响，但对线路电压幅值的改变很小。如将串联变压器反接，则附加电势反向。横向串联加压器只产生横向附加电势，主要改变线路电压的相位，而几乎不改变线路电压的幅值。

如图 3-20（b）和（c）所示，调节电源变压器二次侧绕组的分接头，即可改变串联加压器附加电势的大小。显然，频繁调节分接头，会造成机械故障。因此，目前逐渐利用电力电子技术，通过柔性输电系统（Flexible AC Transmission System，FACTS）装置实现对串联加压器的根本性改变（详见第 8.3 节）。

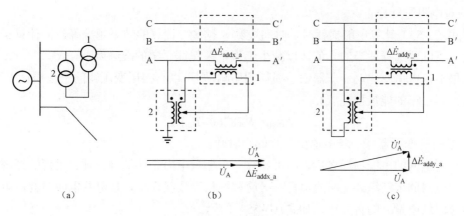

图 3-20　串联加压器

（a）串联加压器的接入；（b）纵向串联加压器（仅显示 A 相）；（c）横向串联加压器（仅显示 A 相）

1—电源变压器；2—串联变压器

3.5　电力网的电能损耗

Electric Energy Loss of Electric Network

3.5.1　电力网的电能损耗和网损率

在分析电力系统运行的经济性时，不但要求计算最大负荷时电网的功率损耗，还要求计算给定时间段（日、月、季及年度）内电网的电能损耗（或损耗电量），即所有送电、变电和配电环节所损耗的电量。如果以年（即 8760h）作为计算时间段，则称为电网年电能损耗。

整个电网的电能损耗计算建立在电网每一元件的电能损耗计算基础上，全网的电能损耗是电网内同一时间段内各元件电能损耗的总和。在电网元件的电能损耗中，变压器绕组和线路导线中的损耗与其通过的电流（或功率）平方成正比，而变压器的铁芯损耗、电缆和电容器绝缘介质中的损耗与其施加的电压有关。

当已知电力系统负荷的年有功和无功负荷曲线时，原则上可以准确计算电网年电能损耗。为了简化计算，可将实际负荷曲线用一个阶梯形曲线代替，亦即将全年 8760h 分为若干段，每段时间内各负荷的有功和无功功率都用定值表示。这样，就可分别对各时间段进行系统的潮流计算，求出全电网的有功功率损耗，并计算出各时间段的电能损耗，它们的总和即为年电能损耗。例如设线路向一个集中负荷供电，8760h 分为 n 段，其中第 i 段时间为 Δt_i（h），线路的功率损耗为 ΔP_i（MW），则线路的年电能损耗 ΔA_y 为

$$\Delta A_y \approx \sum_{i=1}^n \Delta P_i \Delta t_i = R \sum_{i=1}^n \frac{P_i^2 + Q_i^2}{U_i^2} \Delta t_i \,(\mathrm{MWh}) \tag{3-53}$$

式中　　R——线路电阻，Ω；

P_i、Q_i、U_i——第 i 段时间线路某一端有功功率、无功功率和电压，MW、Mvar 和 kV。

线路导线应考虑负荷电流引起的温升及周围空气温度对电阻变化的影响，按照式

（2-17）对电阻进行修正。

用式（3-53）计算电能损耗时，时间段数 n 越多，计算的结果越准确，但计算工作量也越大，所以要选择适当的 n 值，以减少工作量并保证一定的准确度。

如果不计电压变化对变压器铁芯损耗的影响，则可以直接用变压器的空载损耗 P_0 计算变压器铁芯一年的能量损耗 ΔA_{y0}

$$\Delta A_{y0} = P_0(8760 - T_{yq}) \tag{3-54}$$

式中 T_{yq}——变压器在一年中退出运行的小时数。

在得到电网的电能损耗之后，即可计算一个衡量电力企业综合管理、运营的经济性能指标——电网的损耗率。电网的损耗率又简称网损率或线损率，是电网电能损耗占电网输入电能（即供电量）的百分比，如式（3-55）所示。

$$网损率 = \frac{电力网络电能损耗}{供电量} \times 100\% \tag{3-55}$$

其中供电量为在给定时间段内，发电厂上网电量与外电网送入电量之和，并扣除向外电网输出电量。

在电力系统分析中，有时仅仅需要近似估算电能损耗，比如在进行电力系统规划时，并不要求很准确计算电能损耗。于是，可以应用一些经验公式或曲线计算年电能损耗，下面简单介绍两种近似方法：最大负荷损耗时间法和均方根电流法。

3.5.2 最大负荷损耗时间法

仍然假设线路向一个集中负荷供电，线路通过的最大视在功率为 S_{max}，线路最大负荷时的功率损耗为 ΔP_{max}。如果线路通过的功率持续为 S_{max}，经过 τ_{max} 小时后，线路中消耗的电能恰好等于线路全年实际消耗的电能 ΔA_y，那么 τ_{max} 便称为最大负荷损耗时间，即

$$\Delta A_y = \int_0^{8760} \frac{S^2}{U^2} R \mathrm{d}t = \frac{S_{max}^2}{U^2} R \tau_{max} = \Delta P_{max} \tau_{max} \tag{3-56}$$

或

$$\tau_{max} = \frac{\Delta A_y}{\Delta P_{max}} \tag{3-57}$$

如果近似认为电压保持不变，则式（3-57）可以改写为

$$\tau_{max} = \frac{\int_0^{8760} S^2 \mathrm{d}t}{S_{max}^2}$$

可见，最大负荷损耗时间 τ_{max} 与用视在功率表示的负荷曲线有关。在某种程度上，最大负荷的利用小时 T_{max} 可以反映有功负荷持续曲线的形状，而视在功率与有功功率之间的关系可以通过功率因数反映出来，因此，可以设想，对于给定的功率因数 $\cos\varphi$，τ_{max} 同 T_{max} 之间将存在一定的关系。通过对一些典型负荷曲线的分析，得到的 τ_{max} 和 T_{max} 的关系列于表 3-2 及图 3-21 中。

表 3-2　　　　　　　最大负荷损耗时间 τ_{max} 与最大负荷的利用小时 T_{max} 的关系

T_{max}/h	$\cos\varphi$				
	0.8	0.85	0.9	0.95	1.0
2000	1500	1200	1000	800	700
2500	1700	1500	1250	1100	950
3000	2000	1800	1600	1400	1250
3500	2350	2150	2000	1800	1600
4000	2750	2600	2400	2200	2000
4500	3150	3000	2900	2700	2500
5000	3600	3500	3400	3200	3000
5500	4100	4000	3950	3750	3600
6000	4650	4600	4500	4350	4200
6500	5250	5200	5100	5000	4850
7000	5950	5900	5800	5700	5600
7500	6650	6600	6550	6500	6400
8000	7400	——	7350	——	7250

在不知道负荷曲线时，根据最大负荷利用小时数 T_{max} 和功率因数 $\cos\varphi$，可从表 3-2 或图 3-21 中查到相应的最大负荷损耗时间 τ_{max}，然后用式（3-56）计算线路全年的电能损耗 ΔA_y。

同样可以采用这种方法计算变压器绕组全年的电能损耗，采用式（3-54）可以计算变压器铁芯全年的电能损耗，二者相加即为变压器全年的所有电能损耗。

对于放射式网络，每条线路向一个负荷点供电，线路的最大负荷利用小时数就是所供负荷点的最大负荷利用小时数 T_{max}；对于

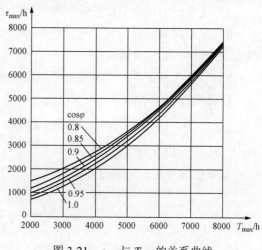

图 3-21　τ_{max} 与 T_{max} 的关系曲线

链式网络，各段线路的最大负荷利用小时数 T_{max} 等于所供各负荷点 i 的最大负荷利用小时数 T_{max_i} 的加权平均值，如式（3-58）所示。

$$T_{max} = \frac{\sum_{i=1}^{n} P_{max\_i} T_{max\_i}}{\sum_{i=1}^{n} P_{max\_i}} \tag{3-58}$$

式中　P_{max_i}——各负荷点 i 的最大有功负荷。

对于环形网络，可在功率分点处拆开成两个辐射网，然后按照上述方法求各段线路的最大负荷利用小时数。

【例 3-8】已知一台 110/11kV 变压器的参数为：$S_N = 10MVA$，$P_0 = 16kW$，$P_k = 59kW$；

变压器全年退出运行 50h，低压侧最大负荷 $P_{\max} = 8\text{MW}$，$\cos\varphi = 0.9$，$T_{\max} = 4500\text{h}$。试求该变压器全年的电能损耗。

解 最大负荷时变压器的绕组功率损耗

$$\Delta P_{\max} \approx \frac{S_{\max}^2}{U_N^2} R_T = \frac{S_{\max}^2}{U_N^2} \times \frac{P_k U_N^2}{1000 S_N^2} = \frac{P_k S_{\max}^2}{1000 S_N^2} = \frac{59 \times (8/0.9)^2}{1000 \times 10^2}$$
$$= 46.617 \times 10^{-3}(\text{MW}) = 46.617(\text{kW})$$

由 $T_{\max}$ 和 $\cos\varphi$ 查表 3-2，得到 $\tau_{\max} = 2900\text{h}$。

采用式（3-54）和式（3-56）计算变压器全年的电能损耗

$$\Delta A_y = P_0(8760 - T_{yq}) + \Delta P_{\max}\tau_{\max} = 16 \times (8760 - 50) + 46.167 \times 2900 = 2.746 \times 10^5 (\text{kWh})$$

3.5.3 均方根电流法

配电网的电能损耗计算往往以代表日（或典型计算时段）的实际测录数据为基础，首先计算代表日（或典型计算时段）的电能损耗，然后再等效推广到月、季或年时间段。计算全年损耗时，应以月代表日为基础，其中 35kV 以上配电网的代表日至少取 4 天，使其能代表全年各季负荷情况。此外，选定代表日时还应遵守的一般原则为：

1）代表日的供电量接近时间段（月、季或年）的平均日供电量；

2）配电网的运行方式、潮流分布和绝大部分用户的用电情况正常，可以代表时间段（月、季或年）的正常情况；

3）气象条件正常，气温接近时间段的平均温度。

仍以线路向一个集中负荷供电为例，代表日的线路电能损耗为

$$\Delta A_d = 3I_{\text{eff}}^2 R \times 24 \times 10^{-3} = 72 I_{\text{eff}}^2 R \times 10^{-3} (\text{kWh}) \tag{3-59}$$

式中 I_{eff}——均方根电流，A。

如果已知各正点时通过线路的负荷电流 I_i（A），则均方根电流可采用式（3-60）计算。

$$I_{\text{eff}} = \sqrt{\frac{1}{24}\sum_{i=1}^{24} I_i^2} (\text{A}) \tag{3-60}$$

如果已知三相有功功率和无功功率，则

$$I_{\text{eff}} = \sqrt{\frac{1}{72}\sum_{i=1}^{24} \frac{P_i^2 + Q_i^2}{U_i^2}} (\text{A}) \tag{3-61}$$

式中 P_i、Q_i、U_i——正点时线路某一测量端的三相有功功率、三相无功功率和线电压，kW、kvar 和 kV。

如果实测值是每小时有功电能和无功电能，则均方根电流的算式见式（3-62）。

$$I_{\text{eff}} = \sqrt{\frac{1}{72U_{\text{av}}^2}\sum_{i=1}^{24}(A_{Pi}^2 + Q_{Qi}^2)} (\text{A}) \tag{3-62}$$

式中 A_{Pi}、Q_{Qi}——每小时的有功电能和无功电能，单位分别为 kWh 和 kvarh；
U_{av}——测量点的平均线电压，kV。

然后根据全月供电量 A_m 及代表日供电量 A_d，计算出全月的电能损耗

$$\Delta A_m = \Delta A_d \left(\frac{A_m}{A_d D} \right)^2 D \ (\text{kWh}) \tag{3-63}$$

式中　D——全月日历天数。

最后还应指出，在简化计算时，也可通过形状系数采用平均电流法或等值功率法计算电网的电能损耗。

【例 3-9】 已知某元件的电阻为 8Ω，代表日测得的数据如表 3-3 所示，代表日通过的电量为 $A_d = 5189\text{kWh}$，该月 31 天的供电量 $A_m = 153620\text{kWh}$。不计温度影响，试求该元件全月的电能损耗。

表 3-3　　　　　　　　　　　　　　代表日实测数据

时刻 i	U_i/kV	P_i/kW	Q_i/kvar	时刻 i	U_i/kV	P_i/kW	Q_i/kvar
1	10.2	110	50	13	10.5	250	140
2	10.2	130	50	14	10.3	170	130
3	10.1	120	50	15	10.4	200	160
4	10.3	100	50	16	10.3	250	180
5	10	110	80	17	10.2	300	140
6	10	270	140	18	10.3	300	160
7	10.6	300	200	19	10.4	220	180
8	10.6	200	170	20	10.4	350	140
9	10.5	370	220	21	10.4	310	170
10	10.4	280	220	22	10.3	310	140
11	10.5	260	210	23	10.2	190	140
12	10.4	330	210	24	10.3	110	100

解　（1）用式（3-61）计算均方根电流

$$I_{\text{eff}} = \sqrt{\frac{1}{72} \sum_{i=1}^{24} \frac{P_i^2 + Q_i^2}{U_i^2}}$$

$$= \sqrt{\frac{1}{72} \left(\frac{110^2 + 50^2}{10.2^2} + \frac{130^2 + 50^2}{10.2^2} + \frac{120^2 + 50^2}{10.1^2} + \cdots + \frac{190^2 + 140^2}{10.2^2} + \frac{110^2 + 100^2}{10.3^2} \right)}$$

$$= 16.0911 (\text{A})$$

（2）用式（3-59）计算代表日的线路电能损耗

$$\Delta A_d = 72 I_{\text{eff}}^2 R \times 10^{-3} = 72 \times 16.0911^2 \times 8 \times 10^{-3} = 149.1406 \ (\text{kWh})$$

（3）用式（3-63）计算全月的电能损耗

$$\Delta A_m = \Delta A_d \left(\frac{A_m}{A_d D} \right)^2 D = 149.1406 \times \left(\frac{153620}{5189 \times 31} \right)^2 \times 31 = 4216.6 \ (\text{kWh})$$

小　　结

Summary

电力系统潮流计算是指电力系统中各母线电压、各支路功率的计算。电力线路和变压器电压降落和功率损耗的计算是简单电力系统潮流计算的基础。

对于高电压输电线路，在线路空载或轻载运行时，线路末端电压会高于始端电压；线路传输的有功功率与线路两端电压相位差密切相关，线路传输的无功功率与线路的电压损耗近似成正比。

辐射网潮流计算的已知条件通常是电源点的电压和负荷点的功率，待求的是电源点以外的各节点电压和电网的功率分布，其潮流计算可以分两个步骤进行：第一步，从负荷点开始，向电源方向计算各支路的功率损耗和近似功率分布；第二步，从电源点开始，顺着功率传送的方向，计算各支路的电压降落或电压损耗和各节点电压。

不计电网支路功率损耗时，简单环形网络的初步功率分布可按照类似力学中的力矩平衡公式算出，从而可以确定功率分点，并在功率分点将原环形网络分割开，形成两个辐射网以计算最终的潮流分布。两端供电网中每个电源点送出的功率都由两部分叠加组成，第一部分是负荷功率，与两端电压相等所形成的环形网络功率分布相同；第二部分是由两端电压不等而产生的循环功率。环形网络是两端供电网的特例。

含变压器的简单环网的初步功率分布也是两部分叠加组成，第一部分是由变压器变比相等且供给实际负荷时的功率分布；第二部分是不计负荷仅因变压器变比不同而引起的循环功率。可以通过环路电势求得该循环功率，这时需要在基本级的电网上设置断口。循环功率的方向与环路电势的作用方向一致，在断口处，循环功率由高电位流向低电位。

环形网络中的经济功率分布按线段的电阻分布，这时环网中的有功功率损耗达到最小。为调控环网的功率分布，可以采取串联电容、串联加压器等技术措施，在含变压器的环网中可以调节变压器分接头。

网损率是一个重要的经济性能指标，为此，需进行电网的电能损耗计算。在近似估算电能损耗时，可以采用最大负荷损耗时间法和均方根电流法。

习 题 及 思 考 题

Exercise and Questions

3-1　电力系统潮流计算的含义是什么？其作用有哪些？

3-2　在复功率表达式 $P + jQ$ 中，Q 本身取正值与负值之间的区别是什么？$R + jX$（或 $G + jB$）中，X（或 B）本身取正值与负值之间的区别是什么？

3-3　电力线路电压损耗的含义是什么？线路末端电压偏移的含义是什么？

3-4　什么是功率分点？如何确定两端供电网中循环功率的方向？

3-5　改变环网功率分布的措施有哪些？

3-6   什么是电网的网损率？

3-7   最大负荷损耗时间的含义是什么？如何利用它计算电网的电能损耗？

3-8   单回 220kV 架空线路长 200km，线路每千米参数为 $r_1 = 0.108\Omega/km$，$x_1 = 0.426\Omega/km$，$b_1 = 2.66 \times 10^{-6}S/km$，线路空载运行，始端电压为 218kV，试求末端电压。

3-9   有一条 110kV 线路，线路每千米参数为 $r_1 = 0.12\Omega/km$，$x_1 = 0.4\Omega/km$，末端 B 负荷为 20 + j10MVA。

（1）当末端 B 的电压保持在 110kV 时，始端 A 的电压应是多少？并绘出相量图。

（2）如果输电线路末端负荷增加 5MW 有功功率，则始端 A 点电压如何变化？

（3）如果输电线路末端负荷增加 5Mvar 无功功率，则始端 A 点电压又如何变化？

3-10   对于如题图 3-10 所示的电网，已知线路的长度为 100km，每回导线参数为：$r_1 = 0.21\Omega/km$，$x_1 = 0.415\Omega/km$，$b_1 = 2.74 \times 10^{-6}S/km$；每台变压器归算到 110kV 侧的参数为：$R_T = 4.08\Omega$，$X_T = 63.52\Omega$，$G_T = 1.82 \times 10^{-6}S$，$B_T = 13.2 \times 10^{-6}S$，变压器低压侧负荷为 30 + j20MVA，始端电压为 $U_1 = 116kV$，试计算变压器低压侧母线的电压偏移。

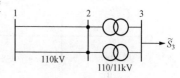

题图 3-10   电网接线图

3-11   辐射型电网各段阻抗及各节点功率如题图 3-11 所示，线路额定电压为 110kV。已知电源 1 的电压为 118kV，试求电网功率分布和各节点电压（注：考虑功率损耗，可以不计电压降落的横分量）。

3-12   在题图 3-12 所示电网中，已知线路 L_1 长度为 100km，单位长度线路的参数为：$r_1 = 0.131\Omega/km$，$x_1 = 0.432\Omega/km$，$b_1 = 2.63 \times 10^{-6}S/km$；线路 L_2 长度为 25km，单位长度线路的参数为：$r_1 = 0.15\Omega/km$，$x_1 = 0.376\Omega/km$；变压器 T 变比 220/38.5kV，120MVA，空载损耗 $P_0 = 98kW$，短路损耗 $P_k = 932kW$，短路电压 $U_k\% = 14$，空载电流 $I_0\% = 1.2$；负荷 $\tilde{S}_1 = 70 + j35MVA$，$\tilde{S}_2 = 7 + j3MVA$。如要求母线 C 的电压不低于 35kV，试计算电网潮流分布。

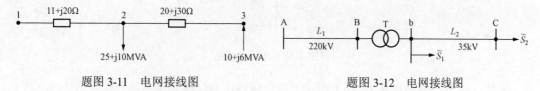

题图 3-11   电网接线图   题图 3-12   电网接线图

3-13   某电网的负荷如题图 3-13 所示。已知 $Z_{12} = 3 + j2\Omega$，$Z_{23} = 1.2 + j0.8\Omega$，$Z_{31} = 1.8 + j1.2\Omega$，$Z_{A1} = 2 + j3\Omega$，$Z_{3B} = 4 + j2\Omega$，$U_A = 10.8kV$，试计算电网的潮流分布。

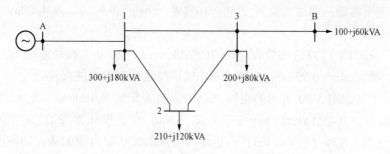

题图 3-13   电网接线图

3-14 在题图 3-14 所示的两端供电网络中，已知 $\dot{U}_1 = 112\angle 0°\text{kV}$，$\dot{U}_4 = 116\angle 0.38°\text{kV}$，$\tilde{S}_2 = 23.2 + \text{j}15.87\text{MVA}$，$\tilde{S}_3 = 14.14 + \text{j}11.76\text{MVA}$，$Z_{12} = 8.1 + \text{j}12.69\Omega$，$Z_{23} = 9.9 + \text{j}12.87\Omega$，$Z_{34} = 13.2 + \text{j}17.16\Omega$，试计算两端供电网络潮流分布。

3-15 两台变压器并联运行，如题图 3-15 所示，已知每台变压器额定电压均为 110/1kV，短路电压百分值均为 $U_k\% = 10$，不计其电阻和励磁导纳；变压器 T_1 容量为 40MVA，高压绕组在主抽头运行；变压器 T_2 容量为 10MVA，高压绕组在−5%分接头上运行；低压母线实际电压为 $U_2 = 10\text{kV}$，负荷功率为 $\tilde{S}_2 = 21 + \text{j}11\text{MVA}$。试求变压器的功率分布和高压侧电压。

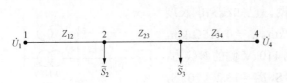

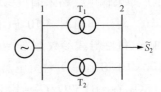

题图 3-14 两端供电网络接线图　　题图 3-15 两台变压器并联运行

3-16 如题图 3-16 所示电网，已知 $U_s = 225\text{kV}$，各参数已归算到 220kV 侧，$Z_1 = 4 + \text{j}40\Omega$，$Z_2 = 6 + \text{j}50\Omega$，$Z_3 = 3.9 + \text{j}75\Omega$，$Z_4 = 3.8 + \text{j}80\Omega$，$Z_{T1} = 2 + \text{j}120\Omega$，$Z_{T2} = 1 + \text{j}25\Omega$，$\tilde{S}_a = 50 + \text{j}30\text{MVA}$，$\tilde{S}_b = 150 + \text{j}100\text{MVA}$，$\tilde{S}_x = 30 + \text{j}10\text{MVA}$，变比为：$K_{T1} = 231/110\text{kV}$，$K_{T2} = 209/110\text{kV}$。试计算该电网潮流分布。

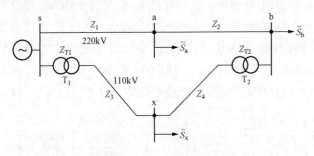

题图 3-16 环网接线图

3-17 简单环网如图 3-19（a）所示，为使环网达到经济功率分布，需在线路 1-2 段安装串联加压器，试求其附加电势。

3-18 两台同型号的变压器并列运行，每台变压器参数为：$S_N = 7.5\text{MVA}$，$P_0 = 26\text{kW}$，$P_k = 75\text{kW}$。变压器低压侧最大负荷 $P_{max} = 10\text{MW}$，$\cos\varphi = 0.9$，$T_{max} = 4500\text{h}$。试求变压器全年的电能损耗。

3-19 一条 35kV 线路的参数为：$r_1 = 0.26\Omega/\text{km}$，$L = 20\text{km}$。线路末端最大负荷 $P_{max} = 6\text{MW}$，功率因数 $\cos\varphi = 0.95$，$T_{max} = 5000\text{h}$。试求线路全年的电能损耗。

3-20 对于如题图 3-20 所示的电网，已知线路的长度为 100km，每回导线参数为：$r_1 = 0.21\Omega/\text{km}$，$x_1 = 0.415\Omega/\text{km}$，$b_1 = 2.74 \times 10^{-6}\text{S/km}$；每台变压器参数为：$P_0 = 38.5\text{kW}$，$P_k = 148\text{kW}$，$I_0\% = 0.8$，$U_k\% = 10.5$；变压器低压侧最大负荷为 40MW，功率因数为 0.9，$T_{max} = 4500\text{h}$。试计算变压器及线路全年的电能损耗。

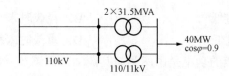

题图 3-20　电网接线图

3-21　已知某元件的电阻为 8Ω，代表日测得的电流数据如题表 3-21 所示，代表日通过的电量为 A_d＝5189kWh，该月 31 天的供电量 A_m＝153620kWh。不计温度影响，试求该元件全月的电能损耗。

题表 3-21　　　　　　　　　　代 表 日 实 测 数 据

时刻 i	I_i/A	时刻 i	I_i/A	时刻 i	I_i/A	时刻 i	I_i/A
1	6.5	7	19	13	16	19	16.5
2	6	8	13	14	12.5	20	23
3	6	9	15	15	12.5	21	17
4	6	10	21	16	20	22	15
5	5	11	17	17	18.5	23	9
6	16	12	22	18	19.5	24	6.5

3-22　电力系统潮流计算是指（　　　）的计算。

A．支路电流
B．节点电压和支路功率分布
C．节点电压
D．电网电能损耗

3-23　一回 110kV 线路，其始、末端电压分别为 116∠2.0° 和 109∠0.0° kV，则该线路电压损耗为（　　　）%。

A．6.03　　　　　　B．6.36　　　　　　C．6.42　　　　　　D．7

3-24　一回 110kV 线路，其始、末端电压分别为 116 和 109kV，则始端电压偏移为（　　　）%。

A．5.45　　　　　　B．6.36　　　　　　C．6　　　　　　D．7

3-25　线路末端电压（　　　）始端电压。

A．高于
B．大于等于
C．低于
D．以上都有可能

3-26　高压电网中无功功率（　　　）。

A．从电压高的节点流向电压低的节点

B．从电压低的节点流向电压高的节点

C．从相位超前的节点流向相位滞后的节点

D．从相位滞后的节点流向相位超前的节点

3-27　求线路电压降落的公式中，（　　　）。

A．功率为单相功率，电压为线电压　　　　B．功率为三相功率，电压为线电压

C．功率为三相功率，电压为相电压　　　　D．功率为单相功率，电压为线电压

3-28　一条 500kV 输电线路，两端装设并联电抗器的目的是防止输电线路（　　　）。

A. 轻载时末端电压过低   B. 轻载时末端电压过高

C. 重载时末端电压过低   D. 重载时末端电压过高

3-29 环网中某个节点的功率是由两侧向其流动，则该节点称为（　　）。

A. 电抗分点   B. 功率分点   C. 电流分点   D. 电压分点

3-30 调整控制潮流的措施不包括（　　）

A. 串联加压器   B. 串联电阻   C. 串联电抗   D. 串联电容

3-31 如果线路以 S_{max} 运行，经过 τ_{max} 小时后，线路中消耗的电能恰好等于线路全年实际消耗的电能，那么 τ_{max} 便称为（　　）。

A. 最大负荷损耗时间   B. 最大负荷利用小时数

C. 线路年运行小时数   D. 变压器年运行小时数

第4章

潮流的计算机算法

Computer Methods of Load Flow Solution

在上一章中介绍了简单电力系统的潮流计算方法。但是，随着电力系统的不断扩大、电网结构的日益复杂，已经不能再用这种简单的方法来计算复杂电力系统的潮流分布。目前电子计算机技术已经得到迅速发展和普及，计算机已成为分析计算复杂电力系统各种运行情况的主要工具，已经广泛应用于电力系统的潮流计算。在本章中将介绍几种潮流计算迭代算法，主要阐述其数学模型和解算方法。

由于应用计算机计算潮流时大都采用标幺制，因此，如无特殊说明，本章中的所有量值均指其标幺值。

4.1 节点电压方程和节点导纳矩阵
Nodal Voltage Equation and Nodal Admittance Matrix

4.1.1 用节点导纳矩阵表示的电网方程式

反映系统中电流与电压之间相互关系的数学方程称为电网方程。《电路》中的节点电压方程或回路电流方程等都符合电网方程的要求。在实际电网的等值电路中，一般接地支路较多，采用节点电压方程时方程式的数目比用回路电流方程时的少；同时，对于一个复杂电网，建立节点电压方程比较容易，而且在电网结构发生变化时可以比较方便地对方程式进行修改。因此，在电力系统潮流计算中大都采用节点电压方程。

这里在作电网的等值电路时，对于每一个元件（包括线路和变压器）的Π型等值电路，均用等值导纳表示，并将等值电路进行化简，把接在同一节点上的接地导纳进行并联，并联接地导纳的下标加 0 来用以区分串联支路导纳，简化后的等值电路如图 4-1 所示，其中节点 1、2 有节点注入电流。

注意，这里将元件等值电路中的导纳用小写字母 y 而不用大写字母 Y 表示，其原因是避免与

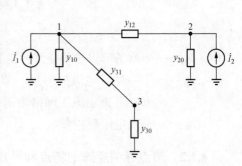

图 4-1 电力系统的简化等值电路

后面的节点导纳矩阵中的元素相混淆。

取大地为参考节点，由图 4-1 可以列出电网的节点电压方程，用它们来描述各节点注入电流与节点电压 $\dot{U}_1$、$\dot{U}_2$、$\dot{U}_3$ 之间的关系，即

$$\left.\begin{aligned}
\dot{I}_1 &= y_{10}\dot{U}_1 + y_{12}(\dot{U}_1 - \dot{U}_2) + y_{31}(\dot{U}_1 - \dot{U}_3) \\
\dot{I}_2 &= y_{20}\dot{U}_2 + y_{12}(\dot{U}_2 - \dot{U}_1) \\
0 &= y_{30}\dot{U}_3 + y_{31}(\dot{U}_3 - \dot{U}_1)
\end{aligned}\right\}$$

经整理这些关系式，可以写成下列矩阵形式

$$\begin{bmatrix} \dot{I}_1 \\ \dot{I}_2 \\ 0 \end{bmatrix} = \begin{bmatrix} y_{10}+y_{12}+y_{31} & -y_{12} & -y_{31} \\ -y_{12} & y_{20}+y_{12} & 0 \\ -y_{31} & 0 & y_{30}+y_{31} \end{bmatrix} \begin{bmatrix} \dot{U}_1 \\ \dot{U}_2 \\ \dot{U}_3 \end{bmatrix}$$

令 $Y_{11}=y_{10}+y_{12}+y_{31}$，$Y_{22}=y_{20}+y_{12}$，$Y_{33}=y_{30}+y_{31}$，$Y_{12}=Y_{21}=-y_{12}$，$Y_{23}=Y_{32}=0$，$Y_{13}=Y_{31}=-y_{31}$，则上式可以改写为

$$\begin{bmatrix} \dot{I}_1 \\ \dot{I}_2 \\ 0 \end{bmatrix} = \begin{bmatrix} Y_{11} & Y_{12} & Y_{13} \\ Y_{21} & Y_{22} & Y_{23} \\ Y_{31} & Y_{32} & Y_{33} \end{bmatrix} \begin{bmatrix} \dot{U}_1 \\ \dot{U}_2 \\ \dot{U}_3 \end{bmatrix}$$

这就是图 4-1 所示系统用节点导纳矩阵形式表示的网络方程。

由上述简单系统得出的结果，不难推广到任意的复杂系统。设系统中有 n 个节点，n 不包括参考节点，用节点导纳矩阵表示的电压、电流方程为

$$\begin{bmatrix} \dot{I}_1 \\ \dot{I}_2 \\ \vdots \\ \dot{I}_n \end{bmatrix} = \begin{bmatrix} Y_{11} & Y_{12} & \cdots & Y_{1n} \\ Y_{21} & Y_{22} & \cdots & Y_{2n} \\ \vdots & \vdots & & \vdots \\ Y_{n1} & Y_{n2} & \cdots & Y_{nn} \end{bmatrix} \begin{bmatrix} \dot{U}_1 \\ \dot{U}_2 \\ \vdots \\ \dot{U}_n \end{bmatrix} \tag{4-1}$$

式中　Y_{ii}——节点导纳矩阵的对角元，称为节点 i 的自导纳，它等于与该节点 i 直接连接的所有支路导纳的总和；

Y_{ij}——节点导纳矩阵的非对角元（$i \neq j$），称为互导纳，它等于连接节点 i、j 支路导纳的负数，且 $Y_{ij}=Y_{ji}$；当节点 i、j 间没有支路直接联系时，$Y_{ij}=Y_{ji}=0$。

式（4-1）可以简写为式（4-2）或式（4-3）。

$$\dot{I}_i = \sum_{j=1}^{n} Y_{ij}\dot{U}_j, \ i=1, 2, \cdots, n \tag{4-2}$$

$$\boldsymbol{I}_{\mathrm{B}} = \boldsymbol{Y}_{\mathrm{B}}\boldsymbol{U}_{\mathrm{B}} \tag{4-3}$$

式中　$\boldsymbol{Y}_{\mathrm{B}}$——电网的节点导纳矩阵，简称为导纳矩阵；

$\boldsymbol{I}_{\mathrm{B}}$——节点注入电流列向量，节点注入电流为各节点电源电流与负荷电流的代数和，并规定流入网络为正；

$\boldsymbol{U}_{\mathrm{B}}$——节点电压列向量。

4.1.2　节点导纳矩阵的特点和形成

由式（4-1）可以看出，当在节点 i 上施加电压不为零的电压 $\dot{U}_i$，而其他节点的电压均

等于零 $\dot{U}_j = 0$（$j = 1$，2，$\cdots$，n，$j \neq i$），这时，可以得到

$$Y_{ii} = \left.\frac{\dot{I}_i}{\dot{U}_i}\right|_{\dot{U}_j = 0, \quad j = 1,2,\cdots,n, \quad j \neq i} \tag{4-4a}$$

$$Y_{ji} = \left.\frac{\dot{I}_j}{\dot{U}_i}\right|_{\dot{U}_j = 0, \quad j = 1,2,\cdots,n, \quad j \neq i} \tag{4-4b}$$

由式（4-4a）可知，节点 i 的自导纳实际上是当其他节点的电压都等于零（相当于将节点直接接地）时，节点 i 的注入电流与其电压之比；由式（4-4b）可知，节点 i 与节点 j 之间的互导纳为当节点 i 施加单位电压而其他节点电压都为零时，节点 j 的注入电流，在这种情况下，节点 j 的电流实际上是自网络流出并进入地中的电流。可见，节点导纳矩阵 $\boldsymbol{Y}_\mathbf{B}$ 的组成和特点有：

（1）$\boldsymbol{Y}_\mathbf{B}$ 为 n 阶复数方阵，其对角线元素 Y_{ii} 等于与该节点 i 直接连接的所有支路导纳的总和。由于存在接地支路，所以导纳矩阵通常为非奇异矩阵。

（2）$\boldsymbol{Y}_\mathbf{B}$ 中的非对角线元素 Y_{ij} 等于节点 i 和 j 之间串联支路导纳的负值。当节点 i 和 j 之间不存在直接相连接的支路（线路或变压器）时，$Y_{ij} = 0$。在实际电力系统中，每一个母线平均只与 $3 \sim 5$ 个相邻母线相连接，因此，$\boldsymbol{Y}_\mathbf{B}$ 中大量的非对角元素为 0，$\boldsymbol{Y}_\mathbf{B}$ 是一高度稀疏的矩阵。

（3）$\boldsymbol{Y}_\mathbf{B}$ 为对称矩阵，$Y_{ij} = Y_{ji}$。在应用计算机编制程序进行计算时，为节省内存，通常只存储上三角（或下三角）部分的元素，而由于它是稀疏矩阵，因此，甚至可以只存储其中的非零元素。

【例 4-1】　在图 4-2（a）所示电力系统中，线路均采用同型号导线，其单位长度的电阻、电抗和电纳分别为：$r_1 = 0.21\Omega/\text{km}$、$x_1 = 0.4\Omega/\text{km}$ 和 $b_1 = 2.85 \times 10^{-6}\text{S/km}$，长度分别为 $L_{23} = 75\text{km}$、$L_{24} = 100\text{km}$ 和 $L_{34} = 150\text{km}$；变压器额定容量为 20MVA，额定电压为 110/11kV，短路电压百分值 $U_k\% = 10.5$，在 2.5% 分接头上运行；母线 1 连接有并联电容器组，其额定容量为 6Mvar。取 $S_\mathrm{B} = 100\text{MVA}$，电压基准值为线路额定电压，试求电网各元件的参数标幺值，并形成电网的节点导纳矩阵。

解　线路 2-3 的阻抗和导纳标幺值为

$$z_{23} = (0.21 + \mathrm{j}0.4) \times 75 \times (100/110^2) = 0.1302 + \mathrm{j}0.2479$$

$$y_{23} = 1/(0.1302 + \mathrm{j}0.2479) = 1.66 - \mathrm{j}3.1619$$

$$y_{230} = y_{320} = \mathrm{j}2.85 \times 10^{-6} \times 75/2 \times (110^2/100) = \mathrm{j}0.0129$$

同理，其他线路参数的标幺值为

$$y_{24} = 1.245 - \mathrm{j}2.3714, \quad y_{240} = y_{420} = \mathrm{j}0.0172$$

$$y_{34} = 0.83 - \mathrm{j}1.5809, \quad y_{340} = y_{430} = \mathrm{j}0.0259$$

变压器参数的标幺值为

$$z_{12} = \mathrm{j}\frac{10.5 \times 11^2}{100 \times 20} \times \frac{100}{10^2} = \mathrm{j}0.6353$$

$$k = \frac{110 \times (1 + 0.025) \times 10}{11 \times 110} = 0.9318$$

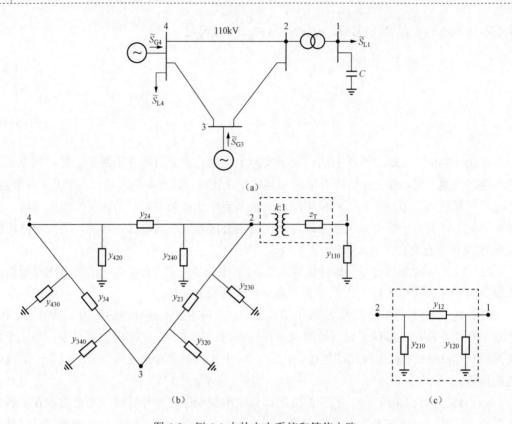

图 4-2　例 4-1 中的电力系统和等值电路

（a）电力系统接线图；（b）电网等值电路；（c）变压器Ⅱ型等值电路

$$y_T = \frac{1}{j0.6353} = -j1.5742$$

$$y_{12} = \frac{-j1.5742}{0.9318} = -j1.6894$$

$$y_{210} = \frac{1-0.9318}{0.9318^2}(-j1.5742) = -j0.1236$$

$$y_{120} = \frac{0.9318-1}{0.9318}(-j1.5742) = j0.1152$$

电容器导纳的标幺值为

$$y_{110} = j\frac{6}{100} = j0.06$$

接入理想变压器的电网等值电路如图 4-2（b）所示，变压器Ⅱ型等值电路如图 4-2（c）所示。

节点导纳矩阵的自导纳元素为

$Y_{11} = y_{110} + y_{120} + y_{12} = j0.06 + j0.1152 - j1.6894 = -j1.5142$

$Y_{22} = y_{210} + y_{230} + y_{240} + y_{12} + y_{23} + y_{24}$

$\quad = -j0.2277 + j0.0129 + j0.0172 - j1.6894 + 1.66 - j3.1619 + 1.245 - j2.3714$

$\quad = 2.905 - j7.3162$

$Y_{33} = y_{320} + y_{340} + y_{23} + y_{34} = j0.0129 + j0.0259 + 1.66 - j3.1619 + 0.83 - j1.5809 = 2.49 - j4.704$

$Y_{44} = y_{420} + y_{430} + y_{24} + y_{34} = j0.0172 + j0.0259 + 1.245 - j2.3714 + 0.83 - j1.5809 = 2.075 - j3.9092$

互导纳元素为

$$Y_{12} = Y_{21} = -y_{12} = j1.6894, \quad Y_{13} = Y_{31} = 0, \quad Y_{14} = Y_{41} = 0$$

$$Y_{23} = Y_{32} = -y_{23} = -1.66 + j3.1619, \quad Y_{24} = Y_{42} = -y_{24} = -1.245 + j2.3714$$

$$Y_{34} = Y_{43} = -y_{34} = -0.83 + j1.5809$$

节点导纳矩阵为

$$Y_{B} = \begin{bmatrix} -j1.5142 & j1.6894 & 0 & 0 \\ j1.6894 & 2.905 - j7.3162 & -1.66 + j3.1619 & -1.245 + j2.3714 \\ 0 & -1.66 + j3.1619 & 2.49 - j4.704 & -0.83 + j1.5809 \\ 0 & -1.245 + j2.3714 & -0.83 + j1.5809 & 2.075 - j3.9092 \end{bmatrix}$$

4.1.3　节点导纳矩阵的修改

在电力系统分析中,通常要计算不同接线方式下的运行状态。当电网接线方式改变时,节点导纳矩阵也要作相应的修改。在投入、退出一条支路或改变支路的参数的情况下,只影响该支路两端节点的自导纳以及它们之间的互导纳,因此,可以仅对原有节点导纳矩阵作一些修改。假定在接线改变前导纳矩阵元素为 Y_{ij},接线改变以后应修改为 $Y'_{ij} = Y_{ij} + \Delta Y_{ij}$。下面就几种典型的接线变化,说明修改增量 ΔY_{ij} 的计算方法。

(1)从电网的原有节点 i 引出一条导纳为 y_{ik} 的支路,同时增加一个新节点 k。

由于新增加一个节点,所以导纳矩阵将增加一行、一列。新增的对角线元素 $Y_{kk} = y_{ik}$,新增的非对角线元素中,只有 $Y_{ik} = Y_{ki} = -y_{ik}$,其余的元素都为零。导纳矩阵的原有部分,只有节点 i 的自导纳应增加 $\Delta Y_{ik} = y_{ik}$。

(2)在电网的原有节点 i、j 之间增加一条导纳为 y_{ij} 的支路。

由于只增加支路不增加节点,故导纳矩阵的阶数不变,但与节点 i、j 有关的元素应分别增添以下的修改增量

$$\Delta Y_{ii} = \Delta Y_{jj} = y_{ij}, \quad Y_{ij} = Y_{ji} = -y_{ij}$$

导纳矩阵其余的元素不必修改。

(3)在电网的原有节点 i、j 之间切除一条导纳为 y_{ij} 的支路。

这种情况可以当作是在节点 i、j 之间增加一条导纳为 $-y_{ij}$ 的支路来处理,因此,导纳矩阵中有关元素的修正增量为

$$\Delta Y_{ii} = \Delta Y_{jj} = -y_{ij}, \quad \Delta Y_{ij} = \Delta Y_{ji} = y_{ij}$$

(4)电网原有节点 i、j 之间的导纳由 y_{ij} 改变为 y_{ij_new}。

这种情况相当于在节点 i、j 之间退出一条导纳为 y_{ij} 的支路并增加一条导纳为 y_{ij_new} 的支路,于是,导纳矩阵中有关元素的修正增量为

$$\Delta Y_{ii} = \Delta Y_{jj} = y_{ij\_new} - y_{ij}, \quad \Delta Y_{ij} = \Delta Y_{ji} = y_{ij} - y_{ij\_new}$$

其他的接线方式变更情况,可以仿照上述方法进行处理,或者直接根据节点导纳矩阵元素的物理意义,导出相应的修改公式。

4.2 节点功率方程和节点分类

Nodal Power Equations and Node Types

在实际中进行电力系统潮流计算时，往往已知的运行条件是负荷和发电机的功率，而不是节点的注入电流，这些功率一般不随节点电压的变化而变化。例如，发电机发出的功率由其原动机输入功率所决定，不受发电机端电压影响；如果不考虑负荷的电压特性，用电设备吸收的功率也与端电压无关。在节点功率不变的情况下，节点电压的变化将导致节点注入电流的变化。因此，在节点电压未知的情况下，节点的注入电流也是未知的。这样就不能直接用上节的网络方程来进行潮流计算，而必须在网络方程的基础上，用已知的节点功率来代替未知的节点注入电流，构建潮流计算的节点功率方程，在已知节点导纳矩阵的情况下，才能求出节点电压，并进而求出整个电网的潮流分布。

4.2.1 潮流计算的节点功率方程

在电力系统潮流计算中，规定由外部向电网注入的功率为节点功率的正方向。按照这一规定，发电机发出的功率为正，负荷吸收的功率为负，而注入节点的净功率为发电机功率与负荷功率的代数和。这样，在如图 4-2（a）所示电力系统中，母线 1 只接有负荷，负荷从系统中吸收的功率为 $\tilde{S}_{L1}$；母线 2 既无发电机又无负荷；母线 3 处只接有发电机，发出的功率为 $\tilde{S}_{G3}$；母线 4 接有发电机和负荷，发电机产生的功率为 $\tilde{S}_{G4}$，负荷吸收的功率为 $\tilde{S}_{L4}$。于是，各节点对应的注入功率分别为 $\tilde{S}_1 = -\tilde{S}_{L1}$、$\tilde{S}_2 = 0$、$\tilde{S}_3 = \tilde{S}_{G3}$ 和 $\tilde{S}_4 = \tilde{S}_{G4} - \tilde{S}_{L4}$。在潮流计算中，母线又称为节点，所以此处的母线 1 又称为负荷节点，母线 2 称为联络节点，母线 3、4 均称为发电机节点。

对于具有 n 个节点的电力系统，节点 i 的节点注入功率与注入电流及节点电压之间的关系为

$$\tilde{S}_i = P_i + jQ_i = \dot{U}_i \overset{*}{I}_i, \; i = 1, \; 2, \; \cdots, \; n$$

于是，由上式和式（4-2）可以得到每一节点的注入功率方程式

$$P_i + jQ_i = \dot{U}_i \sum_{j=1}^{n} \overset{*}{Y}_{ij} \overset{*}{U}_j, \; i = 1, \; 2, \; \cdots, \; n \tag{4-5}$$

将导纳矩阵中的元素用相应的电导和电纳表示为 $Y_{ij} = G_{ij} + jB_{ij}$，则式（4-5）变为

$$P_i + jQ_i = \dot{U}_i \sum_{j=1}^{n} (G_{ij} - jB_{ij}) \overset{*}{U}_j, \; i = 1, \; 2, \; \cdots, \; n \tag{4-6}$$

式（4-6）就是当潮流计算的节点功率平衡方程式，简称功率方程。

（1）电压用极坐标形式表示的节点功率方程。如果将节点电压相量表示为极坐标的形式，即 $\dot{U}_i = U_i \angle \delta_i = U_i(\cos\delta_i + j\sin\delta_i)$，并设 $\delta_{ij} = \delta_i - \delta_j$ 为节点 i 和节点 j 电压的相位差，则式（4-6）可以改写为

$$P_i + jQ_i = U_i \sum_{j=1}^{n} (G_{ij} - jB_{ij}) U_j (\cos\delta_{ij} + j\sin\delta_{ij}), \; i = 1, \; 2, \; \cdots, \; n$$

将实、虚部分开，可得

$$P_i = U_i \sum_{j=1}^{n} U_j (G_{ij} \cos \delta_{ij} + B_{ij} \sin \delta_{ij})，\quad i = 1，2，\cdots，n \tag{4-7a}$$

$$Q_i = U_i \sum_{j=1}^{n} U_j (G_{ij} \sin \delta_{ij} - B_{ij} \cos \delta_{ij})，\quad i = 1，2，\cdots，n \tag{4-7b}$$

由式（4-7）可见，节点注入功率与节点电压相量之间呈非线性关系。为求得各个节点的电压幅值和相位，需要联立求解这组非线性代数方程。应该注意到，节点注入功率与节点电压之间的相位差有关，而与节点电压的绝对相位没有直接关系，即电力系统的功率分布只与节点电压之间的相位差有关。这在电力系统分析中是一个非常重要的概念。

（2）电压用直角坐标形式表示的节点功率方程。如果将节点电压相量用实部和虚部表示为 $\dot{U}_i = e_i + \mathrm{j}f_i$，则式（4-6）可以改写为

$$P_i + \mathrm{j}Q_i = (e_i + \mathrm{j}f_i) \sum_{j=1}^{n} (G_{ij} - \mathrm{j}B_{ij})(e_j - \mathrm{j}f_j)，\quad i = 1，2，\cdots，n$$

经整理后，将实、虚部分开，可以得出直角坐标形式下的节点功率方程，如式（4-8）所示。

$$P_i = \sum_{j=1}^{n} [e_i(G_{ij}e_j - B_{ij}f_j) + f_i(G_{ij}f_j + B_{ij}e_j)]，\quad i = 1，2，\cdots，n \tag{4-8a}$$

$$Q_i = \sum_{j=1}^{n} [f_i(G_{ij}e_j - B_{ij}f_j) - e_i(G_{ij}f_j + B_{ij}e_j)]，\quad i = 1，2，\cdots，n \tag{4-8b}$$

在此情况下，功率方程为各节点电压实部和虚部的二次方程组。

极坐标形式的功率方程和直角坐标形式的功率方程，函数形式不同，有各自应用场合。

4.2.2　潮流计算中的节点分类

对于具有 n 个节点的电力系统来说，功率方程包含 $2n$ 个实数方程，但每 1 个节点具有注入有功功率 P_i、注入无功功率 Q_i、节点电压幅值 U_i 以及相位 δ_i（或电压的实部 e_i 和虚部 f_i）4 个变量，n 个节点的电网有 $4n$ 个变量。因此，为了使潮流计算有确定解，必须约定其中 $2n$ 个变量。

从表面上来看，似乎可以在 $4n$ 个变量中任意给定 $2n$ 个变量的取值，然后便可以从 $2n$ 个方程中解出其余的 $2n$ 个变量。然而，在电力系统潮流计算中，如果随意给定 $2n$ 个变量，则计算结果可能毫无实际意义，而且也不符合电力系统的实际要求。对于工程实际的电力系统潮流计算而言，必须根据其目的和要求来决定哪些变量应该是给定的。根据给定节点变量的不同，可以有以下三种类型的节点：

（1）PQ 节点。PQ 节点的注入有功和无功功率是给定的，待求量是节点电压幅值和相位。这种节点对应于实际电力系统中的一个负荷节点、联络节点，或有功和无功功率给定的发电机节点。

（2）PV 节点。PV 节点的注入有功功率为给定值，电压也保持在给定数值（所以这种节点又称为电压控制节点），待求量是节点注入无功功率和电压相位。这种类型节点通常

为发电机节点，其注入的有功功率（即发电机发出的有功功率）由发电机组的调速器设定，而电压大小则由装在发电机上的励磁调节器控制。有时将一些装有无功功率补偿设备的变电站母线也处理为这种节点，其电压由可调节无功功率的控制器设定。

（3）平衡节点。在潮流计算中，必须设置一个平衡节点，这种节点用来平衡全电网的功率。实际上，所有的 PQ 节点和 PV 节点的注入有功功率都已经给定，而电网的总有功功率损耗在潮流计算前是未知的，所以无法确定电网中各台发电机所发功率的总和，必须选一容量足够大的发电机担任平衡全电网功率的职责，该发电机节点称作平衡节点。平衡节点的电压幅值和相位是给定的，通常以它的相位为参考量，即取其电压相位为零，即系统其他各节点的电压相位都以它为参考。一个独立的电力系统中一般只设一个平衡节点。

由于平衡节点的电压已经给定，所以在上述的节点功率方程中，平衡节点的方程不必参与求解。

一般选择主调频发电厂为平衡节点比较合理，但在实际工程中，也可以其他原则选择潮流计算的平衡节点。例如，为了提高潮流计算程序的收敛性，可以选择出线最多的发电厂母线作为平衡节点。

此外，以上所介绍的节点分类只是一般的原则，而不是一成不变的规则。

4.2.3 潮流计算中的约束条件

通过对上述的节点功率方程求解，可以得到潮流计算结果，但该结果仅代表了潮流方程在数学上的一组解，并不一定反映实际电力系统的合理运行状态。为此，对电力系统正常运行潮流问题中的某些变量应制定相应的约束条件。常用的约束条件包括：

（1）所有节点电压必须满足式（4-9），即

$$U_{imin} \leqslant U_i \leqslant U_{imax}, \ i = 1, \ 2, \ \cdots, \ n \tag{4-9}$$

为保证电力系统的电能质量，电力系统所有节点的电压幅值必须运行在额定电压附近，不得越出一定的范围。PV 节点的电压幅值必然按上述条件给定，因此，这一约束条件主要是对 PQ 节点提出的。

（2）所有电源节点的有功功率和无功功率（包括无功功率补偿设备所发出的无功功率）必须满足式（4-10），即

$$P_{Gimin} \leqslant P_{Gi} \leqslant P_{Gimax} \tag{4-10a}$$

$$Q_{Gimin} \leqslant Q_{Gi} \leqslant Q_{Gimax} \tag{4-10b}$$

在给定 PQ 节点和 PV 节点的有功功率以及 PQ 节点的无功功率时，就必须满足上述约束条件。因此，对平衡节点的功率和 PV 节点的无功功率应按上述条件进行校核。

（3）某些节点之间电压的相位差应满足式（4-11），即

$$|\delta_i - \delta_j| < |\delta_i - \delta_j|_{max} \tag{4-11}$$

该条件是指某些输电线路两端电压的相位差不超过一定的数值，这是保证电力系统运行稳定性所要求的。

电力系统潮流计算还包括其他的运行约束条件，如变压器分接头调节的不等式约束和控制约束等。

因此，潮流计算可以归结为求解一组非线性方程组，并使其解满足一定的约束条件。如果不能满足，则应改变某些变量的给定值，甚至修改电网的接线方式，重新进行计算。

应该指出，为满足上述约束条件，PV 节点、PQ 节点和平衡节点的划分并不是绝对不变的。例如，PV 节点之所以能控制其节点电压为某一设定值，主要原因在于它具有可调节的无功功率出力。但它的无功功率出力调节是有上限和下限限制的，即 $Q_{Gimin} \leqslant Q_{Gi} \leqslant Q_{Gimax}$。如果无功功率出力越限，即 $Q_{Gi} > Q_{Gimax}$ 或 $Q_{Gi} < Q_{Gimin}$，这时，无功功率只能保持在其上限或下限值（取 $Q_{Gi} = Q_{Gimax}$ 或 $Q_{Gi} = Q_{Gimin}$），就不能再使节点电压保持在设定值，所以也就意味着 PV 节点转化成了 PQ 节点。

4.3　高斯－赛德尔法潮流计算

Load Flow Solution by Gauss-Seidel Algorithm

从前面的介绍可以看出，电力系统的潮流计算需要求解一组非线性代数方程。求解非线性代数方程一般采用迭代方法，而应用计算机进行迭代计算可以得到非常精确的结果。高斯－赛德尔迭代法是一种简单可行的求解方法。

4.3.1　高斯－赛德尔迭代法简介

设有非线性方程组

$$f_i(x_1, x_2, \cdots, x_n) = 0 , \quad i = 1, 2, \cdots, n \tag{4-12}$$

迭代法的基本思路是从给定的初值 $x_1^{(0)}$、$x_2^{(0)}$、$\cdots$、$x_n^{(0)}$ 出发，根据某个适当选定的计算公式求出非线性方程组的一组新近似解 $x_1^{(1)}$、$x_2^{(1)}$、$\cdots$、$x_n^{(1)}$；然后，以这组新近似解为初值，求出另一组近似解 $x_1^{(2)}$、$x_2^{(2)}$、$\cdots$、$x_n^{(2)}$；如此继续下去，如果这些近似解序列收敛，那么它的极限就是原方程组的解。

式（4-12）可改写为

$$x_i = g_i(x_1, x_2, \cdots, x_n), \quad i = 1, 2, \cdots, n$$

于是，高斯－赛德尔迭代法的迭代格式将为

$$x_i^{(k+1)} = g_i(x_1^{(k+1)}, x_2^{(k+1)}, \cdots, x_{i-1}^{(k+1)}, x_i^{(k)}, x_{i+1}^{(k)}, \cdots, x_n^{(k)}), \quad i = 1, 2, \cdots, n$$

式中　k——迭代次数，取值为 0，1，2，3，$\cdots$。

反复进行这一过程，直至得到足够准确的解为止，这种结局称为迭代收敛；或者 $x_{i+1}^{(k+1)}$ 永远得不出所需要的精度，甚至迭代过程中得到的近似解离准确解越来越远，这种情况称为迭代不收敛或迭代发散。迭代收敛的判据通常用下列式子

$$\left| x_i^{(k+1)} - x_i^{(k)} \right| < \varepsilon, \quad i = 1, 2, \cdots, n$$

式中　ε——给定的允许误差值。

注意，在计算第 $k+1$ 次迭代的 x_i 时，前面 $i-1$ 个变量（x_1，x_2，$\cdots$，x_{i-1}）的第 $k+1$ 次迭代值已经求得，这些最新的迭代值应该立即得到应用，而不必等到第 $k+2$ 次迭代；后面的变量（x_i，x_{i+1}，$\cdots$，x_n）仍采用第 k 次的迭代值。

4.3.2　高斯－赛德尔法潮流计算

设电网中除参考节点外有 n 个节点，其中 1 个平衡节点，1 个 PV 节点，$n-2$ 个 PQ 节点，为了叙述方便起见，令第 n 个节点为平衡节点，即 $\dot{U}_n^{(k)} = U_n\angle 0.0$（$k = 0, 1, 2, 3, \cdots$）；第 $n-1$ 个节点为 PV 节点，其余为 PQ 节点。

式（4-5）可改写成下列复数方程式

$$\dot{U}_i = \frac{1}{Y_{ii}}\left[\frac{P_i - \mathrm{j}Q_i}{\overset{*}{U}_i} - \sum_{j=1}^{i-1}Y_{ij}\dot{U}_j - \sum_{j=i+1}^{n}Y_{ij}\dot{U}_j\right], \quad i = 1, 2, \cdots, n$$

用高斯－赛德尔迭代法求解上式，可得

$$\dot{U}_i^{(k+1)} = \frac{1}{Y_{ii}}\left[\frac{P_i - \mathrm{j}Q_i}{\overset{*}{U}_i^{(k)}} - \sum_{j=1}^{i-1}Y_{ij}\dot{U}_j^{(k+1)} - \sum_{j=i+1}^{n}Y_{ij}\dot{U}_j^{(k)}\right], \quad i = 1, 2, \cdots, n-2 \tag{4-13a}$$

$$Q_{n-1}^{(k)} = \mathrm{Im}\left[\dot{U}_{n-1}^{(k)}\left(\sum_{j=1}^{n-2}Y_{n-1,j}\dot{U}_j^{(k+1)} + Y_{n-1,n-1}\dot{U}_{n-1}^{(k)} + Y_{n-1,n}\dot{U}_n\right)^*\right] \tag{4-13b}$$

$$\dot{U}_{n-1}^{(k+1)} = \frac{1}{Y_{n-1,n-1}}\left[\frac{P_{n-1} - \mathrm{j}Q_{n-1}^{(k)}}{\overset{*}{U}_{n-1}^{(k)}} - \sum_{j=1}^{n-2}Y_{n-1,j}\dot{U}_j^{(k+1)} - Y_{n-1,n}\dot{U}_n\right] \tag{4-13c}$$

式中　Im——取复数的虚部。

在电力系统潮流计算中，各个 PQ 节点电压有效值的初值通常都给定为 1（相当于额定电压），这是因为正常运行情况下各个母线的电压都在额定电压附近。至于 PV 节点和平衡节点，它们的电压有效值都是给定不变的。PQ 节点和 PV 节点电压相位的初值一般给定为 0，即与平衡节点电压的相位相同，这是因为在正常运行情况下，受系统稳定性要求的限制，节点电压之间的相位差不能很大，所以这样给定各个节点电压相位的初值是接近于系统正常运行情况的。因此，在用式（4-13）进行迭代时，PQ 节点的电压初值取为 $\dot{U}_i^{(0)} = 1.0\angle 0.0$（$i = 1, 2, 3, \cdots, n-2$），PV 节点的电压初值取为 $\dot{U}_{n-1}^{(0)} = U_{n-1}\angle 0.0$，平衡节点的电压保持不变。

需要指出，在迭代过程中，除平衡节点外，其他节点的电压都将变化，而这一情况不符合 PV 节点电压幅值不变的约定。因此，每次迭代求得这些节点的电压后，应对 PV 节点的电压幅值按给定值给予修正，但其相位仍应保持迭代所求得的值，使得 $\dot{U}_{n-1}^{(k+1)}$ 成为 $\dot{U}_{n-1}^{(k+1)} = U_{n-1}\angle\delta_{n-1}^{(k+1)}$（$k = 0, 1, 2, 3, \cdots$）。这样反复迭代，直至所有节点电压前一次的迭代值与后一次迭代值相量差的模小于给定的允许误差值 ε（通常 ε 取为 $10^{-3} \sim 10^{-5}$），即迭代收敛的判据为

$$\left|\dot{U}_i^{(k+1)} - \dot{U}_i^{(k)}\right| < \varepsilon, \quad i = 1, 2, \cdots, n-1 \tag{4-14}$$

如果系统有多个 PV 节点，可以按照相同方法处理。

迭代计算求得所有节点的电压之后，就可以利用式（4-7）求出平衡节点的注入功率，利用式（4-7a）求出 PV 节点的注入无功功率。如图 4-3 所示，利用电路基本定理可以求取

支路功率和支路功率损耗

$$\left.\begin{array}{l} \tilde{S}_{ij} = \dot{U}_i[\dot{U}_i y_{ij0} + (\dot{U}_i - \dot{U}_j)y_{ij}]^* \\ \tilde{S}_{ji} = \dot{U}_j[\dot{U}_j y_{ji0} + (\dot{U}_j - \dot{U}_i)y_{ij}]^* \end{array}\right\} \tag{4-15}$$

$$\Delta\tilde{S}_{ij} = \tilde{S}_{ij} + \tilde{S}_{ji} \tag{4-16}$$

因此，用高斯－赛德尔法求解潮流的基本步骤为：

（1）输入电力系统支路和节点的相关信息；

（2）形成节点导纳矩阵；

（3）设定各节点电压的初值并给定迭代误差判据 ε，PQ 节点的电压初值通常取为 $1.0\angle0.0$，PV 节点的电压初值取为 $U_{PV}\angle0.0$；

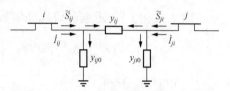

图 4-3　支路中的电流和功率

（4）置迭代次数 $k = 0$；

（5）对每一个 PQ 节点，用式（4-13a）进行迭代，求出各节点电压的新值；

（6）对每一个 PV 节点，用式（4-13b）和式（4-13c）进行迭代，求出各节点电压的新值，并对 PV 节点的电压幅值按给定值进行修正为 $\dot{U}_{PV}^{(k+1)} = U_{PV}\angle\delta_{PV}^{(k+1)}$；

（7）如果不满足迭代收敛判据式（4-14），则置 $k = k + 1$，返回到第 5）步，继续进行计算，否则转到下一步；

（8）利用式（4-7）求出平衡节点的注入功率，按式（4-7a）求 PV 节点的注入无功功率；

（9）利用式（4-15）求出全电网的支路功率分布，按式（4-16）计算支路功率损耗。

此外，在实际潮流计算中，平衡节点的编号并不一定需要放在最后，PV 节点的编号也不一定在 PQ 节点之后，并且在电力系统中可以没有 PV 节点。

由于导纳矩阵的稀疏性，高斯－赛德尔法潮流计算的每一次迭代计算量很小，但这种方法收敛得比较慢，而且随着电力系统节点数的增大，其迭代次数也会相应增加。因此，大规模电力系统的潮流计算一般不采用高斯－赛德尔法。

4.4　牛顿－拉夫逊法潮流计算

Load Flow Solution by Newton-Raphson Algorithm

牛顿－拉夫逊迭代法，简称牛顿法，是求解非线性代数方程有效且收敛速度快的迭代计算方法。在牛顿－拉夫逊法的每一次迭代过程中，非线性问题通过线性化逐步近似。本节将先介绍牛顿法的原理和一般方法，然后阐述在电力系统潮流计算中应用牛顿法的具体公式和过程。

4.4.1　牛顿－拉夫逊迭代法简介

下面先从一维非线性方程式的求解来介绍牛顿法的原理和计算过程，然后推广到多维的情况。

设有一维非线性方程

$$f(x) = 0$$

假定 $x^{(k)}$ 是其近似解，它与真解间的误差为 $\Delta x^{(k)}$（也称为修正值），即 $x = x^{(k)} + \Delta x^{(k)}$，则有

$$f(x^{(k)} + \Delta x^{(k)}) = 0$$

将上式在 $x^{(k)}$ 附近展开成泰勒级数

$$f(x^{(k)} + \Delta x^{(k)}) = f(x^{(k)}) + \frac{\mathrm{d}f}{\mathrm{d}x}\bigg|_{x^{(k)}} \Delta x^{(k)} + \frac{\mathrm{d}^2 f}{\mathrm{d}x^2}\bigg|_{x^{(k)}} \frac{(\Delta x^{(k)})^2}{2!} + \cdots = 0$$

式中 $\dfrac{\mathrm{d}f}{\mathrm{d}x}\bigg|_{x^{(k)}}$、$\dfrac{\mathrm{d}^2 f}{\mathrm{d}x^2}\bigg|_{x^{(k)}}$、$\cdots$——函数 $f(x)$ 在 $x^{(k)}$ 处的一阶导数、二阶导数、$\cdots$、等高阶导数。

当 $x^{(k)}$ 比较接近真解，即修正值 $\Delta x^{(k)}$ 很小，则上式中的 2 次项及高次项都可忽略，可转化为线性方程

$$f(x^{(k)}) + \frac{\mathrm{d}f}{\mathrm{d}x}\bigg|_{x^{(k)}} \Delta x^{(k)} = 0 \tag{4-17}$$

这一方程常称为修正方程，利用它可以解出修正值

$$\Delta x^{(k)} = -f(x^{(k)}) \bigg/ \frac{\mathrm{d}f}{\mathrm{d}x}\bigg|_{x^{(k)}}$$

可以得到新的近似解 $x^{(k+1)} = x^{(k)} + \Delta x^{(k)}$。这样，虽然 $x^{(k+1)}$ 不能等于准确解 x，但有可能比 $x^{(k)}$ 更接近于准确解。

上述过程便是用牛顿法求解非线性方程的迭代过程。反复进行这一过程，$k = 0，1，2，3，\cdots$，直至得到足够准确的解为止。迭代收敛的判据通常采用下列式子

$$\left| f(x^{(k)}) \right| < \varepsilon$$

或

$$\left| \Delta x^{(k)} \right| < \varepsilon$$

迭代收敛后，可以用 $x^{(k+1)}$ 作为方程的解。

牛顿法迭代过程可以用图 4-4 来说明其几何意义。对应于初值 $x^{(0)}$，$\dfrac{\mathrm{d}f}{\mathrm{d}x}\bigg|_{x^{(0)}}$ 是曲线 $f(x)$ 在 $x^{(0)}$ 点的斜率，而修正方程式（4-17）相当于将曲线 $f(x)$ 在 $x^{(0)}$ 点用切线代替，在收敛情况下，可以得出比 $x^{(0)}$ 更接近于方程真解的近似解 $x^{(1)}$；将 $x^{(1)}$ 作为新的初值再用该点的切线代替曲线 $f(x)$，便可得出进一步的解 $x^{(2)}$；重复这个过程，最后可以无限接近于精确解。

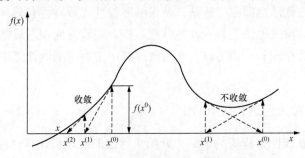

图 4-4 牛顿法的几何解释

可见，要想得到某个希望的解，应该给定一个距离这一解较近的初值，这时，迭代过程将迅速收敛；反之，如果所给定的初值离真解点太远，则迭代过程可能不收敛。因此，初值的给定对于牛顿法来说十分重要。

很容易将单变量问题推广到具有 n 个未知变量的 n 阶非线性联立方程组。设有如式（4-12）所示的 n 维非线性方程组。

假定初值为 $x_1^{(0)}$、$x_2^{(0)}$、$\cdots$、$x_n^{(0)}$，令 $\Delta x_1^{(0)}$、$\Delta x_2^{(0)}$、$\cdots$、$\Delta x_n^{(0)}$ 为各变量与真解间的修正量。将这 n 个方程式都在初值附近展开成泰勒级数，并且忽略 2 次项及高次项，则可得修正方程

$$f_i(x_1^{(0)},x_2^{(0)},\cdots,x_n^{(0)}) + \frac{\partial f_i}{\partial x_1}\bigg|_0 \Delta x_1^{(0)} + \frac{\partial f_i}{\partial x_2}\bigg|_0 \Delta x_2^{(0)} + \cdots + \frac{\partial f_i}{\partial x_n}\bigg|_0 \Delta x_n^{(0)} = 0 , \quad i=1,2,\cdots,n$$

将修正方程写为矩阵形式

$$\begin{bmatrix} f_1(x_1^{(0)},x_2^{(0)},\cdots,x_n^{(0)}) \\ f_2(x_1^{(0)},x_2^{(0)},\cdots,x_n^{(0)}) \\ \vdots \\ f_n(x_1^{(0)},x_2^{(0)},\cdots,x_n^{(0)}) \end{bmatrix} = - \begin{bmatrix} \frac{\partial f_1}{\partial x_1}\big|_0 & \frac{\partial f_1}{\partial x_2}\big|_0 & \cdots & \frac{\partial f_1}{\partial x_n}\big|_0 \\ \frac{\partial f_2}{\partial x_1}\big|_0 & \frac{\partial f_2}{\partial x_2}\big|_0 & \cdots & \frac{\partial f_2}{\partial x_n}\big|_0 \\ \vdots & \vdots & & \vdots \\ \frac{\partial f_n}{\partial x_1}\big|_0 & \frac{\partial f_n}{\partial x_2}\big|_0 & \cdots & \frac{\partial f_n}{\partial x_n}\big|_0 \end{bmatrix} \begin{bmatrix} \Delta x_1^{(0)} \\ \Delta x_2^{(0)} \\ \vdots \\ \Delta x_n^{(0)} \end{bmatrix} \quad （4-18）$$

或简写为

$$\boldsymbol{f(x^{(0)})} = -\boldsymbol{J^{(0)}}\Delta\boldsymbol{x^{(0)}}$$

式中　$\boldsymbol{x^{(0)}}$——变量初值组成的列向量；

$\Delta\boldsymbol{x^{(0)}}$——变量的修正量组成的列向量；

$\boldsymbol{J^{(0)}}$——函数 f_i 的雅可比矩阵，是 n 阶方阵，它的第 i 行、第 j 列交点的元素 $\frac{\partial f_i}{\partial x_j}\big|_0$ 是第 i 个函数 $f_i(x_1,x_2,\cdots,x_n)$ 对第 j 个变量 x_j 的偏导数在（$x_1^{(0)}$，$x_2^{(0)}$，$\cdots$，$x_n^{(0)}$）处的值。

显然，式（4-8）为线性方程组，从中可以解出修正量 $\Delta x_1^{(0)}$、$\Delta x_2^{(0)}$、$\cdots$、$\Delta x_n^{(0)}$ 的值，接着便可以计算出经修正后的新近似解

$$x_i^{(1)} = x_i^{(0)} + \Delta x_i^{(0)} , \quad i=1,2,\cdots,n$$

然后，以 $x_1^{(1)}$、$x_2^{(1)}$、$\cdots$、$x_n^{(1)}$ 作为新的初值，重新形成雅可比矩阵 $\boldsymbol{J^{(1)}}$，并求解新的修正方程式，便可以解出新的修正量 $\Delta x_1^{(1)}$、$\Delta x_2^{(1)}$、$\cdots$、$\Delta x_n^{(1)}$ 的值，依此类推。

于是，多维非线性代数方程的牛顿法迭代格式为（迭代次数 $k = 0$，1，2，$\cdots$）

$$\Delta\boldsymbol{x^{(k)}} = -[\boldsymbol{J^{(k)}}]^{-1}\boldsymbol{f}(\boldsymbol{x^{(k)}}) \quad （4-19a）$$
$$\boldsymbol{x^{(k+1)}} = \boldsymbol{x^{(k)}} + \Delta\boldsymbol{x^{(k)}} \quad （4-19b）$$

迭代的收敛判据通常采用

$$\max\left|f_i(x_1^{(k)},x_2^{(k)},\cdots,x_n^{(k)})\right| < \varepsilon , \quad i=1,2,\cdots,n \quad （4-20a）$$

或

$$\max\left|\Delta x_i^{(k)}\right| < \varepsilon , \quad i=1,2,\cdots,n \quad （4-20b）$$

式中　$\max|\cdots|$——取各分量中绝对值的最大值。

【例 4-2】 设 $\varepsilon = 10^{-4}$，$x_1^{(0)} = 4$，$x_2^{(0)} = 9$，用牛顿法求解下列联立方程组

$$f_1 = x_1 + x_2 - 15 = 0$$
$$f_2 = x_1 x_2 - 50 = 0$$

解 求函数的偏导数

$$\frac{\partial f_1}{\partial x_1} = 1, \quad \frac{\partial f_1}{\partial x_2} = 1, \quad \frac{\partial f_2}{\partial x_1} = x_2, \quad \frac{\partial f_2}{\partial x_2} = x_1$$

列出修正方程式

$$\begin{bmatrix} x_1^{(k)} + x_2^{(k)} - 15 \\ x_1^{(k)} x_2^{(k)} - 50 \end{bmatrix} = - \begin{bmatrix} 1 & 1 \\ x_2^{(k)} & x_1^{(k)} \end{bmatrix} \begin{bmatrix} \Delta x_1^{(k)} \\ \Delta x_2^{(k)} \end{bmatrix}$$

$k = 0$ 时，$x_1^{(0)} = 4$，$x_2^{(0)} = 9$，代入上式，可得

$$\begin{bmatrix} -2 \\ -14 \end{bmatrix} = - \begin{bmatrix} 1 & 1 \\ 9 & 4 \end{bmatrix} \begin{bmatrix} \Delta x_1^{(0)} \\ \Delta x_2^{(0)} \end{bmatrix}$$

采用高斯消元法，有

$$\begin{bmatrix} 2 \\ -4 \end{bmatrix} = \begin{bmatrix} 1 & 1 \\ 0 & -5 \end{bmatrix} \begin{bmatrix} \Delta x_1^{(0)} \\ \Delta x_2^{(0)} \end{bmatrix}$$

或求雅可比矩阵 $\mathbf{J}^{(0)}$ 的逆矩阵

$$\begin{bmatrix} 1 & 1 \\ 9 & 4 \end{bmatrix}^{-1} = -\frac{1}{5} \begin{bmatrix} 4 & -1 \\ -9 & 1 \end{bmatrix}$$

两种求解线性方程组的方法均可求得 $\Delta x_1^{(0)} = 1.2$ 和 $\Delta x_2^{(0)} = 0.8$，于是，$x_1^{(1)} = x_1^{(0)} + \Delta x_1^{(0)} = 5.2$ 和 $x_2^{(1)} = x_2^{(0)} + \Delta x_2^{(0)} = 9.8$。

因为 $\max |\Delta x_1^{(0)}, \Delta x_2^{(0)}| = 1.2 > \varepsilon = 10^{-4}$，所以需要继续迭代。将 $x_1^{(1)} = 5.2$ 和 $x_2^{(1)} = 9.8$ 代入上述的修正方程式中，则可得

$$\begin{bmatrix} 0 \\ 0.96 \end{bmatrix} = - \begin{bmatrix} 1 & 1 \\ 9.8 & 5.2 \end{bmatrix} \begin{bmatrix} \Delta x_1^{(1)} \\ \Delta x_2^{(1)} \end{bmatrix}$$

求解线性方程组，并继续迭代到满足收敛判据为止，结果为

k	2	3	4
$x_1^{(k)}$	4.99130	4.99998	5.00000
$x_2^{(k)}$	10.00870	10.00002	10.00000

4.4.2 牛顿－拉夫逊潮流算法

将牛顿－拉夫逊法用于电力系统潮流计算时，由于节点电压可以采用两种不同的坐标表示，牛顿－拉夫逊法潮流计算也将相应地有两种不同的计算公式。

前面已经说明，在电力系统潮流计算中，需要将全部节点分成 PQ 节点、PV 节点和平衡节点三类。设系统中有 n 个节点，其中有 1 个平衡节点，m 个 PQ 节点，其余 $n-m-1$ 个节点都是 PV 节点。为了叙述方便起见，假定第 1～m 个节点为 PQ 节点，第 $m+1$～$n-1$ 个节点为 PV 节点，第 n 个节点为平衡节点。

4.4.2.1 极坐标形式的牛顿－拉夫逊法潮流计算

由式（4-7）可以对 PQ、PV 节点列出电压用极坐标形式表示的功率平衡方程式

$$\Delta P_i = P_i - U_i \sum_{j=1}^{n} U_j (G_{ij}\cos\delta_{ij} + B_{ij}\sin\delta_{ij}) = 0, \quad i=1,2,\cdots,n-1 \qquad (4\text{-}21a)$$

$$\Delta Q_i = Q_i - U_i \sum_{j=1}^{n} U_j (G_{ij}\sin\delta_{ij} - B_{ij}\cos\delta_{ij}) = 0, \quad i=1,2,\cdots,m \qquad (4\text{-}21b)$$

每个 PQ 节点有两个变量 ΔU_i 和 $\Delta\delta_i$ 待求，同时需列出式（4-21a）和式（4-21b）两个方程；对于 PV 节点，节点电压幅值给定，ΔU_i 为零，只有一个变量 $\Delta\delta_i$ 待求，同时，该节点不能预先给定注入无功功率，方程式中 ΔQ_i 也没有了约束作用，因此，只需列出式（4-21a）参加联立求解。只有当迭代收敛后，已经得到各节点电压，才利用式（4-7b）求 PV 节点应维持的注入无功功率。

式（4-21）包含 $n-1$ 个有功功率方程和 m 个无功功率方程，总共 $n+m-1$ 个方程，其中 P_i（$i=1$，2，$\cdots$，$n-1$）和 Q_i（$i=1$，2，$\cdots$，m）都是给定值，而 δ_i（$i=1$，2，$\cdots$，$n-1$）以及 U_i（$i=1$，2，$\cdots$，m）为未知量，总共也是 $n+m-1$ 个未知量。于是，潮流计算问题便转化为求解非线性方程式（4-21），可以直接应用前面所介绍的解多维非线性方程组的牛顿法对它进行求解。

参照式（4-18），可以得出修正方程式（略去表示迭代次数的上标 k）为

$$\begin{bmatrix} \Delta P_1 \\ \Delta P_2 \\ \vdots \\ \Delta P_{n-1} \\ \Delta Q_1 \\ \Delta Q_2 \\ \vdots \\ \Delta Q_m \end{bmatrix} = -\begin{bmatrix} H_{11} & H_{12} & \cdots & H_{1,n-1} & N_{11} & N_{12} & \cdots & N_{1m} \\ H_{21} & H_{22} & \cdots & H_{2,n-1} & N_{21} & N_{22} & \cdots & N_{2m} \\ \vdots & \vdots & & \vdots & \vdots & \vdots & & \vdots \\ H_{n-1,1} & H_{n-1,2} & \cdots & H_{n-1,n-1} & N_{n-1,1} & N_{n-1,2} & \cdots & N_{n-1,m} \\ M_{11} & M_{12} & \cdots & M_{1,n-1} & L_{11} & L_{12} & \cdots & L_{1m} \\ \vdots & \vdots & & \vdots & \vdots & \vdots & & \vdots \\ M_{m1} & M_{m2} & \cdots & M_{m,n-1} & L_{m1} & L_{m2} & \cdots & L_{mm} \end{bmatrix}\begin{bmatrix} \Delta\delta_1 \\ \Delta\delta_2 \\ \vdots \\ \Delta\delta_{n-1} \\ \Delta U_1/U_1 \\ \Delta U_2/U_2 \\ \vdots \\ \Delta U_m/U_m \end{bmatrix} \qquad (4\text{-}22)$$

注意，在式（4-22）中采用了 $\Delta U_i/U_i$ 来代替变量 U_i 的修正量 ΔU_i，这样做可以使雅可比矩阵中各元素的计算式在形式上更相似，简化雅可比矩阵元素的计算与表示形式，同时这样处理并不影响计算的收敛性和计算结果的精度。

在式（4-22）的雅可比矩阵中，由点划线进行了子矩阵的分块划分，应用式（4-21）可以求出各子矩阵中的元素如下：

（1）各子矩阵的非对角元素（$i \neq j$），即

$$\left.\begin{array}{l} H_{ij} = \dfrac{\partial\Delta P_i}{\partial\delta_j} = -U_iU_j(G_{ij}\sin\delta_{ij} - B_{ij}\cos\delta_{ij}) \\[2mm] N_{ij} = \dfrac{\partial\Delta P_i}{\partial U_j}U_j = -U_iU_j(G_{ij}\cos\delta_{ij} + B_{ij}\sin\delta_{ij}) \\[2mm] M_{ij} = \dfrac{\partial\Delta Q_i}{\partial\delta_j} = U_iU_j(G_{ij}\cos\delta_{ij} + B_{ij}\sin\delta_{ij}) = -N_{ij} \\[2mm] L_{ij} = \dfrac{\partial\Delta Q_i}{\partial U_j}U_j = -U_iU_j(G_{ij}\sin\delta_{ij} - B_{ij}\cos\delta_{ij}) = H_{ij} \end{array}\right\} \qquad (4\text{-}23a)$$

（2）各子矩阵的对角元素，即

$$
\left.\begin{aligned}
H_{ii} &= \frac{\partial \Delta P_i}{\partial \delta_i} = U_i \sum_{\substack{j=1 \\ j \neq i}}^{n} U_j (G_{ij} \sin \delta_{ij} - B_{ij} \cos \delta_{ij}) \\
N_{ii} &= \frac{\partial \Delta P_i}{\partial U_i} U_i = -U_i \sum_{\substack{j=1 \\ j \neq i}}^{n} U_j (G_{ij} \cos \delta_{ij} + B_{ij} \sin \delta_{ij}) - 2U_i^2 G_{ii} \\
M_{ii} &= \frac{\partial \Delta Q_i}{\partial \delta_i} = -U_i \sum_{\substack{j=1 \\ j \neq i}}^{n} U_j (G_{ij} \cos \delta_{ij} + B_{ij} \sin \delta_{ij}) \\
L_{ii} &= \frac{\partial \Delta Q_i}{\partial U_i} U_i = -U_i \sum_{\substack{j=1 \\ j \neq i}}^{n} U_j (G_{ij} \sin \delta_{ij} - B_{ij} \cos \delta_{ij}) + 2U_i^2 B_{ii}
\end{aligned}\right\}
\tag{4-23b}
$$

定义下列向量

$$
\Delta \boldsymbol{U'}^{(k)} = \begin{bmatrix} \Delta U_1'^{(k)} & \Delta U_2'^{(k)} & \cdots & \Delta U_m'^{(k)} \end{bmatrix}^{\mathrm{T}} = \begin{bmatrix} \dfrac{\Delta U_1^{(k)}}{U_1^{(k)}} & \dfrac{\Delta U_2^{(k)}}{U_2^{(k)}} & \cdots & \dfrac{\Delta U_m^{(k)}}{U_m^{(k)}} \end{bmatrix}^{\mathrm{T}}
\tag{4-24}
$$

于是，式（4-22）可以简写为

$$
\begin{bmatrix} \Delta \boldsymbol{P}^{(k)} \\ \Delta \boldsymbol{Q}^{(k)} \end{bmatrix} = - \begin{bmatrix} \boldsymbol{H}^{(k)} & \boldsymbol{N}^{(k)} \\ \boldsymbol{M}^{(k)} & \boldsymbol{L}^{(k)} \end{bmatrix} \begin{bmatrix} \Delta \boldsymbol{\delta}^{(k)} \\ \Delta \boldsymbol{U'}^{(k)} \end{bmatrix}
\tag{4-25}
$$

在修正方程式（4-25）中，未知量取值为 $\boldsymbol{U}^{(k)}$ 和 $\boldsymbol{\delta}^{(k)}$，由式（4-23）可以计算出雅可比矩阵的所有元素，由式（4-21）可以计算出节点功率不平衡量列向量 $\Delta \boldsymbol{P}^{(k)}$ 和 $\Delta \boldsymbol{Q}^{(k)}$ 的所有元素。对修正方程式（4-25）进行求解后，可以得出修正量列向量 $\Delta \boldsymbol{U'}^{(k)}$ 和 $\Delta \boldsymbol{\delta}^{(k)}$，再考虑式（4-24），从而可以得到新的解

$$
\left.\begin{aligned}
\delta_i^{(k+1)} &= \delta_i^{(k)} + \Delta \delta_i^{(k)}, \quad i = 1, 2, \cdots, n-1 \\
U_i^{(k+1)} &= U_i^{(k)} + U_i^{(k)} \Delta U_i'^{(k)}, \quad i = 1, 2, \cdots, m
\end{aligned}\right\}
\tag{4-26}
$$

牛顿－拉夫逊潮流计算的收敛判据通常采用

$$
\max \left| \Delta P_i^{(k)}, \Delta Q_i^{(k)} \right) \right| < \varepsilon
\tag{4-27}
$$

与第 4.3 节一样，通常 PQ 节点的电压初值取为 $\dot{U}_i^{(0)} = 1.0 \angle 0.0$（$i=1$, 2, 3, $\cdots$, m），PV 节点的电压初值取为 $\dot{U}_i^{(0)} = U_i \angle 0.0$（$i=m+1$, $m+2$, $\cdots$, $n-1$），并且在迭代过程中保持 PV 节点的电压幅值不变、平衡节点的电压幅值和相位值不变。

由上述可见，形成雅可比矩阵和求解修正方程式是牛顿法潮流计算中的主体。雅可比矩阵具有以下性质：

1）雅可比矩阵为一非奇异方阵，阶数为 $n + m - 1$。

2）雅可比矩阵的子矩阵与导纳矩阵具有相似的结构，当 $Y_{ij} = G_{ij} + \mathrm{j} B_{ij} = 0$ 时，对应的元素 H_{ij}、N_{ij}、M_{ij}、L_{ij} 均为 0，因此，雅可比矩阵也是高度稀疏的矩阵。这对利用稀疏矩阵技巧，减少计算所需的内存和时间是有好处的。

3）雅可比矩阵元素与节点电压有关，故每次迭代时都要重新计算，从而增加了计算工作量，这是影响牛顿法潮流计算速度最重要的因素。

4）雅可比矩阵的子矩阵不具有对称性。例如，由于各个节点电压相位不同，$\delta_{ij} = \delta_i - \delta_j \neq \delta_{ji} = \delta_j - \delta_i$，所以由式（4-23）可知，$H_{ij} \neq H_{ji}$。

牛顿法潮流计算的基本步骤为：

1）输入电力系统支路和节点的相关信息；

2）形成节点导纳矩阵；

3）给定迭代误差允许值 ε，并设定 PQ 节点电压幅值的初值（通常取为 1.0）、PQ 节点与 PV 节点的电压相位初值（通常取为 0.0），并组成待求量的初始列向量 $\boldsymbol{U}^{(0)}$ 和 $\boldsymbol{\delta}^{(0)}$；

4）置迭代次数 $k = 0$；

5）应用 $\boldsymbol{U}^{(k)}$ 和 $\boldsymbol{\delta}^{(k)}$ 及 PV 节点、平衡节点所给定的电压，由式（4-21）计算各 PQ 节点的有功功率不平衡量和无功功率不平衡量以及各 PV 节点的有功功率不平衡量，并组成功率不平衡量列向量 $\Delta \boldsymbol{P}^{(k)}$ 和 $\Delta \boldsymbol{Q}^{(k)}$；

6）按式（4-27）中的收敛判据判断最大的功率不平衡量是否小于允许值 ε，如果满足则转向第（11）步，否则进行下一步；

7）应用 $\boldsymbol{U}^{(k)}$ 和 $\boldsymbol{\delta}^{(k)}$ 及 PV 节点、平衡节点所给定的电压，由式（4-23）计算雅可比矩阵的元素，形成雅可比矩阵；

8）求解修正方程式（4-25），得出修正量列向量 $\Delta \boldsymbol{U}^{(k)}$ 和 $\Delta \boldsymbol{\delta}^{(k)}$；

9）按式（4-26）求出各节点电压的新值 $\boldsymbol{U}^{(k+1)}$ 和 $\boldsymbol{\delta}^{(k+1)}$；

10）置 $k = k + 1$ 返回第 5）步继续进行下一轮迭代；

11）利用式（4-7）求出平衡节点的注入功率，按式（4-7b）计算 PV 节点的注入无功功率；

12）利用式（4-15）求出全电网的支路功率分布，按式（4-16）计算支路功率损耗。

图 4-5 为牛顿－拉夫逊法计算潮流的程序框图。

在迭代过程中，一旦 PV 节点的注入无功功率越出给定的限额，即不能满足式（4-10b），PV 节点要向 PQ 节点转化，则应取该节点的注入无功功率为给定的限额，增加一个该节点的无功功率关系式（4-21b），修正方程式的结构也要进行相应调整。

4.4.2.2　直角坐标形式的牛顿－拉夫逊法潮流计算

实际上，在电力系统潮流计算中也常用到直角坐标形式的牛顿－拉夫逊潮流计算方法，其分析方法、计算步骤与极坐标形式基本相同。

由式（4-8）可以对 PQ、PV 节点列出电压用直角坐标形式表示的功率平衡方程式

$$\Delta P_i = P_i - e_i \sum_{j=1}^{n} (G_{ij} e_j - B_{ij} f_j) - f_i \sum_{j=1}^{n} (G_{ij} f_j + B_{ij} e_j) = 0, \quad i = 1, 2, \cdots, n-1 \quad (4\text{-}28a)$$

$$\Delta Q_i = Q_i - f_i \sum_{j=1}^{n} (G_{ij} e_j - B_{ij} f_j) + e_i \sum_{j=1}^{n} (G_{ij} f_j + B_{ij} e_j) = 0, \quad i = 1, 2, \cdots, m \quad (4\text{-}28b)$$

对于 PV 节点，电压幅值为给定值，而实部和虚部的比例是可变的，所以可以列出电压平衡方程式

$$\Delta U_i^2 = U_i^2 - (e_i^2 + f_i^2) = 0, \quad i = m+1, m+2, \cdots, n-1 \quad (4\text{-}28c)$$

每个 PQ 节点有两个变量 Δe_i 和 Δf_i 待求，同时需列出式（4-28a）和式（4-28b）两个

方程；对于 PV 节点，也有两个变量 Δe_i 和 Δf_i 待求，需列出式（4-28a）和式（4-28c）参加联立求解。因此，方程和未知量均为 $2(n-1)$ 个，潮流计算问题转化为求解非线性方程式（4-28）。

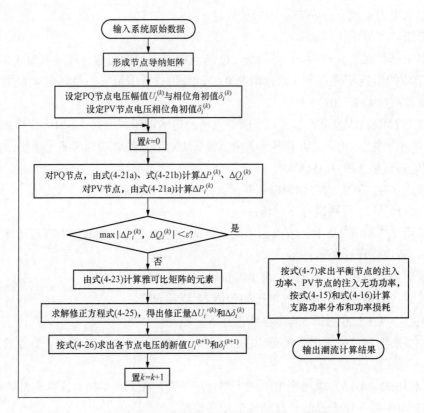

图 4-5　极坐标形式的牛顿法潮流计算程序框图

与极坐标形式类似，可以列出修正方程式（略去表示迭代次数的上标 k）为

$$
\begin{bmatrix} \Delta P_1 \\ \Delta Q_1 \\ \vdots \\ \Delta P_m \\ \Delta Q_m \\ \hline \Delta P_{m+1} \\ \Delta U_{m+1}^2 \\ \vdots \\ \Delta P_{n-1} \\ \Delta U_{n-1}^2 \end{bmatrix}
= -
\begin{bmatrix}
H_{11} & N_{11} & \cdots & H_{1m} & N_{1m} & H_{1,m+1} & N_{1,m+1} & \cdots & H_{1,n-1} & N_{1,n-1} \\
M_{11} & L_{11} & \cdots & M_{1m} & L_{1m} & M_{1,m+1} & L_{1,m+1} & \cdots & M_{1,n-1} & L_{1,n-1} \\
\vdots & \vdots & & \vdots & \vdots & \vdots & \vdots & & \vdots & \vdots \\
H_{m1} & N_{m1} & \cdots & H_{mm} & N_{mm} & H_{m,m+1} & N_{m,m+1} & \cdots & H_{m,n-1} & N_{m,n-1} \\
M_{m1} & L_{m1} & \cdots & M_{mm} & L_{mm} & M_{m,m+1} & L_{m,m+1} & \cdots & M_{m,n-1} & L_{m,n-1} \\
\hline
H_{m+1,1} & N_{m+1,1} & \cdots & H_{m+1,m} & N_{m+1,m} & H_{m+1,m+1} & N_{m+1,m+1} & \cdots & H_{m+1,n-1} & N_{m+1,n-1} \\
R_{m+1,1} & S_{m+1,1} & \cdots & R_{m+1,m} & S_{m+1,m} & R_{m+1,m+1} & S_{m+1,m+1} & \cdots & R_{m+1,n-1} & S_{m+1,n-1} \\
\vdots & \vdots & & \vdots & \vdots & \vdots & \vdots & & \vdots & \vdots \\
H_{n-1,1} & N_{n-1,1} & \cdots & H_{n-1,m} & N_{n-1,m} & H_{n-1,m+1} & N_{n-1,m+1} & \cdots & H_{n-1,n-1} & N_{n-1,n-1} \\
R_{n-1,1} & S_{n-1,1} & \cdots & R_{n-1,m} & S_{n-1,m} & R_{n-1,m+1} & S_{n-1,m+1} & \cdots & R_{n-1,n-1} & S_{n-1,n-1}
\end{bmatrix}
\begin{bmatrix} \Delta f_1 \\ \Delta e_1 \\ \vdots \\ \Delta f_m \\ \Delta e_m \\ \hline \Delta f_{m+1} \\ \Delta e_{m+1} \\ \vdots \\ \Delta f_{n-1} \\ \Delta e_{n-1} \end{bmatrix}
$$

$$(4-29)$$

由式（4-29）可见，雅可比矩阵为 $2(n-1)$ 阶的方阵。应用式（4-28）可以求出雅可比矩阵中的元素如下

$$H_{ij} = \frac{\partial \Delta P_i}{\partial f_j} = B_{ij}e_i - G_{ij}f_i$$

$$N_{ij} = \frac{\partial \Delta P_i}{\partial e_j} = -G_{ij}e_i - B_{ij}f_i$$

$$M_{ij} = \frac{\partial \Delta Q_i}{\partial f_j} = G_{ij}e_i + B_{ij}f_i = -N_{ij}$$

$$\left. \begin{array}{l} \end{array} \right\} i \neq j \qquad (4\text{-}30a)$$

$$L_{ij} = \frac{\partial \Delta Q_i}{\partial e_j} = B_{ij}e_i - G_{ij}f_i = H_{ij}$$

$$R_{ij} = \frac{\partial \Delta U_i^2}{\partial f_j} = 0$$

$$S_{ij} = \frac{\partial \Delta U_i^2}{\partial e_j} = 0$$

$$H_{ii} = \frac{\partial \Delta P_i}{\partial f_i} = B_{ii}e_i - G_{ii}f_i - b_i$$

$$N_{ii} = \frac{\partial \Delta P_i}{\partial e_i} = -G_{ii}e_i - B_{ii}f_i - a_i$$

$$M_{ii} = \frac{\partial \Delta Q_i}{\partial f_i} = G_{ii}e_i + B_{ii}f_i - a_i$$

$$\left. \begin{array}{l} \end{array} \right\} \qquad (4\text{-}30b)$$

$$L_{ii} = \frac{\partial \Delta Q_i}{\partial e_i} = B_{ii}e_i - G_{ii}f_i + b_i$$

$$R_{ii} = \frac{\partial \Delta U_i^2}{\partial f_i} = -2f_i$$

$$S_{ii} = \frac{\partial \Delta U_i^2}{\partial e_i} = -2e_i$$

式中 a_i、b_i——节点注入电流的实部和虚部，可由下列式子求出

$$\left. \begin{array}{l} a_i = \sum_{j=1}^{n}(G_{ij}e_j - B_{ij}f_j) \\[2mm] b_i = \sum_{j=1}^{n}(G_{ij}f_j + B_{ij}e_j) \end{array} \right\} \qquad (4\text{-}31)$$

由修正方程式（4-29）可以求得修正量 $\Delta e_i^{(k)}$ 和 $\Delta f_i^{(k)}$，从而可以得到新的解

$$\left. \begin{array}{l} e_i^{(k+1)} = e_i^{(k)} + \Delta e_i^{(k)}, \quad i = 1,2,\cdots,n-1 \\[2mm] f_i^{(k+1)} = f_i^{(k)} + \Delta f_i^{(k)}, \quad i = 1,2,\cdots,n-1 \end{array} \right\} \qquad (4\text{-}32)$$

潮流计算的收敛判据式为

$$\max\left|\Delta P_i^{(k)}, \Delta Q_i^{(k)}, \Delta U_i^{(k)2}\right| < \varepsilon \qquad (4\text{-}33)$$

通常设定 PQ 节点电压实部的初值为 1.0，虚部的初值为 0.0；设定 PV 节点电压实部的初值为已知的 PV 节点电压幅值，虚部的初值为 0.0。计算潮流的程序框图见图 4-6。

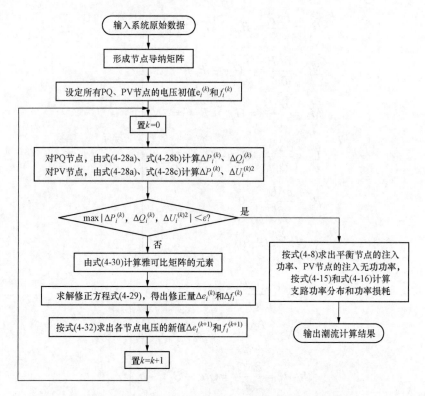

图 4-6　直角坐标形式的牛顿法潮流计算程序框图

在迭代过程中，一旦 PV 节点的注入无功功率越出给定的限额，PV 节点要向 PQ 节点转化，修正方程式的结构就要发生变化，应以该节点无功功率的关系式取代电压的关系式。

【例 4-3】　试采用直角坐标形式的牛顿－拉夫逊潮流计算方法求解例 4-1 所示电力系统的潮流分布。在图 4-3（a）所示系统中，已知 $\dot{U}_4 = 1.02\angle 0°$，$U_3 = 1.03$，$P_{L1} + jQ_{L1} = 0.15 + j0.1$，$P_{G3} = 0.1$，$P_{L4} + jQ_{L4} = 0.6 + j0.2$。允许误差 $\varepsilon = 10^{-6}$。

解　1）原始条件分析。

由已知条件，可知节点 1、2 为 PQ 节点，其注入功率分别为 $P_1 + jQ_1 = -0.15 - j0.1$ 和 $P_2 + jQ_2 = 0 + j0$；节点 3 为 PV 节点，其注入有功功率和电压幅值分别为 $P_3 = 0.1$ 和 $U_3 = 1.03$；节点 4 为平衡节点，其电压幅值和相位分别为 $U_4 = 1.02$ 和 $\delta_4 = 0$。

2）在例 4-1 中已经形成节点导纳矩阵

$$Y_B = \begin{bmatrix} -j1.5142 & j1.6894 & 0 & 0 \\ j1.6894 & 2.905 - j7.3162 & -1.66 + j3.1619 & -1.245 + j2.3714 \\ 0 & -1.66 + j3.1619 & 2.49 - j4.704 & -0.83 + j1.5809 \\ 0 & -1.245 + j2.3714 & -0.83 + j1.5809 & 2.075 - j3.9092 \end{bmatrix}$$

3）设定节点电压初值

$$e_1^{(0)} = e_2^{(0)} = 1.0,\ e_3^{(0)} = 1.03,\ e_4^{(0)} = 1.02,\ f_1^{(0)} = f_2^{(0)} = f_3^{(0)} = f_4^{(0)} = 0.0$$

4）对 PQ 节点，由式（4-28a）、式（4-28b）分别计算功率不平衡量 $\Delta P_i^{(0)}$ 和 $\Delta Q_i^{(0)}$；对 PV 节点，由式（4-28a）、式（4-28c）分别计算有功功率不平衡量 $\Delta P_i^{(0)}$ 和电压幅值不平

衡量 $\Delta U_i^{(0)2}$

$$\Delta P_1^{(0)} = P_1 - \left[e_1^{(0)} \sum_{j=1}^{4} (G_{1j} e_j^{(0)} - B_{1j} f_j^{(0)}) + f_1^{(0)} \sum_{j=1}^{4} (G_{1j} f_j^{(0)} + B_{1j} e_j^{(0)}) \right]$$

$$= -0.15 - 0 = -0.15$$

$$\Delta Q_1^{(0)} = Q_1 - \left[f_1^{(0)} \sum_{j=1}^{4} (G_{1j} e_j^{(0)} - B_{1j} f_j^{(0)}) - e_1^{(0)} \sum_{j=1}^{4} (G_{1j} f_j^{(0)} + B_{1j} e_j^{(0)}) \right]$$

$$= -0.1 - (-0.1752) = 0.0752$$

$$\Delta P_2^{(0)} = 0 - (-0.0747) = 0.0747$$

$$\Delta Q_2^{(0)} = 0 - (-0.04879) = 0.04879$$

$$\Delta P_3^{(0)} = 0.1 - 0.05984 = 0.04016$$

$$\Delta U_3^{(0)2} = (U_3^{(0)})^2 - [(e_3^{(0)})^2 + (f_3^{(0)})^2] = 1.03 - 1.03 = 0$$

5）根据给定的允许误差 $\varepsilon = 10^{-6}$，按式（4-33）校验是否收敛。显然，不平衡量未满足收敛条件，需要继续迭代计算。

6）由式（4-31）计算节点注入电流的实部和虚部

$a_1 = 0$，$a_2 = -0.0747$，$a_3 = 0.0581$，$b_1 = 0.1752$，$b_2 = 0.04878$，$b_3 = -0.0707$

然后由式（4-30）计算雅可比矩阵的元素，形成雅可比矩阵，得到修正方程

$$\begin{bmatrix} \Delta P_1^{(0)} \\ \Delta Q_1^{(0)} \\ \Delta P_2^{(0)} \\ \Delta Q_2^{(0)} \\ \Delta P_3^{(0)} \\ \Delta U_3^{(0)2} \end{bmatrix} = - \begin{bmatrix} -1.6894 & 0 & 1.6894 & 0 & 0 & 0 \\ 0 & -1.339 & 0 & 1.6894 & 0 & 0 \\ 1.6894 & 0 & -7.36499 & -2.8303 & 3.1619 & 1.66 \\ 0 & 1.6894 & 2.9797 & -7.26742 & -1.66 & 3.1619 \\ 0 & 0 & 3.25676 & 1.7098 & -4.77442 & -2.6228 \\ 0 & 0 & 0 & 0 & 0 & -2.06 \end{bmatrix} \begin{bmatrix} \Delta f_1^{(0)} \\ \Delta e_1^{(0)} \\ \Delta f_2^{(0)} \\ \Delta e_2^{(0)} \\ \Delta f_3^{(0)} \\ \Delta e_3^{(0)} \end{bmatrix}$$

由修正方程可见，在雅可比矩阵中，除了第二行，其他每行元素中绝对值最大的元素都在对角线上，这样可以减少计算过程中的舍入误差。必须指出，这种情况的出现并非偶然。从上列方程中可见，各行绝对值最大元素实际是 $H_{ii} = \dfrac{\partial \Delta P_i}{\partial f_i}$ 和 $L_{ii} = \dfrac{\partial \Delta Q_i}{\partial e_i}$，这与高压电网的一种现象相吻合，即有功功率主要和电压横分量有关，无功功率主要和电压的纵分量有关。因此，上式中各节点待求量 Δf_i 与 Δe_i 不能对调，即不能对调雅可比矩阵的奇数列与偶数列。

7）求解修正方程，得到 f_i、e_i 的修正量

$$\begin{bmatrix} \Delta f_1^{(0)} \\ \Delta e_1^{(0)} \\ \Delta f_2^{(0)} \\ \Delta e_2^{(0)} \\ \Delta f_3^{(0)} \\ \Delta e_3^{(0)} \end{bmatrix} = \begin{bmatrix} -0.11022 \\ 0.076 \\ -0.02143 \\ 0.01573 \\ -0.00058 \\ 0 \end{bmatrix}$$

8）按式（4-32）计算节点电压的第一次近似值

$$e_1^{(1)} = e_1^{(0)} + \Delta e_1^{(0)} = 1.076 , \quad f_1^{(1)} = f_1^{(0)} + \Delta f_1^{(0)} = -0.11022$$
$$e_2^{(1)} = e_2^{(0)} + \Delta e_2^{(0)} = 1.01573 , \quad f_2^{(1)} = f_2^{(0)} + \Delta f_2^{(0)} = -0.02143$$
$$e_3^{(1)} = e_3^{(0)} + \Delta e_3^{(0)} = 1.03 , \quad f_3^{(1)} = f_3^{(0)} + \Delta f_3^{(0)} = -0.00058$$

这样便结束了一轮迭代过程。然后置 $k=1$，以 $e_i^{(1)}$、$f_i^{(1)}$ 代替 $e_i^{(0)}$、$f_i^{(0)}$，返回第 4）步重复上述计算，直到满足收敛判据，结束迭代，转入计算平衡节点的功率、PV 节点的注入无功功率和支路功率分布。

迭代过程中节点电压的变化情况如表 4-1 所示，功率和电压不平衡量的变化情况如表 4-2 所示。

表 4-1 迭代过程中节点电压的变化情况

迭代次数 k	e_1	f_1	e_2	f_2	e_3	f_3
1	1.076	−0.11022	1.01573	−0.02143	1.03	−0.00058
2	1.05844	−0.10885	1.01234	−0.02024	1.03	−0.00096
3	1.05811	−0.10884	1.01228	−0.02022	1.03	−0.00097

表 4-2 迭代过程中功率和电压不平衡量的变化情况

迭代次数 k	ΔP_1	ΔQ_1	ΔP_2	ΔQ_2	ΔP_3	ΔU_3^2
0	$-1.5\times10^{-1*}$	7.52×10^{-2}	7.47×10^{-2}	4.879×10^{-2}	4.016×10^{-2}	0
1	1.766×10^{-4}	$-2.113\times10^{-2*}$	-2.237×10^{-3}	8.943×10^{-4}	4.826×10^{-5}	-3.312×10^{-7}
2	-2.751×10^{-5}	$-3.669\times10^{-4*}$	-6.503×10^{-6}	5.438×10^{-6}	-5.235×10^{-6}	-1.475×10^{-7}
3	-1.123×10^{-8}	$-1.227\times10^{-7*}$	-2.97×10^{-10}	4.735×10^{-10}	-2.216×10^{-9}	-7.44×10^{-11}

在迭代过程中特别是迭代趋近于收敛时，雅可比矩阵各元素变化不是很显著，表 4-3 列出了对角元的变化情况。

表 4-3 迭代过程中雅可比矩阵对角元的变化情况

迭代次数 k	$\frac{\partial \Delta P_1}{\partial f_1}$	$\frac{\partial \Delta Q_1}{\partial e_1}$	$\frac{\partial \Delta P_2}{\partial f_2}$	$\frac{\partial \Delta Q_2}{\partial e_2}$	$\frac{\partial \Delta P_3}{\partial f_3}$	$\frac{\partial \Delta U_3^2}{\partial e_3}$
1	−1.6894	−1.339	−7.36499	−7.26742	−4.77442	−2.06
2	−1.71597	−1.5426	−7.36983	−7.36816	−4.85685	−2.06
3	−1.71025	−1.49512	−7.34771	−7.3477	−4.84226	−2.06

迭代收敛后各节点电压的计算结果如表 4-4 所示。

表 4-4 各节点电压的计算结果

节点号	U	$\delta/°$	e	f
1	1.0637	−5.87318	1.05811	−0.10884
2	1.01248	−1.14418	1.01228	−0.02022
3	1.03	0.05387	1.03	−0.00097
4	1.02	0	1.02	0

按式（4-8）可以求出平衡节点向线路中送出的功率，再与该节点的负荷功率相加，可以得到节点 4 总的注入功率

$$P_4 + jQ_4 = 0.0518 - j0.06878 + 0.6 + j0.2 = 0.6518 + j0.13122$$

按式（4-8b）可以求出 PV 节点无功功率，于是

$$P_3 + jQ_3 = 0.1 + j0.00065$$

按式（4-15）计算各支路功率分布

$$P_{12} + jQ_{12} = -0.15 - j0.03211, \quad P_{21} + jQ_{21} = 0.15 + 0.04529$$

$$P_{23} + jQ_{23} = -0.09188 - j0.03577, \quad P_{32} + jQ_{32} = 0.09301 + j0.01103$$

$$P_{24} + jQ_{24} = -0.05812 - j0.00952, \quad P_{42} + jQ_{42} = 0.05871 - j0.02489$$

$$P_{34} + jQ_{34} = 0.00699 - j0.01038, \quad P_{43} + jQ_{43} = -0.0069 - j0.04389$$

最终潮流分布见图 4-7。

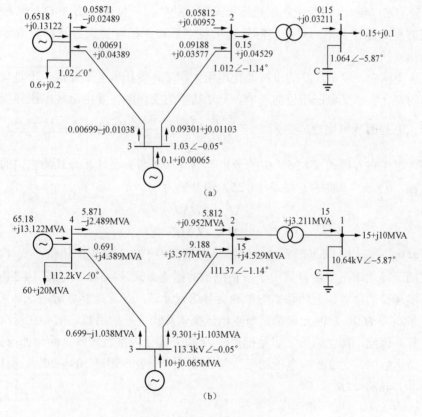

图 4-7 例 4-3 的最终潮流分布

(a) 标幺值；(b) 有名值

为了显示牛顿－拉夫逊潮流计算方法的收敛特性，可以在半对数坐标上将每次迭代过程中绝对值最大的不平衡量（即表 4-2 中附"*"的数字）绘成曲线，如图 4-8 所示。牛顿－拉夫逊法具有平方收敛特性，它在开始时收敛得比较慢，而在几次迭代以后，收敛得非常快，而且其迭代次数一般与电力系统规模关系不大。

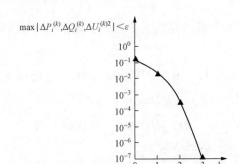

图 4-8　牛顿－拉夫逊潮流计算方法的收敛特性

4.5　P-Q 分解法潮流计算
Fast Decoupled Load Flow

　　P-Q 分解法潮流计算[●]派生于极坐标形式表示的牛顿－拉夫逊法。P-Q 分解法潮流计算时的修正方程式是计及电力系统实际运行的特点后对牛顿－拉夫逊法修正方程式的合理简化。

　　在高压电网中，输电线路的电抗要比电阻大得多，变压器尤其如此，于是，电网中的有功功率的变化主要受电压相位的影响，无功功率的变化则主要由母线电压幅值变化所影响。在修正方程的雅可比矩阵中，$N_{ij} = \dfrac{\partial \Delta P_i}{\partial U_j}$ 和 $M_{ij} = \dfrac{\partial \Delta Q_i}{\partial \delta_j}$ 的绝对值接近于零。作为简化的第一步，可以将方程式（4-25）中的子矩阵 N 和 M 略去不计，即认为它们的元素都等于零。这样，$n + m - 1$ 阶的方程式（4-25）便分解为一个 $n - 1$ 阶和一个 m 阶的方程

$$\Delta P = -H\Delta\delta \tag{4-34a}$$
$$\Delta Q = -L\Delta U' \tag{4-34b}$$

　　式（4-34a）表明，节点的有功功率不平衡量只用于修正电压的相位；式（4-34b）表明，节点的无功功率不平衡量只用于修正电压的幅值。式（4-34a）与式（4-34b）轮流进行迭代，实现有功功率、无功功率的单独交替迭代计算，这就是 P-Q 分解法。

　　但是子矩阵 H 和 L 的元素都是节点电压幅值和相位差的函数，需要在每次迭代过程中重新计算。因此，简化的第二步是把矩阵 H 和 L 简化成常数矩阵。简化的前提条件是：在电网正常运行时，支路两端电压的相位差 δ_{ij} 不大（一般不超过 10°～20°），所以可认为：$\cos\delta_{ij} \approx 1$ 和 $G_{ij}\sin\delta_{ij} \ll B_{ij}$。

　　于是，由式（4-23a）可得

$$H_{ij} = L_{ij} \approx U_i U_j B_{ij}, \quad i \neq j \tag{4-35}$$

　　由式（4-7b）可得各节点的注入无功功率

$$Q_i = U_i \sum_{j=1}^{n} U_j (G_{ij} \sin\delta_{ij} - B_{ij}\cos\delta_{ij}) \approx -U_i \sum_{j=1}^{n} U_j B_{ij}$$

[●]　Scott B，Alsac O. Fast Decoupled Load Flow. IEEE Trans. on Power Apparatus and Systems，1974，933（3）：859-869.

由式（4-23b）可得

$$H_{ii} \approx -U_i \sum_{\substack{j=1 \\ j\neq i}}^{n} U_j B_{ij} = -U_i \sum_{j=1}^{n} U_j B_{ij} + U_i^2 B_{ii} = Q_i + U_i^2 B_{ii} \tag{4-36}$$

$$L_{ii} \approx U_i \sum_{\substack{j=1 \\ j\neq i}}^{n} U_j B_{ij} + 2U_i^2 B_{ii} = U_i \sum_{j=1}^{n} U_j B_{ij} + U_i^2 B_{ii} = -Q_i + U_i^2 B_{ii} \tag{4-37}$$

由式（4-4a）可知，节点 i 的自导纳 Y_{ii} 实际上是当其他节点的电压都等于零（相当于将节点直接短路接地）时，节点 i 的注入电流与其电压之比，即

$$Y_{ii} = \left. \frac{\dot{I}_i}{\dot{U}_i} \right|_{\dot{U}_j=0,\ j\neq i} = \left. \frac{\dot{I}_i \overset{*}{U}_i}{\dot{U}_i \overset{*}{U}_i} \right|_{\dot{U}_j=0,\ j\neq i} = \left. \frac{\overset{*}{S}_{i(SC)}}{U_i^2} \right|_{\dot{U}_j=0,\ j\neq i} = \left. \frac{P_{i(SC)} - jQ_{i(SC)}}{U_i^2} \right|_{\dot{U}_j=0,\ j\neq i}$$

于是

$$B_{ii} = \left. -\frac{Q_{i(SC)}}{U_i^2} \right|_{\dot{U}_j=0,\ j\neq i}$$

显然，$|Q_{i(SC)}|$ 要远远大于正常时的节点注入无功功率 $|Q_i|$，即 $|Q_i| \ll |B_{ii} U_i^2|$。因此，式（4-36）和式（4-37）均可简化为

$$H_{ii} = L_{ii} = U_i^2 B_{ii} \tag{4-38}$$

由式（4-35）和式（4-38）可见，H 和 L 的元素具有相同的表达式，只是 H 是 $n-1$ 阶方阵，L 是 m 阶方阵。于是

$$\begin{Bmatrix} H \\ L \end{Bmatrix} = \begin{bmatrix} U_1^2 B_{11} & U_1 U_2 B_{12} & \cdots & U_1 U_i B_{1i} & \cdots \\ U_2 U_1 B_{21} & U_2^2 B_{22} & \cdots & U_2 U_i B_{2i} & \cdots \\ \cdots & & & & \\ U_i U_1 B_{i1} & U_i U_2 B_{i2} & \cdots & U_i^2 B_{ii} & \cdots \\ \cdots & & & & \end{bmatrix}$$

或

$$\begin{Bmatrix} H \\ L \end{Bmatrix} = \begin{bmatrix} U_1 & & & \\ & U_2 & & \mathbf{0} \\ & & \ddots & \\ \mathbf{0} & & U_i & \\ & & & \ddots \end{bmatrix} \begin{bmatrix} B_{11} & B_{12} & \cdots & B_{1i} & \cdots \\ B_{21} & B_{22} & \cdots & B_{2i} & \cdots \\ \cdots & & & & \\ B_{i1} & B_{i2} & \cdots & B_{ii} & \cdots \\ \cdots & & & & \end{bmatrix} \begin{bmatrix} U_1 & & & \\ & U_2 & & \mathbf{0} \\ & & \ddots & \\ \mathbf{0} & & U_i & \\ & & & \ddots \end{bmatrix} \tag{4-39}$$

将式（4-39）代入式（4-34）中，并考虑到对角阵的特性

$$\begin{bmatrix} U_1 & & & \\ & U_2 & & \mathbf{0} \\ & & \ddots & \\ \mathbf{0} & & U_i & \\ & & & \ddots \end{bmatrix}^{-1} = \begin{bmatrix} 1/U_1 & & & \\ & 1/U_2 & & \mathbf{0} \\ & & \ddots & \\ \mathbf{0} & & 1/U_i & \\ & & & \ddots \end{bmatrix}$$

经整理后，可以得到 P-Q 分解法的修正方程

$$\begin{bmatrix} \Delta P_1 / U_1 \\ \Delta P_2 / U_2 \\ \vdots \\ \Delta P_{n-1} / U_{n-1} \end{bmatrix} = - \begin{bmatrix} B_{11} & B_{12} & \cdots & B_{1,n-1} \\ B_{21} & B_{22} & \cdots & B_{2,n-1} \\ \cdots & & & \ddots \\ B_{n-1,1} & B_{n-1,2} & \cdots & B_{n-1,n-1} \end{bmatrix} \begin{bmatrix} U_1 \Delta \delta_1 \\ U_2 \Delta \delta_2 \\ \vdots \\ U_{n-1} \Delta \delta_{n-1} \end{bmatrix} \tag{4-40a}$$

$$\begin{bmatrix} \Delta Q_1 / U_1 \\ \Delta Q_2 / U_2 \\ \vdots \\ \Delta Q_m / U_m \end{bmatrix} = - \begin{bmatrix} B_{11} & B_{12} & \cdots & B_{1m} \\ B_{21} & B_{22} & \cdots & B_{2m} \\ \cdots & & & \ddots \\ B_{m1} & B_{m2} & \cdots & B_{mm} \end{bmatrix} \begin{bmatrix} \Delta U_1 \\ \Delta U_2 \\ \vdots \\ \Delta U_m \end{bmatrix} \tag{4-40b}$$

或把 P-δ 迭代的修正方程式（4-40a）和 Q-U 迭代的修正方程式（4-40b）分别简写为

$$\Delta P / U = -B' U \Delta \delta \tag{4-41a}$$

$$\Delta Q / U = -B'' \Delta U \tag{4-41b}$$

系数矩阵虽然均为对称的常数矩阵，但 B' 为 $n-1$ 阶矩阵，B'' 为 m 阶矩阵（m 为 PQ 节点个数），而且 B' 和 B'' 并不总直接由导纳矩阵的虚部组成。为了加快收敛速度，通常在 B' 中除去那些与有功功率和电压相位关系较小的因素，如在 B' 中不包含各线路和变压器 Π 型等值电路的对地导纳；在 B'' 中去除那些与无功功率、电压幅值关系较小的因素，以致 B' 和 B'' 这两个矩阵不仅阶数不同，它们相应元素的数值也不完全相同。

P-Q 分解法通常与因子表法联合使用，即由系数矩阵 B' 和 B'' 进行三角分解，组成"消元回代"用的因子表（参见附录 E），在每次迭代过程中，不必重新形成因子表，只需形成功率不平衡量的列向量，通过对因子表的消元和回代运算求得电压相位、幅值的修正量。

P-Q 分解法迭代过程的收敛判据仍然是 $\max\{|\Delta P_i^{(k)}|, |\Delta Q_i^{(k)}|\} < \varepsilon$。P-Q 分解法潮流计算的基本步骤为：

1）形成节点导纳矩阵。

2）计算系数矩阵 B' 和 B'' 并形成因子表。

3）设定 PQ 节点电压幅值的初值（通常取为 1.0）、PQ 节点与 PV 节点的电压相位初值（通常取为 0.0）。

4）置迭代次数 $k = 0$。

5）置 P-δ 迭代收敛标志 $K_P = 1$，Q-U 迭代收敛标志 $K_Q = 1$。

6）由式（4-21a）计算各 PQ 节点、PV 节点的有功功率不平衡量。

7）判断是否满足 $\max\{|\Delta P_i^{(k)}|\} < \varepsilon$，如果满足，则置 $K_P = 0$，然后转向第 10）步；否则，置 $K_P = 1$，进行下一步。

8）求解修正方程式（4-41a），得出电压相位的修正量 $\Delta \delta_i^{(k)}$。

9）求出各节点电压相位的新值 $\delta_i^{(k+1)} = \delta_i^{(k)} + \Delta \delta_i^{(k)}$。

10）如果 $K_Q = 0$，则转向第 15）步；否则，进行下一步。

11）由式（4-21b）计算各 PQ 节点的无功功率不平衡量。

12）判断是否满足 $\max\{|\Delta Q_i^{(k)}|\} < \varepsilon$，如果满足，则置 $K_Q = 0$，然后转向第 15）步；否则，置 $K_Q = 1$，进行下一步。

13）求解修正方程式（4-41b），得出电压幅值的修正量 $\Delta U_i^{(k)}$。

14）求出各节点电压幅值的新值 $U_i^{(k+1)} = U_i^{(k)} + \Delta U_i^{(k)}$。

15）如果 K_P 和 K_Q 均为 0，则进行下一步；否则，置 $k = k+1$，返回第 6）步继续进行下一轮迭代。

16）计算平衡节点功率和全电网的支路功率分布。

在 P-Q 分解法潮流计算过程中，设置 K_P、K_Q 分别表示 $P\text{-}\delta$ 迭代和 $Q\text{-}U$ 迭代收敛状态的标志，收敛时赋 0，未收敛时赋 1，以保证迭代同时满足 $\max\{|\Delta P_i^{(k)}|\} < \varepsilon$ 和 $\max\{|\Delta Q_i^{(k)}|\} < \varepsilon$ 两个条件。

图 4-9 为 P-Q 分解法潮流计算的程序框图。

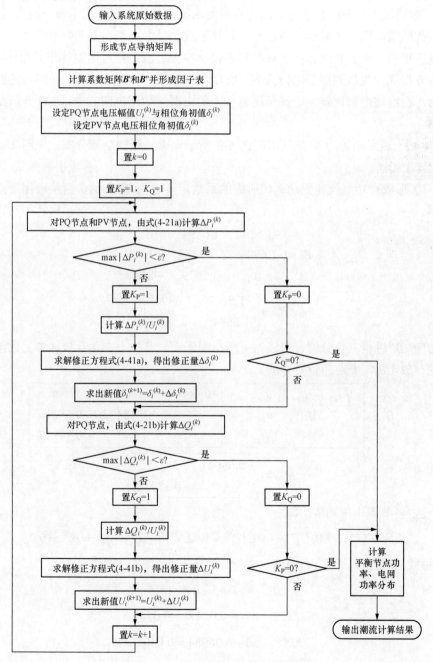

图 4-9 P-Q 分解法潮流计算程序框图

与牛顿－拉夫逊法相比，P-Q 分解法有如下的特点：

1）以一个 $n-1$ 阶和一个 m 阶线性方程组代替原有的 $n+m-1$ 阶线性方程组，P-δ 迭代和 Q-U 迭代分开进行，可以提高线性方程组的求解速度，降低计算机对储存容量的要求。

2）在迭代过程中修正方程的系数矩阵 $\boldsymbol{B}'$ 和 $\boldsymbol{B}''$ 保持不变，均为对称常数矩阵，显著地提高了计算速度。如果采用因子表法求解，只需分解一次，在迭代过程中不必重新分解，减少了计算工作量。又因为矩阵是对称的，所以只需存储一个上（或下）三角矩阵，这也节约了计算机的内存容量。

3）一般情况下，采用 P-Q 分解法计算时要求的迭代次数较采用牛顿－拉夫逊法时多，但每次迭代所需时间大大减少，所以总的计算速度仍是 P-Q 分解法较快。

应强调指出，由于 P-Q 分解法只是对牛顿－拉夫逊法的雅可比矩阵作了简化，而对其功率平衡方程式及收敛判据都未做改变，所以它与牛顿－拉夫逊法同解，可以达到同样精度。然而，在线路电阻比较大，甚至比电抗大的电网（如配电网）中，P-Q 分解法有时难以收敛。

【例 4-4】 试采用 P-Q 分解法求解例 4-3 所示电力系统的潮流分布。电网参数和给定条件与例 4-3 相同。

解 1）形成有功迭代和无功迭代所需的系数矩阵 $\boldsymbol{B}'$ 和 $\boldsymbol{B}''$，这里直接取用导纳矩阵元素的虚部。

$$\boldsymbol{B}' = \begin{bmatrix} -1.5142 & 1.6894 & 0 \\ 1.6894 & -7.3162 & 3.1619 \\ 0 & 3.1619 & -4.704 \end{bmatrix}$$

$$\boldsymbol{B}'' = \begin{bmatrix} -1.5142 & 1.6894 \\ 1.6894 & -7.3162 \end{bmatrix}$$

将 $\boldsymbol{B}'$ 和 $\boldsymbol{B}''$ 进行三角分解，形成如下两个因子表，并按上三角存放（参见附录 E，对角线位置存放 $1/d_{ii}$，非对角位置存放 u_{ij}）

$$\boldsymbol{B}' \rightarrow \begin{bmatrix} 1/d_{11} & u_{12} & u_{13} \\ & 1/d_{22} & u_{23} \\ & & 1/d_{33} \end{bmatrix} = \begin{bmatrix} -0.66041 & -1.1157 & 0 \\ & -0.18412 & -0.58216 \\ & & -0.34925 \end{bmatrix}$$

$$\boldsymbol{B}'' \rightarrow \begin{bmatrix} -0.66041 & -1.1157 \\ & -0.18412 \end{bmatrix}$$

2）设定各节点电压初值，即

$$U_1^{(0)} = U_2^{(0)} = 1.0, U_3^{(0)} = 1.03, U_4^{(0)} = 1.02, \delta_1^{(0)} = \delta_2^{(0)} = \delta_3^{(0)} = \delta_4^{(0)} = 0.0$$

3）由式（4-21a）计算 PQ 节点、PV 节点的有功功率不平衡量 $\Delta P_i^{(0)}$

$$\Delta P_1^{(0)} = -0.15 - 0 = -0.15$$

$$\Delta P_2^{(0)} = 0 - (-0.0747) = 0.0747$$

$$\Delta P_3^{(0)} = 0.1 - 0.05984 = 0.04016$$

4）不能满足 $\max\{|\Delta P_i^{(k)}|\} < \varepsilon = 10^{-6}$，需要继续迭代计算。

5）作第一次 $P\text{-}\delta$ 迭代，计算修正方程的常数项，即

$$\frac{\Delta P_1^{(0)}}{U_1^{(0)}} = \frac{-0.15}{1.0} = -0.15$$

$$\frac{\Delta P_2^{(0)}}{U_2^{(0)}} = \frac{0.0747}{1.0} = 0.0747$$

$$\frac{\Delta P_3^{(0)}}{U_3^{(0)}} = \frac{0.04016}{1.03} = 0.03899$$

用第一因子表求解修正方程式（4-41a），得出电压相位的修正量 $\Delta\delta_i^{(k)}$ 为（角度单位为°）

$$\begin{bmatrix} \Delta\delta_1^{(0)} \\ \Delta\delta_2^{(0)} \\ \Delta\delta_3^{(0)} \end{bmatrix} = \begin{bmatrix} -6.96073 \\ -1.15163 \\ -0.2905 \end{bmatrix}$$

于是有

$$\delta_1^{(1)} = \delta_1^{(0)} + \Delta\delta_1^{(0)} = -6.96073$$

$$\delta_2^{(1)} = \delta_2^{(0)} + \Delta\delta_2^{(0)} = -1.15163$$

$$\delta_3^{(1)} = \delta_3^{(0)} + \Delta\delta_3^{(0)} = -0.2905$$

6）由式（4-21b）计算 PQ 节点的无功功率不平衡量 $\Delta Q_i^{(0)}$，即

$$\Delta Q_1^{(0)} = -0.1 - (-1.06652) = 0.06652$$

$$\Delta Q_2^{(0)} = 0 - 0.01197 = -0.01197$$

7）不能满足 $\max\{|\Delta Q_i^{(k)}|\} < \varepsilon = 10^{-6}$，也需要继续迭代计算。

8）作第一次 $Q\text{-}U$ 迭代迭代，计算修正方程的常数项，即

$$\frac{\Delta Q_1^{(0)}}{U_1^{(0)}} = \frac{0.06652}{1.0} = 0.06652$$

$$\frac{\Delta Q_2^{(0)}}{U_2^{(0)}} = \frac{-0.01197}{1.0} = -0.01197$$

用第二因子表求解修正方程式（4-41b），得出电压幅值的修正量 $\Delta U_i^{(k)}$ 为

$$\begin{bmatrix} \Delta U_1^{(0)} \\ \Delta U_1^{(0)} \end{bmatrix} = \begin{bmatrix} 0.05672 \\ 0.01146 \end{bmatrix}$$

于是有

$$U_1^{(1)} = U_1^{(0)} + \Delta U_1^{(0)} = 1.05672$$

$$U_2^{(1)} = U_2^{(0)} + \Delta U_2^{(0)} = 1.01146$$

这样便结束了第一轮迭代过程。返回第 3）步重复上述计算，直到满足收敛判据。

迭代过程中节点电压的变化情况如表 4-5 所示，功率和电压不平衡量的变化情况如表 4-6 所示。显然，潮流计算结果与运用牛顿—拉夫逊法计算的结果完全一致。

表 4-5   迭代过程中节点电压的变化情况

迭代次数 k	U_1	δ_1	U_2	δ_2	δ_3
1	1.05672	−6.96073	1.01146	−1.15163	−0.2905
2	1.06385	−5.76894	1.01293	−1.07519	−0.02807
3	1.06353	−5.89394	1.01232	−1.16053	−0.05567
4	1.06374	−5.86814	1.01253	−1.13914	−0.05356
5	1.06368	−5.87461	1.01247	−1.14562	−0.05392
6	1.0637	−5.87277	1.01248	−1.14376	−0.05384
7	1.0637	−5.8733	1.01248	−1.1443	−0.05387
8	1.0637	−5.87315	1.01248	−1.14414	−0.05386
9	1.0637	−5.87319	1.01248	−1.14419	−0.05386
10	1.0637	−5.87318	1.01248	−1.14417	−0.05386

表 4-6   迭代过程中功率不平衡量的变化情况

迭代次数 k	ΔP_1	ΔP_2	ΔP_3	ΔQ_1	ΔQ_2
0	$-1.5 \times 10^{-1}{}^*$	7.47×10^{-2}	4.016×10^{-2}	6.652×10^{-2}	-1.197×10^{-2}
1	3.276×10^{-2}	$-4.266 \times 10^{-2}{}^*$	1.846×10^{-2}	8.784×10^{-3}	-1.295×10^{-3}
2	-1.027×10^{-3}	$-5.621 \times 10^{-3}{}^*$	2.51×10^{-3}	5.625×10^{-4}	-3.939×10^{-3}
3	9.223×10^{-5}	$1.859 \times 10^{-3}{}^*$	-1.047×10^{-3}	-1.56×10^{-5}	1.115×10^{-3}
4	1.234×10^{-5}	$6.222 \times 10^{-4}{}^*$	3.415×10^{-4}	1.886×10^{-5}	-3.437×10^{-4}
5	-4.333×10^{-6}	$1.816 \times 10^{-4}{}^*$	-1.006×10^{-4}	-4.79×10^{-6}	9.977×10^{-5}
6	1.428×10^{-6}	$-5.318 \times 10^{-5}{}^*$	2.942×10^{-5}	1.458×10^{-6}	-2.911×10^{-5}
7	-4.18×10^{-7}	$1.547 \times 10^{-5}{}^*$	-8.564×10^{-6}	-4.208×10^{-7}	8.465×10^{-6}
8	1.223×10^{-7}	$-4.501 \times 10^{-6}{}^*$	2.492×10^{-6}	1.227×10^{-7}	-2.463×10^{-6}
9	-3.558×10^{-8}	$1.309 \times 10^{-6}{}^*$	-7.248×10^{-7}	-3.567×10^{-8}	7.163×10^{-7}
10	-2.421×10^{-8}	-1.722×10^{-9}	7.571×10^{-9}	-3.567×10^{-8}	$7.163 \times 10^{-7}{}^*$

  P-Q 分解法在本例题中的收敛特性如图 4-10 所示（每次迭代过程中绝对值最大的不平衡量为表 4-6 中附"*"的数字）。由图中可以看出，P-Q 分解法具有近似的直线收敛特性。与图 4-8 相比，牛顿－拉夫逊法的收敛速度要快得多。但是，如前所述，由于 P-Q 分

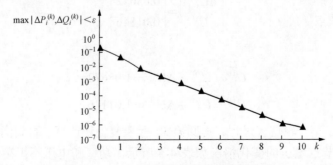

图 4-10　P-Q 分解法潮流计算的收敛特性

解法计算每次迭代所需时间大大减少，所以总的计算速度仍是 P-Q 分解法比牛顿－拉夫逊法快。

4.6　直流法潮流计算
Load Flow Solution by Direct Current Method

在电力系统分析和运行计算中，往往需要对电网很多运行方式进行潮流计算。例如，在进行电力系统规划时，需要作"N–1"安全准则校核计算，即对于某一种运行方式，要逐一开断电网中的支路，检查是否存在线路或变压器过载情况。用牛顿－拉夫逊法虽然也可以解决这类问题，但如前所述，对应于每一条支路的开断，牛顿法必须求解新的修正方程。因此，对于大规模的电力系统，用牛顿法进行"N–1"安全准则校核计算将要花费大量的计算时间，这是不切实际的。此外，对于电力系统规划来说，由于系统数据的不完整性和不确定性，用牛顿法迭代计算时可能不收敛。

直流法潮流计算是一种近似的方法，主要用于电网中有功功率分布的近似计算。以下简单介绍直流法潮流计算的方法。

如图 4-3 所示，令 $y_{ij} = g_{ij} + jb_{ij}$，$y_{ij0} = g_{ij0} + jb_{ij0}$，节点电压用极坐标形式表示，则由式（4-15）可得到每条支路 i–j 中通过的有功功率

$$P_{ij} = U_i^2 g_{ij0} + U_i^2 g_{ij} - U_i U_j (g_{ij} \cos\delta_{ij} + b_{ij} \sin\delta_{ij}) \tag{4-42}$$

考虑到实际高压电网中的参数和运行特点，作如下假设：

1）在正常运行时，节点电压值的偏移很少超过 10%，可以认为各节点电压近似等于1，即 $U_i \approx U_j \approx 1$；

2）支路两端电压的相位差 δ_{ij} 不大（一般为 10°～20°），可以认为 $\cos\delta_{ij} \approx 1$，$\sin\delta_{ij} \approx \delta_{ij} = \delta_i - \delta_j$；

3）输电线路及变压器的电阻远小于其电抗，可以认为 $g_{ij} \approx 0$，$b_{ij} \approx -1/x_{ij}$；

4）忽略线路和变压器Π型等值电路的对地并联支路对有功功率分布的影响。

这样，由式（4-42）可知每条支路 i–j 中通过的有功功率近似为

$$P_{ij} \approx -b_{ij}(\delta_i - \delta_j) = \frac{\delta_i - \delta_j}{x_{ij}} \tag{4-43}$$

由于各节点的注入功率等于与该节点相连的各支路功率之和，同时将支路电纳的负值（$-b_{ij}$）改写为节点导纳矩阵中的相应虚部元素 B_{ij}，所以节点 i 注入有功功率的表示式为

$$P_i = \sum_{\substack{j=1 \\ (j\neq i)}}^{n} B_{ij}(\delta_i - \delta_j) = \delta_i \sum_{\substack{j=1 \\ (j\neq i)}}^{n} B_{ij} - \sum_{\substack{j=1 \\ (j\neq i)}}^{n} B_{ij}\delta_j$$

如上所述，忽略了对地并联支路，于是

$$B_{ii} = -\sum_{\substack{j=1 \\ (j\neq i)}}^{n} B_{ij}$$

所以可得到

$$P_i = -\delta_i B_{ii} - \sum_{\substack{j=1 \\ (j \neq i)}}^{n} B_{ij}\delta_j = -\sum_{j=1}^{n} B_{ij}\delta_j$$

或写成（这里仍然假定第 n 节点为平衡节点，$\delta_n=0$）

$$\begin{bmatrix} P_1 \\ P_2 \\ \vdots \\ P_{n-1} \end{bmatrix} = -\begin{bmatrix} B_{11} & B_{12} & \cdots & B_{1,n-1} \\ B_{21} & B_{22} & \cdots & B_{2,n-1} \\ \cdots & & & \\ B_{n-1,1} & B_{n-1,2} & \cdots & B_{n-1,n-1} \end{bmatrix} \begin{bmatrix} \delta_1 \\ \delta_2 \\ \vdots \\ \delta_{n-1} \end{bmatrix} \tag{4-44}$$

在给定 PQ、PV 节点注入有功功率条件下，可以用因子表、矩阵求逆或高斯消元等方法求解式（4-44），得出相应的节点电压相位，然后用式（4-43）求出各支路的有功功率分布。

如果将式（4-44）中的节点注入功率当成直流电路的注入电流，节点电压相位当作直流电路的电压，节点电纳矩阵当作直流电路的节点电导矩阵，则该式与直流电路中电压和电流的关系具有相同的形式，不同的只是在直流电路中电流从电压高处向电压低处流动，而在交流电网中，有功功率从电压相位角大的节点向电压相位角小的节点流动。由此，该方法称为直流法。

直流法潮流计算需要求解的式（4-44）是线性方程组，没有收敛性问题，因而它具有简单、计算工作量小、速度快、不存在收敛性问题等优点，广泛地使用在电力系统规划、静态安全分析等需要大量计算或运行条件不十分理想的场合。然而，直流法对节点功率方程进行了简化，或者说对潮流计算的模型作了简化，所以它是一种近似的计算法。

4.7 配电网潮流计算
Load Flow Solution to Distribution Network

在配电网中，仍然可以采用牛顿－拉夫逊法进行潮流计算，但由于配电线路的电阻较大，如前所述，P-Q 分解法有时难以收敛。

考虑到配电网都是以辐射型网络运行，如图 4-11（a）所示，为了减少计算工作量，配电网的潮流计算通常采用"前推回代"迭代方法，"前推"指根据线路末端节点的功率和近似电压，由末端起计算全网的功率损耗和功率分布；"回代"指根据线路始端电压和线路起始功率，从始端起逐段求电压降落和各节点的电压。"前推回代"迭代方法的计算过程与手算潮流相类似，但通过迭代能使计算结果达到要求的精度。目前，分布式电源或微电网已经接入配电网，在某种运行方式下，可以将其当作固定出力的电源处理，只要充分注意电源功率与负荷功率的方向，仍然不影响"前推回代"迭代方法的应用。该方法的迭代收敛判据为

$$\max\left|\dot{U}_i^{(k+1)} - \dot{U}_i^{(k)}\right| < \varepsilon \tag{4-45}$$

配电网潮流计算的基本步骤为：

1）简化配电网的等值电路，将支路的对地并联导纳进行合并，连接到各个节点，如图 4-11（b）所示，$y_{ii0} = g_{ii0} + \mathrm{j}b_{ii0}$。

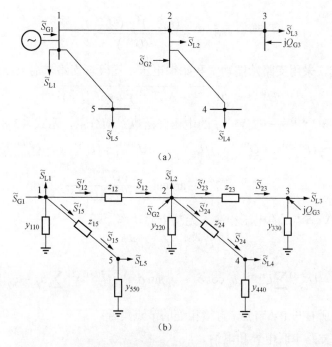

图 4-11　辐射型配电网和等值电路

(a) 配电网接线图；(b) 简化等值电路

2) 给定平衡节点电压、迭代误差允许值 ε，并设定 PQ 节点电压幅值的初值（通常取 $U_i^{(0)} = 1.0$）、PQ 节点与 PV 节点的电压相位初值（通常取 $\delta_i^{(0)} = 0.0$）、PV 节点的注入无功功率初值 $Q_{Gi}^{(0)}$。

3) 置迭代次数 $k = 0$。

4) 计算各节点的运算负荷。对于普通的 PQ 节点，有

$$\tilde{S}_i^{(k)} = \tilde{S}_{Li} + (U_i^{(k)})^2 \overset{*}{y}_{ii0} \tag{4-46a}$$

对于连接有分布式电源或微电网的 PQ 节点，有

$$\tilde{S}_i^{(k)} = \tilde{S}_{Li} + (U_i^{(k)})^2 \overset{*}{y}_{ii0} - \tilde{S}_{Gi} \tag{4-46b}$$

对于 PV 节点，有

$$\tilde{S}_i^{(k)} = \tilde{S}_{Li} + (U_i^{(k)})^2 \overset{*}{y}_{ii0} - jQ_{Gi}^{(k)} \tag{4-46c}$$

5) 由末端起，逐步前推，计算支路的功率损耗和功率分布。

支路 i–j 的末端功率

$$\tilde{S}_{ij}^{(k+1)} = \tilde{S}_j^{(k)} + \sum_{\substack{k \in j \\ (k \neq i)}} \tilde{S}_{jk}^{\prime(k+1)} \tag{4-47}$$

式中　$\begin{matrix} k \in j \\ (k \neq i) \end{matrix}$ ——除节点 i 外所有与节点 j 直接相连的节点集合；

$\tilde{S}_{jk}^{\prime(k+1)}$ ——支路 j–k 的始端功率。

支路 i–j 的始端功率

$$\tilde{S}_{ij}^{\prime(k+1)} = \tilde{S}_{ij}^{(k+1)} + \frac{(P_{ij}^{(k+1)})^2 + (Q_{ij}^{(k+1)})^2}{(U_j^{(k)})^2} z_{ij} \qquad (4\text{-}48)$$

6）由始端起，采用支路始端功率和始端电压，逐段求支路末端电压，即

$$U_j^{(k+1)} = \sqrt{(U_i^{(k+1)} - \Delta U_i^{\prime(k+1)})^2 + (\delta U_i^{\prime(k+1)})^2} \qquad (4\text{-}49)$$

式中　$\Delta U_i^{\prime(k+1)}$、$\delta U_i^{\prime(k+1)}$——支路 i–j 的电压降落纵、横分量，由式（3-8）可得

$$\Delta U_i^{\prime(k+1)} = (P_{ij}^{\prime(k+1)} r_{ij} + Q_{ij}^{\prime(k+1)} x_{ij})/U_i^{(k+1)}, \quad \delta U_i^{\prime(k+1)} = (P_{ij}^{\prime(k+1)} x_{ij} - Q_{ij}^{\prime(k+1)} r_{ij})/U_i^{(k+1)}$$

$$\delta_j^{(k+1)} = \delta_i^{(k+1)} - \arctan\frac{\delta U_i^{\prime(k+1)}}{U_i^{(k+1)} - \Delta U_i^{\prime(k+1)}} \qquad (4\text{-}50)$$

7）修正各 PV 节点 i 的电压和注入无功电源功率，即

$$\dot{U}_i^{(k+1)} = U_i \angle \delta_i^{(k+1)} \qquad (4\text{-}51)$$

$$Q_{\mathrm{G}i}^{(k+1)} = U_i^{(k+1)} \sum_{j\in i} U_j^{(k+1)} (b_{ij}\cos\delta_{ij} - g_{ij}\sin\delta_{ij}) - (U_i^{(k+1)})^2 \left(\sum_{j\in i} b_{ij} + b_{ii0}\right) + Q_{\mathrm{L}i} \qquad (4\text{-}52)$$

式中　$j\in i$——所有与 PV 节点 i 直接相连的节点集合；

g_{ij}、b_{ij}——支路串联电导和电纳。

8）按式（4-45）的收敛判据判断最大的电压差值是否小于允许值 ε，如果满足，则进行下一步；否则，置 $k = k+1$，返回第 4）步继续进行下一轮迭代。

9）求出平衡节点的注入功率

$$\tilde{S}_{\mathrm{G}1} = \sum_{j\in 1} \tilde{S}_{1j} + U_1^2 \overset{*}{y}_{110} + \tilde{S}_{\mathrm{L}1} \qquad (4\text{-}53)$$

【例 4-5】 对于图 4-11（a）所示的电网，等值电路见图 4-11（b），参数分别为 $z_{12} = 0.0668 + \mathrm{j}0.101$，$z_{15} = 0.1232 + \mathrm{j}0.1859$，$z_{23} = 0.112 + \mathrm{j}0.169$，$z_{24} = 0.089 + \mathrm{j}0.135$，$y_{110} = \mathrm{j}1.4365 \times 10^{-2}$，$y_{220} = \mathrm{j}2.028 \times 10^{-2}$，$y_{330} = \mathrm{j}8.45 \times 10^{-3}$，$y_{440} = \mathrm{j}6.76 \times 10^{-3}$，$y_{550} = \mathrm{j}9.295 \times 10^{-3}$。已知母线 1 的电压为 $1.05\angle 0°$；各母线的负荷分别为 $\tilde{S}_{\mathrm{L}1} = 0.28 + \mathrm{j}0.11$、$\tilde{S}_{\mathrm{L}2} = 0.12 + \mathrm{j}0.036$、$\tilde{S}_{\mathrm{L}3} = 0.15 + \mathrm{j}0.07$、$\tilde{S}_{\mathrm{L}4} = 0.2 + \mathrm{j}0.1$ 和 $\tilde{S}_{\mathrm{L}5} = 0.18 + \mathrm{j}0.1$；母线 2 连接有分布式电源，$\tilde{S}_{\mathrm{G}2} = 0.02 + \mathrm{j}0.006$；母线 3 装有无功补偿装置，可以维持电压在 $U_3 = 1.02$。试计算电网潮流分布。

解　1）求支路导纳，即

$$y_{12} = 1/(0.0668 + \mathrm{j}0.101) = 0.1211 - \mathrm{j}0.5516,$$

$$y_{15} = 0.5524 - \mathrm{j}0.8336, \quad y_{23} = 0.5524 - \mathrm{j}0.8336, \quad y_{24} = 0.5504 - \mathrm{j}0.8349$$

2）取迭代误差允许值 $\varepsilon = 10^{-3}$。根据题意，母线 1 为平衡节点，其电压 $\dot{U}_1 = 1.05\angle 0$ 保持不变；母线 2、4、5 为 PQ 节点，母线 3 为 PV 节点。设定初值为

$$\dot{U}_2^{(0)} = \dot{U}_4^{(0)} = \dot{U}_5^{(0)} = 1.0\angle 0, \quad \dot{U}_3^{(0)} = 1.02\angle 0, \quad Q_{\mathrm{G}3}^{(0)} = 0$$

3）用式（4-46）计算各节点的运算负荷，即

$$\tilde{S}_2^{(0)} = 0.12 + \mathrm{j}0.036 - \mathrm{j}1.0^2 \times 2.208\times 10^{-2} - (0.02 + \mathrm{j}0.006) = 0.1 + \mathrm{j}0.0097$$

$$\tilde{S}_3^{(0)} = 0.15 + \mathrm{j}0.07 - \mathrm{j}1.02^2 \times 8.45\times 10^{-3} = 0.15 + \mathrm{j}0.0612$$

$$\tilde{S}_4^{(0)} = 0.2 + \mathrm{j}0.1 - \mathrm{j}1.0^2 \times 6.76\times 10^{-3} = 0.2 + \mathrm{j}0.0932$$

$$\tilde{S}_5^{(0)} = 0.18 + j0.1 - j1.0^2 \times 9.295 \times 10^{-3} = 0.18 + j0.0907$$

4）由末端起，逐步前推，用式（4-47）和式（4-48）计算线路的末端功率、功率损耗和始端功率，即

$$\tilde{S}_{23}^{(1)} = \tilde{S}_3^{(0)} = 0.15 + j0.0612$$

$$\tilde{S}_{23}'^{(1)} = \tilde{S}_{23}^{(1)} + \Delta\tilde{S}_{23}^{(1)} = 0.15 + j0.0612 + \frac{0.15^2 + 0.0612^2}{1.02^2}(0.112 + j0.169)$$
$$= 0.1528 + j0.0655$$

$$\tilde{S}_{24}^{(1)} = \tilde{S}_4^{(0)} = 0.2 + j0.0932$$

$$\tilde{S}_{24}'^{(1)} = 0.2 + j0.0932 + \frac{0.2^2 + 0.0932^2}{1.02^2}(0.089 + j0.135)$$
$$= 0.2043 + j0.0998$$

$$\tilde{S}_{12}^{(1)} = \tilde{S}_2^{(0)} + \tilde{S}_{23}'^{(1)} + \tilde{S}_{24}'^{(1)} = 0.1 + j0.0097 + 0.1528 + j0.0655 + 0.2043 + j0.0998$$
$$= 0.4572 + j0.175$$

$$\tilde{S}_{12}'^{(1)} = 0.4572 + j0.175 + \frac{0.4572^2 + 0.175^2}{1.0^2}(0.0668 + j0.101)$$
$$= 0.4732 + j0.1992$$

$$\tilde{S}_{15}^{(1)} = \tilde{S}_5^{(0)} = 0.18 + j0.0907$$

$$\tilde{S}_{15}'^{(1)} = 0.18 + j0.0907 + \frac{0.18^2 + 0.0907^2}{1.0^2}(0.1232 + j0.1859)$$
$$= 0.185 + j0.0983$$

5）由末端起，用式（4-49）和式（4-50）逐段求支路末端电压，同时用式（4-51）修正 PV 节点的电压，即

$$U_2^{(1)} = \sqrt{\left(1.05 - \frac{0.4732 \times 0.0668 + 0.1992 \times 0.101}{1.05}\right)^2 + \left(\frac{0.4732 \times 0.101 - 0.1992 \times 0.0668}{1.05}\right)^2}$$
$$= \sqrt{(1.05 - 0.0493)^2 + (0.0328)^2} = 1.0013$$

$$\delta_2^{(1)} = 0 - \arctan\frac{0.0328}{1.05 - 0.0493} = -1.8796°$$

$$U_3^{(1)} = U_3^{(0)} = 1.02$$

$$\delta_3^{(1)} = -1.8796° - \arctan\frac{\dfrac{0.1528 \times 0.169 - 0.0655 \times 0.112}{1.0013}}{1.05 - \dfrac{0.1528 \times 0.112 + 0.0655 \times 0.169}{1.0013}} = -2.967°$$

$$U_4^{(1)} = \sqrt{\left(1.0013 - \frac{0.2043 \times 0.089 + 0.0998 \times 0.135}{1.0013}\right)^2 + \left(\frac{0.2043 \times 0.135 - 0.0998 \times 0.089}{1.0013}\right)^2}$$
$$= \sqrt{(1.0013 - 0.0316)^2 + (0.0187)^2} = 0.9698$$

$$\delta_4^{(1)} = -1.8796° - \arctan\frac{0.0187}{1.0013 - 0.0316} = -2.9831°$$

$$U_5^{(1)} = \sqrt{\left(1.05 - \frac{0.185 \times 0.1232 + 0.0983 \times 0.1859}{1.05}\right)^2 + \left(\frac{0.185 \times 0.1859 - 0.0983 \times 0.1232}{1.05}\right)^2}$$

$$= \sqrt{(1.05 - 0.0391)^2 + (0.0212)^2} = 1.0111$$

$$\delta_5^{(1)} = 0 - \arctan \frac{0.0212}{1.05 - 0.0391} = -1.2029°$$

6）用式（4-52）修正 PV 节点 3 的注入无功电源功率，即

$$Q_{G3}^{(1)} = U_3 U_2^{(1)}(b_{23} \cos\delta_{32} - g_{23} \sin\delta_{32}) - U_3^2(b_{23} + b_{330}) + Q_{L3}$$

$$= 1.02 \times 1.0013 \times \{-0.8336 \times \cos[-2.967° - (-1.8796°)] - 0.5524 \times \sin[-2.967° - (-1.8796°)]\}$$

$$\quad -1.02^2(-0.8336 + 8.45 \times 10^{-3}) + 0.07$$

$$= 0.088$$

7）计算各节点电压新值与初值之差，即

i	2	3	4
$\left|\dot{U}_i^{(1)} - \dot{U}_i^{(0)}\right|$	3.28×10^{-2}	5.28×10^{-2}	5.95×10^{-2}

显然，不满足收敛判据式（4-45）。返回第 3）步继续进行下一轮迭代。迭代过程中节点电压和 PV 节点注入无功电源功率的变化情况如表 4-7 所示，前后两次迭代节点电压差的最大绝对值变化情况如表 4-8 所示。迭代 3 次后满足收敛判据，用式（4-53）所求出的平衡节点注入功率以及潮流计算结果如图 4-12 所示。

表 4-7　　　　　　　　　　迭代过程中节点电压的变化情况

迭代次数 k	U_2	δ_2	δ_3	U_4	δ_4	U_5	δ_5	Q_{G3}
1	1.0013	−1.8796	−2.967	0.9698	−2.9831	1.0111	−1.2029	0.088
2	1.0102	−2.1793	−3.7913	0.9789	−3.2608	1.0112	−1.2042	0.0859
3	1.0101	−2.1736	−3.7729	0.9789	−3.2558	1.0112	−1.2042	0.0858

表 4-8　　　　　　　　　前后两次迭代节点电压差的最大绝对值变化情况

迭代次数 k	$\left|\dot{U}_i^{(k+1)} - \dot{U}_i^{(k)}\right|_{max}$	迭代次数 k	$\left|\dot{U}_i^{(k+1)} - \dot{U}_i^{(k)}\right|_{max}$
1	5.95×10^{-2}	3	3.28×10^{-4}
2	1.47×10^{-2}		

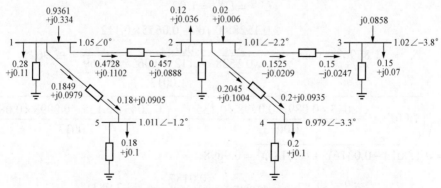

图 4-12　例 4-5 的潮流分布

小 结
Summary

应用计算机进行复杂电力系统的潮流计算，首先必须建立潮流问题的数学模型。利用节点电压方程，将节点注入电流用功率和电压表示，即可得到潮流计算的非线性功率方程。

在求解潮流分布之前，要设定一个平衡节点，并根据系统的实际运行条件将其余的节点分为 PQ 节点和 PV 节点。

潮流计算实质上可以归结为求解一组非线性方程，但应使其解满足一定的约束条件。为满足约束条件，有时 PV 节点会转化成 PQ 节点，这时，所计算的 PV 节点注入无功功率超过了其上限或下限，其无功功率只能保持在上限或下限值，也就意味着不能再使其节点电压保持在设定值。

复杂电力系统的潮流计算主要采用高斯－赛德尔法、牛顿－拉夫逊法和 P-Q 分解法。根据节点电压的不同表示方法，牛顿－拉夫逊法潮流计算分为直角坐标形式和极坐标形式两种。

高斯－赛德尔法潮流计算对初值的选取不敏感，但迭代次数与电力系统的规模有关，节点数较多的系统其收敛速度较慢。

牛顿－拉夫逊法潮流计算的迭代式为线性的修正方程式，具有很好的收敛特性，但对初值敏感，恰当的初值有利于迭代计算的收敛性和收敛速度。

P-Q 分解法是极坐标形式牛顿－拉夫逊法潮流计算的一种简化算法。简化假设的依据是输电网的一些物理特性和运行特点，简化后以两个低阶线性方程组代替原有的一个高阶线性方程组，P-δ 迭代和 Q-U 迭代分开进行，并且在迭代过程中修正方程的两个系数矩阵 B' 和 B'' 保持不变，均为对称常数矩阵，显著地提高了收敛计算速度。由于这些简化只涉及修正方程的系数矩阵，并未改变节点功率平衡方程和收敛判据，因而不会降低计算结果的精度。但 P-Q 分解法的应用场合有一定的条件限制，通常用于输电网。

直流法潮流计算是一种近似的方法，求解的是线性方程组，不存在收敛性问题，计算速度快，可以用于电网中有功功率分布的近似计算。

对于辐射型的配电网，潮流计算通常采用"前推回代"迭代方法，"前推"指根据线路末端节点的功率和近似电压，由末端起计算全网的功率损耗和功率分布；"回代"指根据线路始端电压和线路起始功率，从始端起逐段求电压降落和各节点的电压；通过几次迭代便能达到所要求的精度。

习题及思考题
Exercise and Questions

4-1 电力系统潮流计算的数学模型为什么采用节点电压方程，而不采用回路电流方程？

4-2 如何形成节点导纳矩阵？它的元素有什么物理意义？节点导纳矩阵有哪些特点？

4-3 电力系统的节点按运行状态的不同分为哪几类？每类节点的已知量和待求量各

是什么？

4-4 在潮流计算计算的结果中，如果 PV 节点的无功电源所发出的无功功率超出了它的允许值，如何在此基础上重新进行潮流计算？

4-5 P-Q 分解法是对牛顿－拉夫逊潮流计算法的改进，改进的主要依据有哪些？

4-6 PQ 分解法修正方程式的系数矩阵，同牛顿－拉夫逊法修正方程式的雅可比矩阵相比较具有哪些特点？这些特点对于提高潮流计算速度有何影响？

4-7 直流法潮流计算主要适用什么场合？

4-8 对于图 4-2（a）所示的电力系统，等值电路见图 4-2（b）。已知参数和变量的标幺值为：$z_{24} = 0.26 + j0.49$，$z_{23} = 0.17 + j0.33$，$z_{34} = 0.13 + j0.25$，$y_{240} = y_{420} = j0.025$，$y_{230} = y_{320} = j0.017$，$y_{340} = y_{430} = j0.013$，$y_{110} = j0.05$，$z_T = j0.2$，$k = 0.98$；母线 4 的电压为 $1.06\angle0°$；母线 3 装有无功补偿装置，可以维持电压在 $U_3 = 1.05$，并且其注入有功功率为 $P_{G3} = 0.15$；各母线的负荷为：$\tilde{S}_{L1} = 0.5 + j0.28$ 和 $\tilde{S}_{L4} = 0.6 + j0.39$。试形成电力系统的节点导纳矩阵，并计算电网潮流分布。

4-9 在题 4-8 中，变压器变比调整为 $k = 1.05$，其他条件不变，试计算电网潮流分布，并与题 4-8 结果比较节点电压的变化情况。

4-10 在题 4-8 中，切除母线 1 的并联电容器组，即忽略 y_{110}，其他条件不变，试计算电网潮流分布，并与题 4-8 结果比较节点电压和线路有功功率损耗的变化情况。

4-11 在题 4-8 中，采用直流法潮流计算求解电网中的有功功率近似分布。

4-12 对于题图 4-12（a）所示的辐射型配电网，等值电路见题图 4-12（b），参数分别为：$z_{12} = 0.02 + j0.6$，$z_{25} = 0.05 + j0.2$，$z_{23} = 0.047 + j0.198$，$z_{24} = 0.058 + j0.18$，$y_{110} = j0.0509$，$y_{220} = j0.067$，$y_{330} = j0.022$，$y_{440} = j0.0187$，$y_{550} = j0.0246$；各母线的负荷为：$\tilde{S}_{L3} = 0.8 + j0.2$，$\tilde{S}_{L4} = 0.6 + j0.2$，$\tilde{S}_{L5} = 0.1 + j0.03$。试计算电网潮流分布。

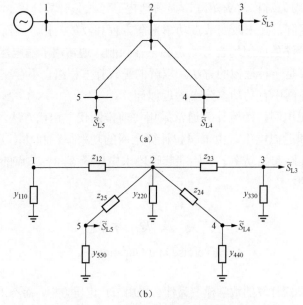

题图 4-12 辐射型配电网和等值电路

（a）配电网接线图；（b）简化等值电路

4-13 节点导纳矩阵的非对角元 Y_{ij} 称为（ ）。

A. 自导纳，它等于连接节点 i 与任意节点 j 支路的导纳

B. 自导纳，它等于与该节点 i 直接连接的所有支路导纳的总和

C. 互导纳，它等于连接节点 i 与节点 j 支路导纳的负数

D. 互导纳，它等于连接节点 i 与节点 j 支路阻抗的负数

4-14 节点导纳矩阵的对角元 Y_{ii} 称为自导纳，它等于（ ）。

A. 与该节点 i 直接连接的所有支路导纳的总和的负数

B. 与该节点 i 直接连接的所有支路导纳的总和

C. 与该节点 i 直接连接的所有支路阻抗的总和

D. 连接节点 i 与其他节点支路导纳的负数

4-15 已知节点 1 与同步调相机相连，$P_1 = 0.8$，$U_1 = 1.02$，待求 Q_1 和 δ_1，该节点属于（ ）节点。

A. PQ   B. PV   C. 平衡   D. 参考

4-16 Newton-Raphson 迭代法潮流计算与 PQ 分解法潮流计算相比，（ ）。

A. 迭代收敛判据和迭代次数都相同   B. 迭代收敛判据和迭代次数都不相同

C. 迭代收敛判据相同、迭代次数不同   D. 迭代收敛判据不同、迭代次数相同

4-17 直流法潮流计算主要用于电网（ ）的近似计算。

A. 有功功率   B. 无功功率   C. 节点电压   D. 支路电流

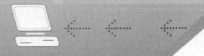

第 **5** 章

电力系统的有功功率平衡和频率调整

Active Power Balance and Frequency Adjustment of Power System

为保证电力系统运行的经济性和良好的供电质量，就必须不断根据负荷变化和系统状况，对运行参数和状态进行必要控制和及时调整，这是调度运行人员的主要任务之一。本章主要讨论系统频率的变化与调整计算。理论分析和实践表明，电力系统频率的变化，主要是由有功负荷变化或有功功率平衡关系的改变所引起的。究其原因就是频率是系统中发电机转速的直接反应，而发电机转速完全由作用在机组转轴上的转矩（或有功功率）所决定。因此，有功功率平衡与调频问题总是相伴而生。

5.1 电力系统的有功功率平衡
Active Power Balance of Power System

所谓有功功率平衡是指系统的最大电力供应与系统的最大负荷需求间的平衡关系，并非潮流计算意义上的节点功率平衡。进行功率平衡的主要目的是确定系统需要的发电容量、调频容量以及备用容量，以便为制定电源组合方案、优化运行方式、频率调整等提供必备条件。

5.1.1 有功负荷的变动及其调整

电力系统的有功负荷（以下简称负荷）时刻都在发生变化，实际的负荷变化曲线如图5-1 所示。初看上去，负荷曲线的变化无规律可循，但对其深入分析不难发现，系统负荷的变化可以看作由三类具有不同变化规律的负荷变动所组成：

（1）第一类负荷变动幅度很小，变化周期很短（以秒计），负荷变动是由大量的随机因素引起的，有很大的偶然性。

（2）第二类负荷变动幅度较大，变化周期较长（以分钟计），这类负荷变动主要由电炉、压延机械、电气机车等冲击性负荷引起的。

（3）第三类负荷变动幅度最大，变化周期也最长（为小时、天甚至更长），这类负荷变动主要由生产班制、生活规律、社会发展和气象条件等因素引起。通常这类负荷变动可通过科学方法预知。

负荷的变化必将引起频率的相应变化，针对上述三类负荷变动，电力系统的有功功率和频率调整方式大体上分一次、二次、三次三种调整。第一类负荷变动引起的频率偏移将

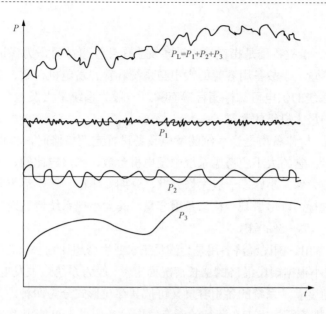

图 5-1　有功负荷的变化

P_L—实际的负荷变化曲线；P_1—第一类负荷变动；P_2—第二类负荷变动；P_3—第三类负荷变动

由发电机组的调速器进行调整，这种调整通常称为频率的一次调整，简称为一次调频。第二类负荷变动引起的频率变动仅靠调速器的作用往往不能将频率偏移限制在允许的范围之内，这时必须要有调频器参与频率调整，这种调整通常称为频率的二次调整，简称为二次调频。频率三次调整的名词不常用，实际上调度部门向各发电厂下达的发电负荷曲线，就是依据第三类负荷变动规律制定的，从这种意义上讲，频率的三次调整就是按照一定原则将预计负荷在各发电厂间所做的分配计划。

5.1.2　有功功率的平衡和备用容量

电力系统运行时，系统负荷时刻都在发生着变化，但任何时刻，系统中所有发电厂发出的有功功率总和都一定同系统的总负荷相平衡，即

$$\sum P_G = \sum P_L + \sum P_S + \Delta P_\Sigma \tag{5-1}$$

式中　$\sum P_G$ ——全系统中所有发电机有功功率出力总和；

$\quad\quad\ \sum P_L$ ——全系统用户的总有功负荷；

$\quad\quad\ \sum P_S$ ——全系统发电厂的厂用电；

$\quad\quad\ \Delta P_\Sigma$ ——全电网的有功功率损耗。

显然，如果式（5-1）的功率平衡是在额定运行状态下，按系统最大负荷运行方式确立，则其他负荷情况下的功率平衡自然就有了保证。而且为提高供电可靠性，保证良好的电能质量，系统电源还应具有一定的备用容量。

（1）系统的备用容量按其作用一般分为以下四种：

1）负荷备用。负荷备用是为平衡系统中短时的负荷波动和满足计划外的负荷增加而设置的备用容量。负荷备用容量的大小应根据系统负荷的大小、运行经验，并考虑系统中各类用电的比重确定，一般为系统最大发电负荷的2%～5%，低值适用于大系统，高值适

用于小系统。

2）事故备用。事故备用是指在发电设备发生偶然性事故时，为保证系统正常、连续供电所需的备用容量。事故备用容量的大小与系统容量、发电机台数、单台机组容量、机组的故障率以及系统的供电可靠性指标等有关，一般为系统最大发电负荷的8%～10%，但不得小于系统中最大机组的容量。

3）检修备用。检修备用是当系统的发电设备进行定期检修时，为保证系统正常供电而设置的备用容量。它的大小应考虑系统中发电机台数、水火电比例、检修水平、设备质量等因素。检修分大修及小修。一般大修分批、分期安排在一年中最小负荷季节进行，小修则利用节假日进行，以尽量减少检修备用容量，其大小视系统情况而定，初算时可按系统最大发电负荷的4%～5%考虑。

4）国民经济备用。国民经济备用是为满足工农业生产超计划增长对电力的需求而设置的一定备用，其大小根据国民经济的增长情况而定，一般为系统最大发电负荷的3%～5%。

（2）从另一角度看，系统的备用容量又可按其存在形式分为两种：

1）热备用。热备用是指正在运行的所有发电设备的最大可能出力与当时的系统发电负荷之差，因而也称旋转备用容量。

2）冷备用。冷备用是指系统中处于停机状态，但可随时待命启动的发电设备可能发出的最大功率。处于检修中的发电设备不属于冷备用，因它们不能听命于调度随时启用。

由此可见，热备用容量可以在线、即时地应对负荷功率的增加，没有时间延迟，这无疑对保证供电可靠性和电能质量有利，但热备用容量的存在又降低了发电设备的负载率，增加了运行损耗。因此从运行经济性考虑，热、冷备用应根据需要合理配置。不难理解，热备用中至少应包括全部负荷备用及部分事故备用，其他备用容量应以冷备用容量的形式存在于系统中。这些备用容量的配置及相互关系如表5-1所示。

系统拥有一定的备用容量，为系统的频率调整，保证电能质量提供了条件，使有功功率在各发电厂间或在各发电设备之间的合理分配、实现经济运行成为可能。

表5-1　　　　　　　　　　　　有功功率备用容量

热备用		冷备用		总备用容量
负荷备用	事故备用	检修备用	国民经济备用	
2%～5%	8%～10%	视需要（4%～5%）	3%～5%	15%～20%

5.1.3　各类发电厂的特点及合理组合

电力系统中的发电厂主要有水力发电厂、火力发电厂和核电厂三类。近年来，可再生能源发电形式逐渐成为建设重点。各类发电厂由于其设备容量、机组特性、使用的动力资源等不同，而有着不同的技术经济特性。此处仅就各类发电厂的特点，对如何合理恰当地安排它们承担负荷的次序与位置加以说明。

5.1.3.1　各类发电厂的特点

（1）火力发电厂的主要特点：

1）火力发电厂的运行要耗费燃料，费用较高，但不受气象等自然条件的影响。

2）火电厂的锅炉和汽轮机的效率同蒸汽参数有关。高温高压设备效率最高，中温中压设备效率较低。

3）火电厂有一个最小发电功率限值（取决于锅炉和汽轮机的技术最小负荷），其值为额定功率的 25%～75%。因此，有功出力的调整范围比较小，其中高温高压设备灵活调节的范围最窄，中温中压设备略宽。

4）火电厂负荷增减速度慢，机组的投入和退出过渡时间长，而且需要消耗额外能量。

5）供热式的火电厂（热电厂），因为抽汽供热，所以其总效率较高。但最小发电负荷决定于热负荷，这部分功率是不可调节的，因而称为强迫功率。

（2）水力发电厂的主要特点：

1）水电厂运行不需要支付燃料费用，而且水能是清洁、环保的可再生资源。但水电厂的运行因水库调节性能的不同在不同程度上受自然条件（水文条件）的影响。按水库的调节周期，水库一般可分为无调节、季调节、年调节和多年调节几种。水库的调节周期越长，水电厂的运行受自然条件的影响越小。

2）水轮发电机的出力调整范围较宽，负荷增减速度相当快，机组的投入和退出过渡时间都很短，操作简单，无须额外的耗费。

3）大型水利枢纽通常兼有防洪、发电、航运、灌溉、供水及旅游等功能，为综合利用水能，保证河流下游的正常用水，水电厂必须向下游释放一定水量，在释放这部分水量的同时发出的功率也是强迫功率。

抽水蓄能电厂是一种特殊的水电厂，具有调峰、填谷、调频、调相和事故备用等多种作用。它在上下游分别建有两个蓄水库（简称上池和下池）。在电力系统高峰负荷时期，利用上池放水到下池发电；在低谷负荷时期，再将下池的水重新提到上池抽水蓄能。

（3）核电厂的主要特点：

1）核电厂反应堆的负荷基本上没有限制，因此，其技术最小负荷主要取决于汽轮机，为额定负荷的 10%～15%。

2）核电厂的反应堆和汽轮机，在退出运行和再度投入或承担急剧变动负荷时，也要耗费能量、花费时间，且易于损坏设备。

3）核电厂的一次投资大，运行费用小。

（4）风力和光伏发电的主要特点：

1）风能和太阳能是可再生、可持续的能源，风力和光伏发电过程中不产生温室气体，对环境影响小，但风力和光伏发电的有功功率输出波动较大。风力发电有功输出随风能波动而波动，有可能出现从满发到零或相反的大幅波动，具有较大的间歇性和随机性。光伏发电受昼夜、阴晴和云层遮挡的影响，正午附近有功功率通常较大，并且在很短的时间内有功出力波动可能很大。

2）当风力和光伏发电占有一定比例时，可能会有电力系统调峰问题。为满足电力需求的变化，保证电力系统的稳定运行，对发电机组有功功率输出所进行的调整称为系统调峰。风力发电一般呈反调峰特性，即风力发电功率与日负荷变化趋势相反，在夜间负荷较小时风力发电功率反而较大。光伏发电会改变系统每日高峰和低谷等效负荷出现的时刻。当系统调峰容量受限时有可能在低谷负荷出现弃风或弃光现象。

5.1.3.2 各类发电厂的合理组合

在安排各类发电厂的发电任务时，必须从国民经济的整体利益出发，充分合理地利用国家的动力资源，各种发电技术往往需要相互补充和配合，以实现能源的高效、可持续利用，实际应用时应遵循以下的几项主要原则：

1）充分利用水力资源，尽量避免弃水。由于防洪、灌溉、航运、供水等需要必须向下游放水时，这部分放水量，都应尽量用来发电。

2）尽量降低火电厂发电的单位煤耗。为此尽量提高效率高的火力发电机组发电量的比重，给热电厂分配与热负荷相适应的电负荷，让效率高的机组带稳定负荷，效率较低的中温中压机组带变动负荷。

3）执行国家的能源政策，增加烧劣质煤和当地产煤的电厂发电量；把弃风、弃光率控制在合理水平，大力促进风力和光伏发电的消纳能力。

根据上述原则，在夏季丰水期和冬季枯水期各类电厂承担日负荷的安排顺序如图 5-2 所示。由图 5-2 可见，可再生能源发电应优先考虑，尽可能承担负荷。在夏季丰水期，水量充足，水电厂应带基本负荷以避免弃水，节约化石燃料。热电厂按供热方式运行的部分承担与热负荷相应的电负荷，也必须安排在日负荷曲线中的基本部分。热电厂的凝汽部分和凝汽式火电厂则带尖峰负荷，在此期间，由于水能的充分利用，火电厂少开机，可以抓紧时间进行火电厂设备的检修。冬季枯水期，因来水较少，除无调节性能的水电厂仍承担基本负荷外，有调节水电厂应承担尖峰负荷，其余各类电厂的安排顺序不变。

图 5-2 各类发电厂承担负荷的顺序示意图
（a）丰水季；（b）枯水季

最后需指出，在考虑系统中各类发电厂的合理组合时，尚需要顾及降低网络损耗、保证供电可靠性及维持系统稳定性等要求。此外，随着能源政策的完善和新型电力系统的构建，可再生能源发电会在"双碳"目标和经济效益等方面发挥更大的作用。

5.2　电力系统的静态频率特性
Frequency Characteristic of Power System

电力系统电源和负荷失去平衡后，系统频率立即发生改变，并伴随短暂的变化过程达到一个新的平衡状态，这种反应功率与频率静态变化的规律称为系统静态频率特性，它是制定频率控制方案、实时调度与调整的科学依据和计算基础。电力系统的频率特性是发电机组及系统负荷共同作用的综合结果，以下分别对其加以讨论。

5.2.1　发电机组的静态频率特性

5.2.1.1　自动调速系统的工作原理

系统有功功率平衡遭到破坏时，将引起发电机组转速变化，由式（1-3）可知，系统频率也随之变化，此时原动机的调速系统将自动改变原动机的进汽（或进水）量，以增加或减少发电机组的有功功率出力。当调速器的调节过程结束后，发电机便维持在一个新的平衡状态下运行，发电机组出力及频率也会与先前有所不同，这种发电机组有功出力与频率的关系称为发电机组的有功功率－频率静态特性，它其实就是调速系统的频率静态特性。虽然目前调速系统有很多类型（如液压式、电液式调速系统），但调节机理并无太大差别，因此，为便于理解与说明，下面仅就原始的机械调速系统——离心飞摆式调速系统的工作原理与特性做一介绍。

离心飞摆式调速系统的结构如图 5-3 所示。它由四个部分组成：Ⅰ 为转速测量元件，由飞摆、弹簧和套筒组成；Ⅱ 为放大元件（错油门）；Ⅲ 为执行机构（油动机）；Ⅳ 为转速控制机构（调频器，又称同步器）。

调速器的工作原理为：调速器的套筒与原动机的主轴相连接，飞摆由套筒带动跟随原动机转动。当原动机以某一恒速旋转时，飞摆的离心力、重力以及弹簧力达到平衡，使飞摆处于某一定高度，套筒位于 A 点，杠杆 AB 和 DF 处在图中的平衡位置，错油门Ⅱ的 a、b 两油管的油孔被堵塞，油动机Ⅲ的油路不通，其活塞也不能移动，从而使进汽或进水阀门的开度固定不变。当机组负荷增大导致转速下降时，飞摆由于离心力的减小，在弹簧力的作用下向转轴靠拢，使套筒压着杠杆 AB 由 A 点下移到 A′。此时油动机尚未动作，杠杆 AB 的 B 点仍在原处不动，结果使杠杆 AB 绕 B 点逆时针转动到 A′B，同时带着连接杆 OE 下移。在调频器Ⅳ不动的情况下，D 点也不动，因而 OE 下移使杠杆 DF 绕 D 点顺时针转动，F 点向下移动到 F′，带动错油门活塞向下移动，使油管 a、b 的小孔开启，压力油经油管 b 进入油动机Ⅲ活塞下部，而活塞上部的油经油管 a 经错油门Ⅱ上部小孔溢出。在油压作用下，油动机Ⅲ活塞向上移动，使汽轮机的调节汽门或水轮机的导向叶片开度增大，增加进汽量或进水量，使输入功率增加，转速回升。随着转速的回升，套筒从 A′开始上移，再加之油动机Ⅲ活塞的上移使杠杆 AB 的 B 点也跟着上移，于是，整个杠杆 AOB 一起向上移动，并带动杠杆 DEF 绕 D 点逆时针转动。从而错油门 II 活塞提升，直至 O 点和杠杆 DEF 回到原来位置，使油管 a、b 的两个油孔重新堵住，油动机活塞又处于上下相等的油压下，停止移动，这样才稳定在了一个新的平衡状态，调整过程结束。这时，由于进汽或进水阀门的开度已增大，杠杆 AB 的 B 端位置已上升到达 B′点，而 O 点仍保持原位，所以 A 端的位置较先前略低，到达 A″点，相应的机组转速（或频率）也较原来略低。这就是频率的"一次调整"过程，由调速器自动完成。

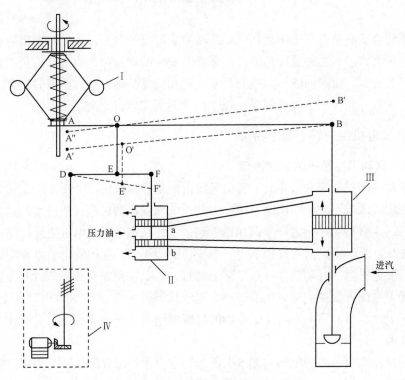

图 5-3　离心飞摆式调速系统的结构图

I—飞摆；II—错油门；III—油动机；IV—调频器

为使负荷增加后机组转速仍能维持原始转速，需要另外的自动或手动控制信号作用于调频器IV。调频器IV转动蜗轮、蜗杆，将 D 点抬高。杠杆 DF 绕 E 点顺时针转动，错油门再次向下移动，高压油使油动机活塞再次上移，进一步增加进汽或进水量。机组转速上升，离心飞摆使 A 点由 A″向上升。而在油动机活塞向上移动时，杠杆 AB 又绕 A″逆时针转动，带动 O、E、F 点向上移动，错油门活塞再次堵住油管油孔，调节过程再次结束。如果 D 点的位移选择恰当，A 点就有可能回到原来的位置。这就是频率的"二次调整"过程，它是靠调频器自动或人工调整来完成的。

5.2.1.2　发电机组的有功功率－频率静态特性

由以上分析可知，对应有功负荷的增大，发电机组输出有功功率增加，经调速系统的"一次调整"后，频率较初始频率降低。相反，如果有功负荷减小，则调速器调整的结果是机组输出有功功率减小，频率较初始频率升高。图 5-4 为单台汽轮发电机组调速器的频率静态特性，它近似由两段直线组成。线段 1-2 表示可调区域，向下倾斜，说明是有差调节，即有功功率改变后，频率不能自动回到初始值，也就是频率的一次调整；水平线段 2-3 表示进汽量或进水量达到最大值，机组出力不能再增加。f_0 为系统空载时的运行频率，f_N 为发电机组额定出力 P_{GN} 时的频率。

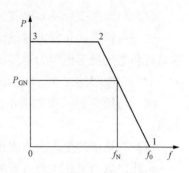

图 5-4　发电机组的有功功率—
频率静态特性

发电机机组静态特性曲线的斜率负值定义为发电机的单位调节功率 K_G

$$K_G = -\frac{\Delta P_G}{\Delta f} = -\frac{P_{GN} - 0}{f_N - f_0} \qquad (5\text{-}2)$$

K_G 以 MW/Hz（或 MW/0.1Hz）为单位。式（5-2）中的负号表示频率下降时，发电机组的有功出力反而增加，至于单位调节功率 K_G 本身总为正值，它的数值表示频率发生单位变化时，发电机组出力的变化。用标幺值表示

$$K_{G*} = -\frac{\Delta P_G / P_{GN}}{\Delta f / f_N} = K_G \frac{f_N}{P_{GN}} \qquad (5\text{-}3)$$

式（5-3）中，K_{G*} 的基准值为 P_{GN}/f_N。

另一描述机组负荷改变时相应的转速偏移特性的参量叫机组调差系数 σ，它同机组单位调节功率互为倒数，即

$$\sigma = \frac{1}{K_G} = -\frac{\Delta f}{\Delta P_G} = \frac{f_0 - f_N}{P_{GN}} \qquad (5\text{-}4)$$

以百分值表示，则式（5-4）变为

$$\sigma\% = -\frac{\Delta f / f_N}{\Delta P_G / P_{GN}} \times 100 = \frac{100}{K_{G*}} = \frac{f_0 - f_N}{f_N} \times 100 \qquad (5\text{-}5)$$

从而

$$K_G = \frac{P_{GN}}{\sigma\% f_N} \times 100 \qquad (5\text{-}6)$$

由式（5-5）可见，调差系数 $\sigma\%$ 就是用百分值表示的机组由空载运行到额定出力运行的频率变化对额定频率的比值。

需要指出的是，发电机组的调差系数 $\sigma\%$ 或相应的单位调节功率 K_{G*} 是可以整定的，它定量表明一台机组负荷改变时相应的转速偏移，调差系数越小（即单位调节功率越大），频率偏移也越小。但是受机组调速机构的限制，调差系数的调整范围是有限的，通常汽轮发电机组取为：$\sigma\% = 3 \sim 5$ 或 $K_{G*} = 33.3 \sim 20$；水轮发电机组取为：$\sigma\% = 2 \sim 4$ 或 $K_{G*} = 50 \sim 25$。

5.2.2　负荷的频率特性

如 1.4 节所述，频率变化时，电力系统中的有功负荷也将发生改变，当频率稳定后系统有功负荷与频率的关系，称为负荷的有功功率—频率静态特性。由于负荷的性质、种类不同，与频率的关系也不同。根据用电设备对频率变化的敏感程度不同，负荷一般分为以下几种：

（1）与频率变化基本无关的负荷。这种负荷包括照明、电热、整流等负荷。

（2）与频率的一次方成正比的负荷。这种负荷包括球磨机、切削机床、往复式水泵、压缩机和卷扬机等恒阻力矩负荷。

（3）与频率的二次方成正比的负荷。变压器的涡流损耗即属于这种负荷。

（4）与频率的三次方成正比的负荷。这种负荷包括通风机、静水头阻力较小的循环水泵。

（5）与频率的更高次方成正比的负荷。静水头阻力很大的给水泵即属于这种负荷。

因此，电力系统综合负荷的有功功率与频率的关系可以表示为

$$P_L = a_0 P_{LN} + a_1 P_{LN}\left(\frac{f}{f_N}\right) + a_2 P_{LN}\left(\frac{f}{f_N}\right)^2 + \cdots + a_n P_{LN}\left(\frac{f}{f_N}\right)^n \tag{5-7}$$

式中　P_L——频率等于 f 时整个系统的综合有功负荷；

P_{LN}——额定负荷，即额定频率 f_N 时整个系统的综合有功负荷；

a_i——为与系统频率的 i（$i=0$，1，2，$\cdots$，n）次方成正比的负荷占额定负荷 P_{LN} 的比重。显然有 $a_0 + a_1 + a_2 + \cdots + a_n = 1$。

若以 P_{LN} 和 f_N 分别作为功率和频率的基准值，将式（5-7）的各项除以 P_{LN} 便得到用标幺值表示的有功功率与频率的关系

$$P_{L*} = a_0 + a_1 f_* + a_2 f_*^2 + \cdots + a_n f_*^n \tag{5-8}$$

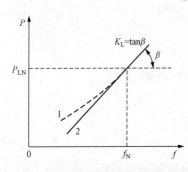

图 5-5　综合负荷的频率静态特性
1—实际特性曲线；2—近似特性曲线

通常式（5-7）及式（5-8）的多项式写至三次方项即可，因与频率更高次方成正比的有功负荷所占比重很小，故可以忽略。这种关系称为系统负荷的有功功率—频率静态特性方程。

不难得知式（5-7）及式（5-8）对频率的一阶和二阶导数在第一象限均大于零，所以有功负荷频率特性曲线是一条单调增加、下凹的曲线，如图 5-5 的曲线 1 所示。在电力系统运行中，频率变化的允许范围很小，当频率偏离额定值不大时，负荷的静态频率特性可用直线 2 近似表示。图 5-5 中直线的斜率称为综合负荷的单位调节功率 K_L，即

$$K_L = \frac{\Delta P_L}{\Delta f} = \tan\beta \tag{5-9}$$

负荷的单位调节功率也以 MW/Hz（或 MW/0.1Hz）为单位，用标幺值表示时，得到

$$K_{L*} = \frac{\Delta P_L / P_{LN}}{\Delta f / f_N} = \frac{\Delta P_{L*}}{\Delta f_*} = K_L \frac{f_N}{P_{LN}} \tag{5-10}$$

式（5-10）中，K_{L*} 的基准值为 P_{LN}/f_N。

单位调节功率 K_L 反映电力系统有功负荷的自动调节能力。式（5-9）表明，当频率升降时，有功负荷会自动增减以适应系统频率的变化，这种现象也称负荷的频率调节效应。

显然，负荷的单位调节功率 K_L 的数值是不能控制的，它决定于综合负荷的构成和各类负荷的性质。对一般电力系统来说，负荷的单位调节功率的标幺值 $K_{L*}=1\sim3$，它表示频率变化 1%时，负荷有功功率相应变化 1%~3%。

5.2.3　电力系统的频率特性

电力系统频率的变化受电源及负荷的共同影响。因此，要确定负荷变动引起的频率偏移就必须同时考虑负荷及发电机组两者的调节效应。

现考虑仅有一台发电机的简单系统，将电源的频率静态特性和负荷的频率静态特性画在一起，如图 5-6 所示。

在初始运行状态下，负荷的频率静态特性为 P_L，发电机组的频率静态特性为 P_G。两者的交点 O 确定了系统的运行频率 f_0 与系统负荷功率（或机组发电功率）P_0。设在 O 点运行时负荷突然增加 ΔP_{L0}，即负荷的频率静态特性突然向上平移 ΔP_{L0} 变成了 P_L'，且由于负荷突然增加时发电机组功率不能及时随之变动，于是增加负荷的瞬间只能由机组转动部件的动能补充，致使机组减速，电力系统频率下降。而在频率下降的同时，发电机发出的有功功率将因调速器的一次调整作用而增大，负荷吸收的有功功率将因本身的调节效应而减少，最终新运行点由 P_L' 与发电机的频率特性曲线的交点 O' 决定，与此对应的系统频率为 f_0'。由图 5-6 可见，频率增量 $\Delta f = f_0' - f_0 (<0)$，且

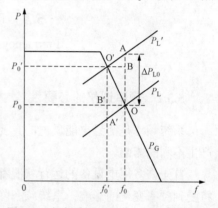

图 5-6　电力系统的功率—频率静态特性

$$\Delta P_{L0} = \overline{AO} = \overline{AB} + \overline{BO}$$

由发电机的单位调节功率可以得出发电机组的输出功率增量，即

$$\Delta P_G = \overline{BO} = -K_G \Delta f$$

因负荷的调节效应而产生的负荷功率增量（实为负值）为

$$\Delta P_L = \overline{AB} = K_L \Delta f$$

显然，发电机组的增发功率扣除负荷因自身调节效应而产生的功率增量后，应同实际新增负荷相平衡，即

$$\Delta P_{L0} = \Delta P_G - \Delta P_L = -K_G \Delta f - K_L \Delta f = -(K_G + K_L)\Delta f = -K_S \Delta f$$

式中　K_S——电力系统的单位调节功率，有

$$K_S = K_G + K_L = -\frac{\Delta P_{L0}}{\Delta f} \tag{5-11}$$

K_S 以 MW/Hz（或 MW/0.1Hz）为单位。它表示电力系统负荷增加或减少时，在原动机调速器和负荷本身的调节效应共同作用下电力系统频率下降或上升的多少。因此，根据电力系统的单位调节功率 K_S 可以求取在允许的频率偏移范围内电力系统能承受多大的负荷增减。显然，K_S 越大，电力系统承受负荷变化越大，频率就越稳定。

由式（5-11）可知，电力系统的单位调节功率取决于发电机的单位调节功率和负荷的单位调节功率两方面。由于负荷的单位调节功率不可调，因而要控制、调节电力系统的单位调节功率只有从控制、调节发电机的单位调节功率或调速器的调差系数入手。这似乎只要将发电机的单位调节功率整定的足够大，就可以将频率波动限制在一定范围内。但实际上对于有多台发电机组的电力系统，单位调节功率 K_S 不可能很大。原因是过大的单位调节功率 K_S（或过小的调差系数），将不能保证各发电机组调速系统的稳定性。比如极端情况下将调差系数整定为零，这时虽然负荷的变动不会引起频率的变化，从而可确保频率恒定。但这样就会出现负荷功率在各发电机组之间的分配无法固定，即会使各发电机组的调速系统不能稳定工作。因此，发电机组不能采用过小的调差系数，即不能有过大的单位调节功率。

5.3　电力系统的频率调整
Frequency Adjustment of Power System

5.3.1　频率调整的必要性

系统频率是衡量电能质量的重要指标之一。频率变动对用户和发电厂本身的运行都会产生不利的影响。

首先许多用电设备的运行状况都同频率密切相关。工厂中使用的异步电动机，其转速将受到频率变化的影响；系统频率降低，将使电动机的输出功率降低，影响传动机械的出力，以致影响产品的质量。系统频率的不稳定，将会影响雷达、电子计时钟、计算机等电子设备的工作，甚至无法正常运行。

另外，系统频率的变化对发电厂及电力系统本身也十分有害。系统在低频率运行时，容易引起汽轮机叶片的震动，缩短汽轮机叶片的寿命，严重时会使叶片断裂。发电厂的厂用机械大多使用异步电动机带动，若频率降低将使电动机功率降低，影响发电设备正常运行，使整个电厂的发电功率减小，从而导致系统频率进一步下降。系统频率降低时，异步电动机和变压器的励磁电流将增加，引起系统无功负荷和损耗增加，这都会使系统电压运行水平下降，增加电压调整的困难。

因此，必须对电力系统频率进行适时调整，使其符合标准要求。如 1.2 节所述，我国电能质量国家标准规定的额定频率为 50Hz，频率允许偏差为 ±（0.2～0.5）Hz，用百分数表示为 ±0.4%～±1.0%。

5.3.2　频率的一次调整

分析频率的一次调整就是根据单位调节功率 K_G、K_L 和 K_S 按前述公式进行负荷与频率的偏移计算。假定系统中有 n 台发电机组运行，各机组的单位调节功率为 K_{Gi}，频率的一次调整分析，首先需要算出 n 台机组的等值单位调节功率。若系统频率变化 Δf，则第 i 台机组的输出功率增量

$$\Delta P_{Gi} = -K_{Gi}\Delta f, \quad i = 1, 2, \cdots, n \tag{5-12}$$

n 台机组的输出功率总增量为

$$\Delta P_G = \sum_{i=1}^{n} \Delta P_{Gi} = -\sum_{i=1}^{n} K_{Gi}\Delta f = -K_{G\Sigma}\Delta f \tag{5-13}$$

式中 $K_{G\Sigma}$——n 台发电机组的等值单位调节功率，可以用式（5-14）计算。

$$K_{G\Sigma} = \sum_{i=1}^{n} K_{Gi} = \sum_{i=1}^{n} K_{Gi*}\frac{P_{GNi}}{f_N} \tag{5-14}$$

式中 P_{GNi}——第 i 台发电机的额定功率。

由式（5-12）~式（5-14）可见，n 台机组的等值单位调节功率远大于单台机组的单位调节功率；在输出功率增量相同时，多台机组参与调整时，频率的变化要比仅有一台机组的情况小很多。

若把 n 台机组用一台等值发电机来表示，则由式（5-3）和式（5-14）可以得到等值发电机的单位调节功率标幺值如式（5-15）所示。

$$K_{G\Sigma*} = \frac{\sum_{i=1}^{n} K_{Gi*}P_{GNi}}{P_{GN\Sigma}} \tag{5-15}$$

式中 $P_{GN\Sigma}$——等值发电机的额定功率，$P_{GN\Sigma} = \sum_{i=1}^{n} P_{GNi}$。

必须指出，如果某台已满载运行，当负荷增加时就不能再参加调整，计算等值单位调节功率 $K_{G\Sigma}$ 时，应当将该机组的单位调节功率 K_{Gi} 视作零。

求出 n 台机组的等值单位调节功率 $K_{G\Sigma}$ 后，就可以像仅有单台发电机组的简单系统一样来分析一次调频问题。可以利用式（5-11）计算出负荷增加 ΔP_{L0} 后引起的频率变化 Δf，然后由式（5-12）求出各机组分担的功率增量。

【例 5-1】 设电力系统中发电机组的容量和它们的调差系数分别如下：

水轮机组 100MW/台×5 台=500MW，$\sigma\%=2.5$；75MW/台×5 台=375MW，$\sigma\%=2.75$。

汽轮机组 100MW/台×6 台=600MW，$\sigma\%=3.5$；50MW/台×20 台=1000MW，$\sigma\%=4.0$。

较小的单机容量汽轮机组合计 1000MW，$\sigma\%=4.0$。

如果系统总负荷为 3300MW，负荷的单位调节功率 $K_{L*}=1.5$，试计算下列三种情况下，电力系统的单位调节功率 K_S：（1）全部机组都参加调频；（2）全部机组都不参加调频；（3）仅水轮机组参加调频。

解 依据式（5-6），可以先分别计算各类发电机组的单位调节功率 K_G：

5×100MW 水轮机组 $K_G = \dfrac{500}{50 \times 2.5} \times 100 = 400$ （MW/Hz）；

5×75MW 水轮机组 $K_G = \dfrac{375}{50 \times 2.75} \times 100 = 273$ （MW/Hz）；

6×100MW 汽轮机组 $K_G = \dfrac{600}{50 \times 3.5} \times 100 = 343$ （MW/Hz）；

20×50MW 汽轮机组 $K_{\text{G}} = \dfrac{1000}{50 \times 4.0} \times 100 = 500$ （MW/Hz）；

1000MW 汽轮机组 $K_{\text{G}} = \dfrac{1000}{50 \times 4.0} \times 100 = 500$ （MW/Hz）。

已知负荷的 $K_{\text{L*}}$=1.5，由式（5-10）可以求负荷的单位调节功率：$K_{\text{L}} = \dfrac{K_{\text{L*}}P_{\text{LN}}}{f_{\text{N}}} =$

$\dfrac{1.5 \times 3300}{50} = 99$ （MW/Hz）。

以下求各种不同情况下的 K_{S}。

（1）所有机组全部都参加调频，即

$$K_{\text{S}} = \sum K_{\text{G}} + K_{\text{L}} = 400 + 273 + 343 + 500 + 500 + 99 = 2115 \text{（MW/Hz）}$$

（2）所有机组都不参加调频，即

$$K_{\text{S}} = K_{\text{L}} = 99 \text{（MW/Hz）}$$

（3）仅水轮机组参加调频，即

$$K_{\text{S}} = 400 + 273 + 99 = 772 \text{（MW/Hz）}$$

5.3.3 频率的二次调整

由于发电机组的调差系数不能整定为零，系统的单位调节功率就是有限值，因此一次调频是有差调节，其作用也是有限度的。当电力系统由于负荷变化引起的频率变化，依靠一次调频不能保持在允许范围内时，就需要控制发电机组的调频器进行二次调频，以改变发电机组的有功功率，使有功功率－频率静态特性上下平行移动，保证电力系统的频率不变或在允许范围之内。

如图 5-7 所示，如仅有一次调整，则在负荷增大 ΔP_{L0} 后，运行点将转移到 O′，频率将下降到 f'_0，功率增加至 P'_0。如果操作调频器进行二次调频，使发电机组增发有功功率

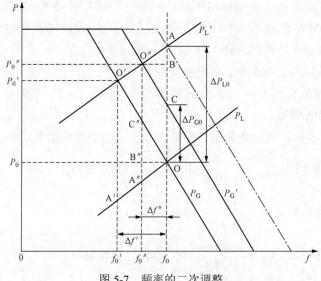

图 5-7　频率的二次调整

162

ΔP_{G0}，则电源的有功功率—频率特性向上平行移动，又使运行点由从 O′转移到 O″。点 O″ 对应的频率、有功功率分别为 f''_0、P''_0。显然，由于进行了二次调整，频率偏移由仅有一次调整时的 $\Delta f'_0$ 减少为 $\Delta f''_0$，供给负荷的有功功率则由仅有一次调整时的 P'_0 增加为 P''_0。可见，由于进行了二次调整，电力系统运行的频率质量有了改善。

由图 5-7 可见，在一次调整和二次调整同时进行时，原始的负荷增量 ΔP_{L0}（图中 $\overline{\mathrm{AO}} = \overline{\mathrm{O''A''}}$）可分解为三部分：第一部分是由于进行了二次调整，发电机组增发的有功功率 ΔP_{G0}（图中 $\overline{\mathrm{OC}} = \overline{\mathrm{O''C''}}$）；第二部分是由于调速器的调整作用而增大的发电机组功率 ΔP_{G}（图中 $\overline{\mathrm{CB}} = \overline{\mathrm{C''B''}}$）；第三部分是由于负荷本身的调节效应而产生的负荷增量 ΔP_{L}（图中 $\overline{\mathrm{BA}} = \overline{\mathrm{B''A''}}$）。用数学式子表示为

$$\Delta P_{\mathrm{L0}} = \Delta P_{\mathrm{G0}} + \Delta P_{\mathrm{G}} - \Delta P_{\mathrm{L}}$$

即

$$\Delta P_{\mathrm{L0}} - \Delta P_{\mathrm{G0}} = -K_{\mathrm{G}}\Delta f - K_{\mathrm{L}}\Delta f$$

或

$$\Delta f = -\frac{\Delta P_{\mathrm{L0}} - \Delta P_{\mathrm{G0}}}{K_{\mathrm{G}} + K_{\mathrm{L}}} = -\frac{\Delta P_{\mathrm{L0}} - \Delta P_{\mathrm{G0}}}{K_{\mathrm{S}}} \tag{5-16}$$

由式（5-16）可见，有二次调整时与仅有一次调整时相比，除了多一项因操作调频器而增发的功率 ΔP_{G0} 外并无不同。也正是增发的这部分功率，才使电力系统频率的下降减少了。显然，只有二次调整增发的功率完全抵偿负荷功率的初始增量（即 $\Delta P_{\mathrm{G0}} = \Delta P_{\mathrm{L0}}$）时，系统频率才会维持不变（即 $\Delta f = 0$），亦即实现了所谓无差调节，如图 5-7 中点划线所示。

对于系统中有 n 台机组的情况，当负荷变化时，配置了调速器且未满载运行的机组，都会毫无例外地参加频率的一次调整。而频率的二次调整通常由一台或少数几台机组（一个或几个发电厂）承担，这些机组（厂）称为主调频机组（厂）。这时式（5-16）中二次调整总的增发功率 ΔP_{G0} 为主调频机组（厂）增发功率之和。

5.3.4　互联系统的频率调整

现代大型电力系统供电区域广阔，电源和负荷的地理分布比较复杂，调频时难免引起网络中潮流的改变。特别是对于系统中的重要联络线或联系远离负荷中心主调频厂的联络线，在调整频率时，必须注意其上流通功率的控制问题。

为分析联络线上的功率变化，将一个电力系统视作两个部分，并由联络线路连接为互联系统，如图 5-8 所示。以 ΔP_{LA}、ΔP_{LB} 分别表示 A、B 两系统的负荷变化量；假定 A、B 两系统都设有进行二次调整的电厂，以 ΔP_{GA}、ΔP_{GB} 分别表示二次调整增发的功率，K_{A}、K_{B} 分别表示两系统的单位调节功率。设联络线上的交换功率增量 ΔP_{ab} 由 A 向 B 流动时为正值，则对 A 系统，ΔP_{ab} 相当于一个负荷，从而有

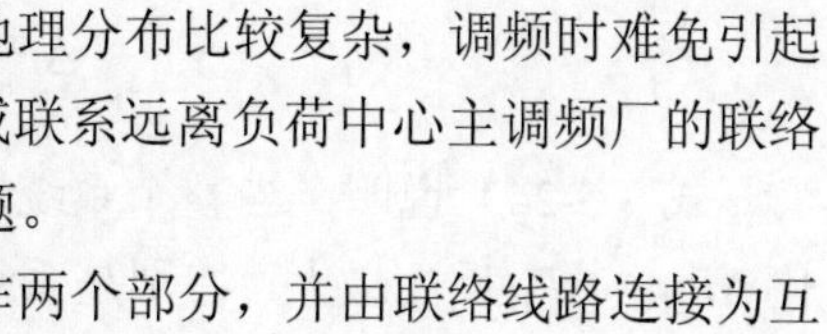

图 5-8　互联系统的频率调整

$$\Delta P_{\mathrm{LA}} + \Delta P_{\mathrm{ab}} - \Delta P_{\mathrm{GA}} = -K_{\mathrm{A}}\Delta f_{\mathrm{A}} \tag{5-17}$$

对 B 系统，ΔP_{ab} 相当于一个电源，从而有

$$\Delta P_{\mathrm{LB}} - \Delta P_{\mathrm{ab}} - \Delta P_{\mathrm{GB}} = -K_{\mathrm{B}}\Delta f_{\mathrm{B}} \tag{5-18}$$

考虑到本属于同一个系统的 A、B 子系统应有相同的频率，即 $\Delta f_{\mathrm{A}} = \Delta f_{\mathrm{B}} = \Delta f$。联立求解（5-17）和式（5-18）可得

$$
\begin{aligned}
\Delta f &= -\frac{(\Delta P_{\mathrm{LA}} - \Delta P_{\mathrm{GA}}) + (\Delta P_{\mathrm{LB}} - \Delta P_{\mathrm{GB}})}{K_{\mathrm{A}} + K_{\mathrm{B}}} \\
&= -\frac{(\Delta P_{\mathrm{LA}} + \Delta P_{\mathrm{LB}}) - (\Delta P_{\mathrm{GA}} + \Delta P_{\mathrm{GB}})}{K_{\mathrm{A}} + K_{\mathrm{B}}}
\end{aligned}
\tag{5-19}
$$

$$\Delta P_{\mathrm{ab}} = \frac{K_{\mathrm{A}}(\Delta P_{\mathrm{LB}} - \Delta P_{\mathrm{GB}}) - K_{\mathrm{B}}(\Delta P_{\mathrm{LA}} - \Delta P_{\mathrm{GA}})}{K_{\mathrm{A}} + K_{\mathrm{B}}} \tag{5-20}$$

令 $\Delta P_{\mathrm{A}} = \Delta P_{\mathrm{LA}} - \Delta P_{\mathrm{GA}}$、$\Delta P_{\mathrm{B}} = \Delta P_{\mathrm{LB}} - \Delta P_{\mathrm{GB}}$ 分别为 A、B 两系统的功率缺额，$\Delta P_{\mathrm{G}} = \Delta P_{\mathrm{GA}} + \Delta P_{\mathrm{GB}}$ 为互联系统二次调整增发功率总和，$\Delta P_{\mathrm{L}} = \Delta P_{\mathrm{LA}} + \Delta P_{\mathrm{LB}}$ 为互联系统负荷功率增量总和，则式（5-19）和式（5-20）可改写为

$$\Delta f = -\frac{\Delta P_{\mathrm{A}} + \Delta P_{\mathrm{B}}}{K_{\mathrm{A}} + K_{\mathrm{B}}} = -\frac{\Delta P_{\mathrm{L}} - \Delta P_{\mathrm{G}}}{K_{\mathrm{A}} + K_{\mathrm{B}}} \tag{5-21}$$

$$\Delta P_{\mathrm{ab}} = \frac{K_{\mathrm{A}}\Delta P_{\mathrm{B}} - K_{\mathrm{B}}\Delta P_{\mathrm{A}}}{K_{\mathrm{A}} + K_{\mathrm{B}}} \tag{5-22}$$

由式（5-21）可见，互联系统的频率变化取决于系统总的功率缺额和总的系统单位调节功率。当全系统的功率缺额的总和为零，即 $\Delta P_{\mathrm{A}} + \Delta P_{\mathrm{B}} = 0$，也就是全系统二次调整增发功率总和 ΔP_{G} 同负荷功率增量总和 ΔP_{L} 相平衡时，则有 $\Delta f = 0$，即可实现无差调节。

下面分析联络线的功率变化。由式（5-22）可见，联络线的功率变量 ΔP_{ab} 随 B 系统的负荷缺额而增加，随 A 系统的负荷缺额而减少。如果满足式（5-23）条件，即

$$\frac{\Delta P_{\mathrm{A}}}{K_{\mathrm{A}}} = \frac{\Delta P_{\mathrm{B}}}{K_{\mathrm{B}}} = \Delta f \tag{5-23}$$

则联络线上的功率变化为零。

整理式（5-22），可得

$$\Delta P_{\mathrm{ab}} = \Delta P_{\mathrm{B}} - \frac{K_{\mathrm{B}}(\Delta P_{\mathrm{A}} + \Delta P_{\mathrm{B}})}{K_{\mathrm{A}} + K_{\mathrm{B}}} \tag{5-24}$$

式（5-24）说明，当整个系统功率能够平衡（$\Delta P_{\mathrm{A}} + \Delta P_{\mathrm{B}} = 0$）时，联络线路的功率变化 $\Delta P_{\mathrm{ab}} = \Delta P_{\mathrm{B}}$ 反而最大，特别是系统 B 又不进行二次调整时尤为突出，这就相当于调频厂（等效为 A 系统）设在远离负荷中心的情况。

【例 5-2】 两个电力系统由联络线连接为一个互联系统。正常运行时，$P_{\mathrm{ab}} = 0$，两个电力系统容量分别为 1500MW 和 1000MW；各自的单位调节功率（分别以各自系统容量为基准的标幺值）示于图 5-9 中。设 A 系统负荷增量 100MW，试计算下列情况下的频率变化量和联络线上流过的交换功率：（1）A、B 两系统机组都参加一次调频；（2）A、B 两系统机组都不参加一、二次调频；（3）A、B 两系统机组都参加一、二次调频，A、

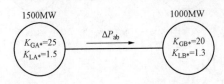

图 5-9 例 5-2 的联合电力系统

B 两系统都增发 50MW；（4）A、B 两系统机组都参加一次调频，并有 A 系统机组参加二次调频，增发 80MW。

解 先将以标幺值表示的单位调节功率折算为有名值

$$K_{GA} = K_{GA*} P_{GA} / f_N = 25 \times 1500 / 50 = 750 \ (\text{MW/Hz})$$

$$K_{GB} = K_{GB*} P_{GB} / f_N = 20 \times 1000 / 50 = 400 \ (\text{MW/Hz})$$

$$K_{LA} = K_{LA*} P_{LA} / f_N = 1.5 \times 1500 / 50 = 45 \ (\text{MW/Hz})$$

$$K_{LB} = K_{LB*} P_{LB} / f_N = 1.3 \times 1000 / 50 = 26 \ (\text{MW/Hz})$$

（1）两系统机组都参加一次调频，即

$$\Delta P_{GA} = \Delta P_{GB} = \Delta P_{LB} = 0 ; \quad \Delta P_{LA} = 100 \ (\text{MW})$$

$$K_A = K_{GA} + K_{LA} = 750 + 45 = 795 \ (\text{MW/Hz})$$

$$K_B = K_{GB} + K_{LB} = 400 + 26 = 426 \ (\text{MW/Hz})$$

$$\Delta P_A = 100 \ (\text{MW}); \quad \Delta P_B = 0$$

$$\Delta f = -\frac{\Delta P_A + \Delta P_B}{K_A + K_B} = -\frac{100}{795 + 426} = -0.082 \ (\text{Hz})$$

$$\Delta P_{ab} = \frac{K_A \Delta P_B - K_B \Delta P_A}{K_A + K_B} = \frac{-426 \times 100}{795 + 426} = -34.9 \ (\text{MW})$$

通过联络线路的功率为由 B 向 A 输送。

（2）A、B 两系统机组都不参加一、二次调频，即

$$\Delta P_{GA} = \Delta P_{GB} = \Delta P_{LB} = 0 ; \quad \Delta P_{LA} = 100 \ (\text{MW})$$

$$K_A = K_{GA} + K_{LA} = 0 + 45 = 45 \ (\text{MW/Hz})$$

$$K_B = K_{GB} + K_{LB} = 0 + 26 = 26 \ (\text{MW/Hz})$$

$$\Delta P_A = 100 \ (\text{MW}); \quad \Delta P_B = 0$$

$$\Delta f = -\frac{\Delta P_A + \Delta P_B}{K_A + K_B} = -\frac{100}{45 + 26} = -1.41 \ (\text{Hz})$$

$$\Delta P_{ab} = \frac{K_A \Delta P_B - K_B \Delta P_A}{K_A + K_B} = \frac{-26 \times 100}{45 + 26} = -36.6 \ (\text{MW})$$

在这种情况下，电力系统频率质量无法保证。

（3）A、B 两系统机组都参加一、二次调频，且都增发 50MW，即

$$\Delta P_{GA} = \Delta P_{GB} = 50 ; \quad \Delta P_{LA} = 100 \ (\text{MW}); \quad \Delta P_{LB} = 0$$

$$K_A = K_{GA} + K_{LA} = 750 + 45 = 795 \ (\text{MW/Hz})$$

$$K_B = K_{GB} + K_{LB} = 400 + 26 = 426 \ (\text{MW/Hz})$$

$$\Delta P_A = 100 - 50 = 50 \ （\text{MW}）; \quad \Delta P_B = -50 \ (\text{MW})$$

$$\Delta f = -\frac{\Delta P_A + \Delta P_B}{K_A + K_B} = -\frac{50 - 50}{795 + 426} = 0 \ (\text{Hz})$$

$$\Delta P_{ab} = \frac{K_A \Delta P_B - K_B \Delta P_A}{K_A + K_B} = \frac{795 \times (-50) - 426 \times 50}{795 + 426} = -50 \ (\text{MW})$$

这说明，由于进行了二次调频，发电机增发功率的总和与负荷增量平衡，系统频率无偏移，B 系统增发的功率全部通过联络线输往 A 系统。

（4）A、B 两系统机组都参加一次调频，A 系统有机组参加二次调频，增发 80MW，即

$$\Delta P_{\text{GA}} = 80\ (\text{MW})；\quad \Delta P_{\text{GB}} = 0；\quad \Delta P_{\text{LA}} = 100\ (\text{MW})；\quad \Delta P_{\text{LB}} = 0$$

$$K_{\text{A}} = K_{\text{GA}} + K_{\text{LA}} = 750 + 45 = 795\ (\text{MW/Hz})$$

$$K_{\text{B}} = K_{\text{GB}} + K_{\text{LB}} = 400 + 26 = 426\ (\text{MW/Hz})$$

$$\Delta P_{\text{A}} = 100 - 80 = 20\ (\text{MW})；\quad \Delta P_{\text{B}} = 0$$

$$\Delta f = -\frac{\Delta P_{\text{A}} + \Delta P_{\text{B}}}{K_{\text{A}} + K_{\text{B}}} = -\frac{20}{795 + 426} = 0.0164\ (\text{Hz})$$

$$\Delta P_{\text{ab}} = \frac{K_{\text{A}}\Delta P_{\text{B}} - K_{\text{B}}\Delta P_{\text{A}}}{K_{\text{A}} + K_{\text{B}}} = \frac{-426 \times 20}{795 + 426} = -7\ (\text{MW})$$

这种情况较理想，频率偏移很小，由 B 系统输往 A 系统的交换功率也较小。

5.3.5　调频厂的选择

电力系统的频率调整需要分工和分级调整，即将所有电厂分为主调频厂、辅助调频厂、非调频厂三类。一般选择 1～2 个电厂作为主调频厂，负责全电力系统的频率调整。另外，还选择少数几个电厂为辅助调频厂，只在电力系统频率超过某一规定的偏移范围才参加频率的调整。非调频厂在系统正常运行情况下，则按预先给定的负荷曲线发电。

对主调频厂必须有一定的要求，主要包括：具有足够的调频容量及范围；具有与负荷变化相适应的调整速度；调整出力时应符合安全及经济的原则。除这些要求外，还要考虑由于调频引起的联络线上交换功率是否过负荷或失去稳定运行，以及电网中某些中枢点的电压波动是否超出允许范围。

火电厂的锅炉和汽轮机都有技术最小负荷，其中锅炉为 25%（中温中压）～70%（高温高压）额定容量；汽轮机为 10%～15%额定定量。换言之，火电厂受锅炉最小负荷的限制，其出力调整范围不大，而且发电机组的负荷增减速度也受汽轮机各部件热膨胀的限制，不能过快，在 50%～100%额定负荷范围内，每分钟仅能上升 2%～5%。

水电厂水轮机组具有较宽的有功功率调整范围，一般可达额定容量的 50%以上，负荷的增长速度也较快，一般在 1min 以内即可从空载过渡到满载状态，而且操作方便安全。

可见，在水火电厂并存的电力系统中，从机组有功功率调整范围和速度看，水电厂最适宜承担调频任务。但是在考虑到整个电力系统运行的经济性时，在枯水季节，宜将水电厂作为主调频厂，火电厂中效率较低的机组则承担辅助调频厂的任务；而在丰水季节，为了充分利用水资源，水电厂宜带稳定的负荷，而由效率不高的中温中压火电厂承担调频任务。但水电厂不论是带基本负荷或是调频，都必须考虑水利综合利用的要求。

小　　结
Summary

电力系统有功功率平衡是指额定运行状态下，系统最大负荷运行方式时发电功率与系

统负荷的平衡关系。

备用容量是指电源容量大于发电负荷的部分。系统备用电源总量不仅大小要适中、合理，而且存在形式也要符合安全、经济性要求。热备用容量增加运行损耗，而冷备用容量又无法应对突发的负荷变化，因此应合理配置热、冷备用的容量比例。

发电机组的有功功率－频率静态特性是一条递减的曲线；相反，负荷的有功功率－频率静态特性是一条递增的曲线。虽然二者随频率的变化趋势相反，但都有利于系统频率的稳定运行。

电力系统的一次频率调整是靠发电机的调速器实现的，而且是由系统中的所有发电机共同完成的。一次调频是有差调节，就是说仅靠一次调频，系统频率偏移不可能完全消除。频率的二次调整是由系统中的调频厂来承担的，依靠调频器来完成。二次调频可以实现无差调节，但调频厂应有足够的调频容量及范围。

将一个系统视为由其两个部分组成的互联系统，可用来分析联络线上的交换功率。互联系统中，当整个系统的二次调整增发功率能够平衡全部负荷功率增量时，虽然实现了无差调节，即 $\Delta f = 0$，但联络线路的功率变化反而是最大的，这点要给予特别注意。

习题及思考题

Exercise and Questions

5-1　电力系统有功功率平衡的含义是什么？它对系统频率有什么影响？有功功率备用容量有哪些？

5-2　什么是发电机组的有功功率－频率静态特性？发电机组的单位调节功率是什么？

5-3　什么是调差系数？它与发电机单位调节功率的标幺值有什么关系？

5-4　什么是负荷的有功功率－频率静态特性？有功负荷的频率调节效应是什么？

5-5　什么是电力系统频率的一次调整？为什么它不能做到无差调节？系统单位调节功率的含义是什么？

5-6　什么是电力系统频率的二次调整？如何才能做到频率的无差调节？

5-7　怎样分析电力系统调频时的联络线上的功率变化？

5-8　如何选择调频电厂？

5-9　某系统有三台额定容量为 100MW 的发电机并列运行，其调差系数分别为 $\sigma_{G1}\% = 2$、$\sigma_{G2}\% = 6$ 和 $\sigma_{G3}\% = 5$，其运行情况为：$f=50\text{Hz}$，$P_{G1}=60\text{MW}$，$P_{G2}=80\text{MW}$，$P_{G3}=100\text{MW}$，取 $K_{L*}=1.5$，$P_{LN}=240\text{MW}$。试求：1）系统负荷增加 50MW 时，系统的频率下降多少？2）此时，三台发电机所承担的负荷各是多少（计算中均不计调频器的作用）？

5-10　A、B 两系统由联络线相联如题图 5-10 所示。A系统：$K_{GA} = 800\text{MW/Hz}$，$K_{LA} = 50\text{MW/Hz}$，$\Delta P_{LA} = 100\text{MW}$；B 系统：$K_{GB} = 700\text{MW/Hz}$，$K_{LB} = 40\text{MW/Hz}$，$\Delta P_{LB} = 50\text{MW}$。求在下列情况下频率的变化量 Δf 和联络线功率的变化量

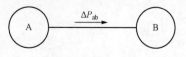

题图 5-10　互联系统

ΔP_{ab}：1）当两系统机组都参加一次调频；2）当 A 系统机组参加一次调频，而 B 系统机组不参加一次调频；3）当 A、B 两系统机组都参加一、二次调频，A、B 两系统都增发 50MW；4）当 A、B 两系统机组都参加一次调频，A 系统并有机组参加二次调频，增发 60MW。

5-11　A、B 两系统并列运行，联络线交换功率为零。A 系统负荷增大 500MW 时，B 系统向 A 系统输送的交换功率为 300MW，如这时将联络线切除，切除后 A 系统的频率为 49Hz，B 系统的频率为 50Hz，试求：1）A、B 两系统的系统单位调节功率 K_A、K_B；2）A 系统负荷增大 750MW，联合系统的频率变化量及联络线功率。

5-12　三个电力系统联合运行如题图 5-12 所示。已知它们的单位调节功率分别为：K_A = 200MW/Hz、K_B = 80MW/Hz 和 K_C = 100MW/Hz；当系统 B 增加 200MW 负荷时，三个系统都参加一次调频，并且 C 系统部分机组参加二次调频增发 70MW 功率。求联合电力系统的频率偏移 Δf 和各联络线功率的变化量。

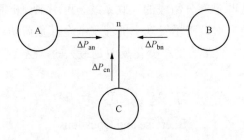

题图 5-12　三个电力系统联合运行

5-13　导致电力系统频率变化的主要因素是（　　）平衡。

A．有功功率　　　　B．无功功率　　　　C．视在功率　　　　D．电压

5-14　两台同容量发电机组并列运行，1 号机组的调差系数小于 2 号机组的调差系数，如果系统负荷增加时两台机组均未满载，则（　　）。

A．$\Delta P_{G1} = \Delta P_{G2}$　　B．$\Delta P_{G1} < \Delta P_{G2}$　　C．$\Delta P_{G1} > \Delta P_{G2}$　　D．$K_{G1} < K_{G2}$

5-15　某系统总负荷为 100MW，负荷单位调节功率为 K_{L*}=1.5，运行在 50Hz；系统发电机总容量为 100MW，调差系数 $\sigma\%$ = 2.5。当用电设备容量增加 5MW 时，系统发电机实际增发功率为（　　）MW。

A．5　　　　　　B．2.5　　　　　　C．1.5　　　　　　D．0

5-16　电力系统二次调频（　　）。

A．是由于生产、社会、气象变化引起的　　B．是有差调节
C．由发电机组的调频器完成　　　　　　　D．不可以实现无差调节

第 6 章

电力系统的无功功率平衡和电压调整
Reactive Power Balance and Voltage Regulation of Power System

电压是电力系统电能质量的另一个重要指标。高压电网的基本特征之一就是线路和变压器的电抗呈感性且远远大于电阻，因而支路传输的无功功率与电压损耗近似成正比，这也是电力系统无功功率分布与电压密切相关的根源所在。本章讨论无功功率平衡与电压调整问题。

6.1　电力系统无功功率的平衡
Reactive Power Balance of Power System

电力系统中的无功功率电源具有多样性和复杂性，它不像有功功率电源那样主要局限在发电厂，而且还包含分散在各变电站和用户处的大量无功功率补偿设备。系统中所有这些无功电源的无功功率输出应与系统无功负荷和无功损耗在额定电压下的需求相平衡，这是保证电压质量的先决条件。为此，以下对无功负荷、无功功率损耗及各种无功功率电源的性能及特点作一说明。

6.1.1　无功负荷和无功功率损耗

6.1.1.1　无功负荷

无功负荷是指以滞后功率因数运行的用电设备所吸收的无功功率，也就是用电设备所消耗的感性无功功率。其中照明、电热负荷消耗感性无功功率很小，少量的同步电动机过激运行时可发出部分感性无功功率；在综合负荷中，数量众多的异步电动机成为无功功率的主要消耗者。对于工业或农业综合负荷来说，功率因数为 $0.6\sim0.9$（滞后），其随电压的变化曲线（即第 1.4 节中的电压静态特性曲线）大致呈现递增的下凹形状。

6.1.1.2　电力系统中的无功功率损耗

（1）变压器的无功功率损耗。变压器的无功功率损耗包含励磁损耗和绕组漏抗损耗两部分。其中励磁无功功率损耗与电压平方成正比，绕组漏抗无功功率损耗与负荷电流平方成正比。在额定条件下，变压器励磁无功功率损耗占其容量的百分数大致等于空载电流百分数 $I_0\%$，为 $1\%\sim2\%$；绕组漏抗中的无功功率损耗百分数大致等于短路电压的百分数

U_k%，约为 10%。

虽然每台变压器的无功功率损耗只占各自容量的百分之十几，但是由发电厂到终端用户，中间往往需要经多次变压器的电压变换，而每次都意味着无功功率损耗的增加，所以这些变压器无功功率损耗的总和就相当可观，通常约占到用户无功负荷的 75%。

（2）电力线路的无功功率损耗。电力线路上的无功功率损耗也分为两部分，即串联电抗和并联电容中的无功功率损耗，前者呈感性；后者为充电功率，呈容性。电力线路作为电力系统的一个元件，究竟消耗感性还是容性无功功率需根据实际情况确定。当线路输送功率大于自然功率时，线路呈感性；相反，当线路输送功率小于自然功率时，线路呈容性。一般来讲，对 110kV 及以下电力线路都消耗感性无功；对 220kV 线路，长度不超过 100km 的短线路，消耗感性无功功率；长度为 300km 左右的相对较长线路，消耗的感性无功基本上与容性无功功率相持平；长度超过 300km 的长线路，消耗容性无功；对 500kV 及以上超高压线路，通常消耗容性功率。

6.1.2　无功功率电源

电力系统的无功功率电源，除同步发电机外，还包括有第 1.5 节涉及的同步调相机、并联电容器、静止无功补偿装置及静止调相机等无功功率补偿设备。

发电机是电力系统中的有功功率电源，同时也是基本的无功功率电源。当系统中无功电源不足，而有功备用容量又较充裕时，可使发电机降低功率因数运行，多发无功功率以提高电网的电压水平。发电机发送的无功功率允许值可以由发电机 P-Q 运行极限图确定。

6.1.3　无功功率的平衡

电力系统无功功率平衡的基本要求就是系统中的无功电源可能发出的无功功率应大于等于系统的无功负荷及网络中无功损耗之和。无功功率平衡如式（6-1）所示。

$$\sum Q_{GC} = \sum Q_L + \Delta Q_\Sigma \tag{6-1}$$

式中　　$\sum Q_{GC}$ ——系统电源供给的无功功率总和；

　　　　$\sum Q_L$ ——无功负荷总和；

　　　　ΔQ_Σ ——无功功率损耗总和。

式（6-1）中 $\sum Q_{GC}$ 包括发电机无功功率 $\sum Q_G$ 和无功功率补偿设备供给的无功功率 $\sum Q_C$。一般来说，发电机所发出的无功功率可由发电机 P-Q 运行极限图确定或按额定功率因数近似计算，补偿装置按额定容量计算所发无功功率。

式（6-1）中无功负荷 $\sum Q_L$，可按负荷的功率因数计算。未经补偿的负荷自然功率因数一般都较低，介于 0.6～0.9 之间，即负荷消耗的无功功率为其有功功率的 0.5～1.3 倍。我国现行规程规定，电力用户应根据其负荷的无功功率需求，设计和安装无功功率补偿设备。35kV 及以上供电的用户和 100kVA 及以上的 10kV 供电的用户，其功率因数宜在 0.95 以上，其他用户的功率因数宜达到 0.90 以上。实际上有些用户的功率因数往往达不到上述要求，进行无功功率平衡时可参照规程和实际情况确定系统无功负荷。

式（6-1）中的无功功率损耗 ΔQ_Σ 包括三部分，即变压器中的无功功率损耗 ΔQ_{T}、电力线路电抗中的无功功率损耗 ΔQ_{x} 和线路电纳中的无功功率损耗 ΔQ_{b}。由于 ΔQ_{b} 属于容性，若将其作为感性无功损耗对待应加负号，并且一般只考虑 110kV 及以上线路的 ΔQ_{b}。于是，ΔQ_Σ 可由式（6-2）计算。

$$\Delta Q_\Sigma = \Delta Q_{\mathrm{T}} + \Delta Q_{\mathrm{x}} - \Delta Q_{\mathrm{b}} \qquad (6\text{-}2)$$

最后必须指出，电力系统的无功功率平衡应按最大无功负荷的运行方式进行计算，计算的前提是系统的电压水平正常，即维持在额定电压水平上。电压变化时，电力系统中的无功负荷也将发生改变，无功负荷的电压静态特性如图 6-1 所示（图中无功负荷还包括无功功率损耗）。如果系统无功功率电源所能提供的无功功率为 $\sum Q_{GC1}$，则由无功功率平衡条件决定的电压为 U_1；如果系统电源所能提供的无功功率仅为 $\sum Q_{GC2}$，则系统的无

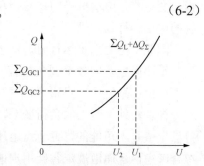

图 6-1　无功功率平衡与系统
电压水平的关系

功功率也能平衡，但平衡条件所决定的电压也会下降到为 U_2，此时，即使采取某些调压措施（比如调整某台变压器的变比）提高了局部电网的电压水平，但无益于改善系统的整体运行电压水平，甚至会导致系统运行电压进一步下降。

此外，要维持整个系统各点的电压质量，还必须使各个地区的无功功率能够就地平衡，即所谓的分（电压）层和分（供电）区无功平衡，以使无功功率电源分布合理，避免无功功率长距离传输。另外，和有功功率一样，系统中也应保有一定的无功功率备用，否则负荷增大时，电压质量仍无法保证。这个无功功率备用容量一般可取最大无功负荷的 7%～8%。

6.2　电压调整的必要性与电压管理
Voltage Adjustment Necessity and Voltage Management

6.2.1　电压变动对用户的影响及电压调整的必要性

电压质量是电能质量的重要指标之一。各种用电设备都是按照额定电压条件设计、制造的。当其端电压偏离额定电压时，不仅影响用电设备的效率、寿命等性能，而且还会影响到工农业生产的产品质量和产量，严重时还会造成设备损坏、产品报废。

例如照明负荷，其发光效率、光通量和使用寿命均与电压有关。当电压升高，白炽灯的光通量将要增加，但使用寿命将大为缩短。反之，电压降低又会使亮度和发光效率大幅度降低。日光灯的反应虽然迟钝些，但电压偏离额定值也将对其使用寿命产生不利影响。

用电设备中的异步电动机，其最大转矩与端电压的平方成正比。如果电动机的机械负载为恒阻力矩负荷，电压降低时电动机转差增大，绕组电流随之增大，温度升高，这不仅加速绝缘老化，缩短使用寿命，严重时会烧毁电动机。如果电压降低过多，电动机可能因

转矩太小而失速甚至停止旋转。

炼钢厂中的电炉，其消耗功率、发热量与电压的平方成正比，电压过低将影响冶炼时间和产品产量。其他电热和电子设备，其电压的变化也将影响使用效率和寿命。

另外，系统电压偏移对电力系统本身也会产生不利影响。电压过高，将使设备绝缘受损，变压器、电动机等的铁芯损耗增大；电压降低会使网络损耗增大，甚至还可能危及系统的电压运行稳定性。

因此，电力系统运行时，保持各节点电压正常、稳定是完全必要的。它是系统运行的又一重要问题，同频率调整具有同样的重要性。

但由于系统中节点很多，网络结构复杂，负荷分布不均匀，线路上各点的电压偏移也不一样。此外，节点的负荷变动，也会引起电压的波动。因此，要使所有节点电压严格维持额定值是不可能的，各节点电压出现偏移也是不可避免的。现实的做法是从技术经济上综合考虑，合理地规定各类用户的允许电压偏差值（相关标准的规定值见表 1-2）。电力系统调压的任务，就是根据电网具体情况，采取各种措施，使用户处的电压偏移保持在规定的范围内。

6.2.2 电力系统的电压管理

6.2.2.1 电压中枢点及其选择

电力系统结构复杂、规模庞大，其中的负荷难以计数，如对每个节点或用户的电压都进行监视和调整，不仅没有可能而且也没有必要。因此，常规做法是通过监视、调整系统中电压中枢点的电压来实现整个电力系统电压的监视和调整。

所谓电压中枢点是指某些可以反映系统电压水平的主要发电厂或枢纽变电站的母线。因为很多负荷都由这些中枢点供电，如果将这些母线的电压偏差控制在允许范围内，系统中其他节点的电压及负荷电压就能基本满足要求。于是，电力系统电压调整问题也就转变为保证各中枢点的电压偏移不超出给定范围的问题。电压中枢点通常选择在区域性水、火电厂的高压母线，枢纽变电站二次母线，或有大量地方负荷的发电厂母线。

6.2.2.2 中枢点电压允许变化范围及调整方式

为了对中枢点的电压进行控制，首先要确定中枢点电压的允许变动范围，或编制中枢点的电压曲线，这是系统运行部门电压管理工作之一。中枢点电压允许变化范围，需要根据由该中枢点供电的所有负荷点的允许电压变动范围和负荷变化曲线，并计及各自供电线路的电压损耗来确定。假设中枢点 O 向 m 个负荷点供电，如图 6-2 所示。设负荷点 i 的电压允许上、下限分别为 U_{imax} 和 U_{imin}，即电压 $U_i(t)$ 的允许变化区间为

$$U_{imin} \leqslant U_i(t) \leqslant U_{imax}, \quad i=1,2,\cdots,m$$

若令 $\Delta U_i(t)$ 为中枢点 O 到负荷点 i 的线路电压损耗（由负荷曲线和线路参数决定），则中枢点电

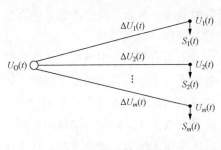

图 6-2　中枢点供电网

压 $U_\mathrm{O}(t)$ 的上、下限 U_{Omax} 和 U_{Omin} 分别为

$$\left.\begin{array}{l} U_{\mathrm{Omax}} = \min(U_{i\mathrm{max}} + \Delta U_{i\mathrm{max}}) \\ U_{\mathrm{Omin}} = \max(U_{i\mathrm{min}} + \Delta U_{i\mathrm{min}}) \end{array}\right\}, \quad i = 1, 2, \cdots, m \tag{6-3}$$

即中枢点的电压允许变化区间为

$$U_{\mathrm{Omin}} \leqslant U_{\mathrm{O}}(t) \leqslant U_{\mathrm{Omax}} \tag{6-4}$$

有了中枢点的电压允许变化范围,那么只要调整中枢点的电压在其允许范围内变动,就可以满足由它供电的所有负荷点的调压要求。

由式(6-3)和式(6-4)可知,中枢点 O 电压的允许变化区间是各个负荷点电压允许变化区间的交集,其范围相对明显缩小了。可以想见,如果各负荷点的供电线路长度、负荷变化规律相差悬殊,允许电压变化范围也很不相同,那么依据式(6-3)可能得出 $U_{\mathrm{Omax}} < U_{\mathrm{Omin}}$ 的结果,这说明无法找到能够同时满足所有用户电压要求的中枢点电压允许变化范围。在这种情况下,就必须考虑在一些特殊负荷点增设必要的调压设备。

当负荷点较多时,为减少计算工作量,通常做简化、近似处理,可按电压最低和最高两个极端负荷点考虑:中枢点的最低电压等于在地区负荷最大时,电压最低的负荷点的允许电压下限加上到中枢点的电压损耗;中枢点的最高电压等于在地区负荷最小时,电压最高的负荷点的允许电压上限加上到中枢点的电压损耗。

然而,在进行电力系统规划设计时,由于系统的较低电压等级的电网尚未完全建成,各负荷点的数据及电压要求还不明确,也就无法按照上述方法确定出中枢点的电压允许变化范围。但是可以根据电网的性质对中枢点的调压方式提出原则性的要求,大致确定一个中枢点电压的允许变化范围。为此,一般将中枢点的调压方式分为以下三类:

(1)逆调压。若中枢点至各负荷的供电线路较长,各负荷的变动较大(即最大负荷与最小负荷的差距较大),但各负荷的变化规律大致相同,则可以在最大负荷时提高中枢点的电压以抵偿因负荷较大而增加的线路电压损耗,在最小负荷时将中枢点电压适当降低以平衡因负荷降低而减小的线路电压损耗。这种最大负荷时升高电压,最小负荷时降低电压的中枢点电压调整方式称"逆调压"。逆调压时,通常要求最大负荷时中枢点电压升高至 $105\% U_\mathrm{N}$,最小负荷时将其下降为 U_N。

(2)顺调压。对供电线路较短,负荷变动较小,或用户处允许电压偏移较大的中枢点,可采用"顺调压"方式,即在最大负荷时允许中枢点电压略低,但一般不得低于电力线路额定电压的 102.5%;最小负荷时允许中枢点电压略高,但一般不得高于电力线路额定电压的 107.5%。

(3)恒调压。介于上述两种调压要求之间的调压方式,就是恒调压(常调压),即在任何负荷下,中枢点电压保持大体恒定的数值,一般为电力线路额定电压的 102%~105%。

以上所述的都是系统正常运行时的调压要求。当系统发生事故时,因电压损耗比正常时大,对电压质量的要求允许降低一些,通常事故时的电压偏移允许较正常时再增大 5%。

6.3 电压调整的措施

Voltage Adjustment Measures

6.3.1 电压调整的基本措施

电压调整是一个不同于频率调整的复杂问题。正常运行时，全系统频率相同，频率调整仅仅局限在发电厂。而整个系统各节点电压都不一样，且用户对电压的要求也不尽相同。因此，电压的调整必须根据系统的具体情况，在多处、采用多种方法与措施进行。常用的调压措施有以下几种：

（1）改变发电机端电压调压（调节励磁电流以增减无功输出和改变发电机端电压）；

（2）调整变压器的分接头调压（改变变压器变比，重新改变无功功率分布）；

（3）投切无功功率补偿设备调压（改善无功功率分布和减少电压损耗）；

（4）改善网络参数（减少网络的电压损耗）。

下面分别介绍这些调压措施。

6.3.2 借发电机调压

所谓借发电机调整电压就是通过调节发电机的励磁电流，以改变发电机定子电势，进而改变发电机端电压实现调压。现代同步发电机在额定电压的 95%～105% 范围内，能够以额定功率运行。这种调压手段不需耗费投资，而且最直接、方便，应首先考虑采用。

对于不同类型的系统，发电机调压所起的作用也不同。在由发电机不经升压直接供电的小型系统中，供电线路不长，线路上电压损耗不大，借改变发电机端电压的方法，实行逆调压就可以满足负荷点的电压质量要求，这是最经济合理的调压方案。对于由发电机经多级变压向负荷供电的大中型系统中，线路较长，供电范围较大，从发电厂到最远处的负荷之间，电压损耗和变化幅度都很大，仅借发电机调压不能满足负荷的电压质量问题。这时，利用发电机采用逆调压方式，主要是为了满足电源近处地方负荷的电压要求，对于远处负荷的电压变动，还需要借助其他调压方法来解决。

对有若干发电厂运行的大型电力系统，利用发电机调压会引起系统中无功功率的重新分配，同时要求进行电压调整的发电厂应有相当充裕的无功容量储备。所以在大型电力系统中发电机调压一般只作为一种辅助的调压措施。

6.3.3 借改变变压器变比调压

如第 1.5 节所述，双绕组变压器的高压绕组和三绕组变压器的高、中压绕组，有若干个分接头可供选择，从而改变变压器的变比以调整变压器的二次绕组的电压。普通变压器只能在停电情况下改变分接头，因此，必须事前根据调压要求和负荷情况适当选择变压器分接头。下面分别介绍各类变压器分接头的选择方法。

6.3.3.1　双绕组变压器分接头的选择

图 6-3 所示 T_i 为降压变压器，其中 I 为高压侧，i 为低压侧，设 $P+jQ$ 为通过原边（高压侧）的功率，R_T+jX_T 为归算到高压侧的变压器阻抗。

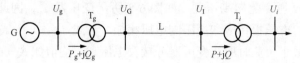

图 6-3　变压器分接头的选择

如果最大负荷时高压母线电压为 U_{Imax}，通过的功率为 $P_{max}+jQ_{max}$，则变压器 T_i 低压母线电压（归算到高压侧）为

$$U_{imax} = U_{Imax} - \Delta U_{imax} = U_{Imax} - \frac{P_{max}R_T - Q_{max}X_T}{U_{Imax}}$$

式中　ΔU_{imax}——最大负荷时变压器 T_i 的电压损耗。

若最大负荷时变压器低压母线要求的实际电压为 U'_{imax}，选择的变压器变比为 $k_{imax} = U_{tImax}/U_{Ni}$，则应有

$$U'_{imax} = \frac{U_{imax}}{k_{imax}} = \frac{U_{imax}}{U_{tImax}}U_{Ni}$$

因此，应选择的高压绕组分接头电压为

$$U_{tImax} = \frac{U_{imax}}{U'_{imax}}U_{Ni} = \frac{U_{Imax} - \Delta U_{imax}}{U'_{imax}}U_{Ni} \tag{6-5}$$

式中　U_{tImax}——变压器 T_i 最大负荷时应选择的高压绕组分接头电压；

　　　U_{Ni}——变压器 T_i 低压绕组的额定电压。

同理，最小负荷时，应选择的变压器高压绕组分接头电压为

$$U_{tImin} = \frac{U_{imax}}{U'_{imax}}U_{Ni} = \frac{U_{Imin} - \Delta U_{imax}}{U'_{imax}}U_{Ni} \tag{6-6}$$

式中符号与式（6-5）相对应，取最小负荷时的值。

因普通变压器分接头不能带负荷切换，为兼顾最大与最小负荷时的要求，则变压器的分接头电压应取两者的平均值

$$U_{tIav} = \frac{1}{2}(U_{tImax} + U_{tImin}) \tag{6-7}$$

根据分接头电压的计算值 U_{tIav}，选一个最接近的分接头 U_{tI}。

然后，按选定的分接头，校验变压器低压侧的电压是否符合要求。最大负荷时变压器低压侧的实际电压如式（6-8）所示。

$$U_{imax\_r} = U_{imax}\frac{U_{Ni}}{U_{tI}} \tag{6-8}$$

最小负荷时变压器低压侧的实际电压如式（6-9）所示。

$$U_{imin\_r} = U_{imin}\frac{U_{Ni}}{U_{tI}} \tag{6-9}$$

一般而言，若以额定电压百分值表示的$(U_{i\max} - U_{i\min})$不大于以额定电压百分值表示的$(U'_{i\max} - U'_{i\min})$，则恰当选择分接头总可满足调压要求。

对发电厂升压变压器分接头的选择，其计算方法基本与降压变压器相同。但因升压变压器中的功率是从低压侧流向高压侧，如图6-3所示变压器 T_g，因此，计算归算到高压侧的低压侧电压时，电压损耗应和高压侧电压相加。与式（6-5）～式（6-7）相对应，升压变压器在最大、最小负荷时所选变压器分接头电压和平均值如式（6-10）～式（6-12）所示。

$$U_{tG\max} = \frac{U_{g\max}}{U'_{g\max}} U_{Ng} = \frac{U_{G\max} + \Delta U_{g\max}}{U'_{g\max}} U_{Ng} \tag{6-10}$$

$$U_{tG\min} = \frac{U_{g\min}}{U'_{g\min}} U_{Ng} = \frac{U_{G\min} + \Delta U_{g\min}}{U'_{g\min}} U_{Ng} \tag{6-11}$$

$$U_{tGav} = \frac{U_{tG\max} + U_{tG\min}}{2} \tag{6-12}$$

6.3.3.2 三绕组变压器分接头的选择

三绕组变压器因调压的需要在高、中压绕组均设有分接头，上述双绕组变压器的分接头选择计算公式还照样适用，但需根据三绕组变压器在网络中所接电源及电源侧有无分接头的情况，给予区别对待。具体做法及原则分述如下。

（1）单电源情况（一侧有电源）。设电源侧没有分接头，则其他两侧分接头可以根据各自侧的电压和电源侧电压的情况分别进行选择，而不必考虑它们之间的相互影响。例如在图6-4（a）中，电源在低压侧，则高压侧的分接头根据高压侧要求的实际电压和低压电源侧电压进行选择；同理，中压侧的分接头根据中压侧要求的实际电压和低压电源侧电压进行选择。

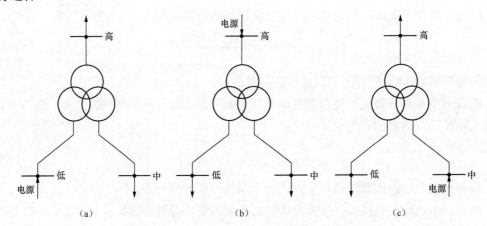

图6-4 一侧有电源时变压器分接头的选择

（a）低压侧有电源；（b）高压侧有电源；（c）中压侧有电源

电源侧有分接头时，则首先根据电源侧的电压和低压侧的实际电压选出电源侧的分接头，然后在固定此分接头的基础上，再根据电源侧的电压和另一无电源而有分接头侧的实际电压选出无电源侧的分接头。例如在图6-4（b）中，电源在高压侧，首先根据高、低压情况选出高压侧的分接头，然后在固定高压侧分接头的基础上，再根据高、中压情况选出中压侧的分接头。同理，图 6-4（c）的中压侧有电源时，应首先根据中、低压情况选出中压侧分接头，在固定中压侧分接头的基础上，根据高、中压情况选出高压侧的分接头。

（2）多电源情况（两侧或三侧有电源的情况）。对多电源情况，首先确定主电源侧，所谓主电源侧就是电源容量较大的一侧，该侧电压主要由系统决定，基本上不受分接头位置影响。只有一个主电源时，分接头的选择同于单电源情况；只是将非主电源侧等同于单电源情况的无电源侧对待即可。

若有两个主电源，且两个主电源侧都有分接头，则可以分别根据主电源侧和低压侧的电压情况选出各自的分接头。但需注意，根据计算值选定两个分接头时，应尽量使低压侧的电压值接近。

如果一个主电源侧有分接头，另一个主电源接在低压侧，则首先根据低压侧和电源容量较小且有分接头侧的电压情况选出电源容量较小侧的分接头，在固定此分接头的基础上，再根据有分接头的主电源侧和电源容量较小侧的电压情况选出主电源侧的分接头。同样，根据计算值选定两个分接头时，应尽量使电源容量较小侧的电压值接近。

6.3.3.3　有载调压变压器分接头的选择

如果所需的分接头位置超出了普通变压器的分接头调整范围($-5\%\sim+5\%$)，或以额定电压百分数表示的 $(U_{imax}-U_{imin})$ 大于 $(U'_{imax}-U'_{imin})$，则单靠普通变压器选择固定分接头的方法就无法满足调压要求。这时可以考虑使用有载调压变压器，它可以在带负荷的条件下切换分接头，调压范围也比较大（比如$-10\%\sim+10\%$），因此，可以按最大负荷和最小负荷情况分别选择分接头。

在系统中无功功率不缺乏的情况下，凡采用普通变压器不能满足调压要求的场合，比如由长线路供电、负荷变动很大以及某些发电厂的变压器，采用有载调压变压器后，大多可满足调压要求。

【例 6-1】三绕组变压器的变比为 $110\pm2\times2.5\%/38.5\pm2\times2.5\%/6.6kV$，等值电路如图 6-5 所示。各绕组最大负荷时流通的功率已示于图中，最小负荷为最大负荷的二分之一。设高压母线 I 最大、最小负荷时的电压分别为 112、115kV；中压母线 II 与低压母线 III 的允许电压偏移在最大、最小负荷时分别为 0、$+7.5\%$，试选择该变压器高、中绕组的分接头。

解　1）按给定条件求得的各绕组中电压损耗见表 6-1，归算至高压侧的各母线电压见表 6-2。

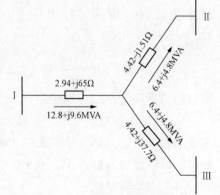

图 6-5　三绕组变压器等值电路

表 6-1	各绕组电压损耗		单位：kV
负荷水平	（I）高压绕组	（II）中压绕组	（III）低压绕组
最大负荷	5.907	0.198	1.972
最小负荷	2.876	0.093	0.933

表 6-2		各母线电压	单位：kV
负荷水平	（Ⅰ）高压母线	（Ⅱ）中压母线	（Ⅲ）低压母线
最大负荷	112	105.9	104.1
最小负荷	115	112.0	111.2

2）按表 6-2，根据低压母线对调压的要求，选择高压绕组的分接头。

在最大负荷时，低压母线电压要求 6kV。从而

$$U_{t1max} = \frac{U_{3max}}{U'_{3max}} U_{N3} = \frac{104.1}{6} \times 6.6 = 114.5 \, (kV)$$

在最小负荷时，低压母线电压要求不高于 $1.075 \times 6 = 6.45$（kV），从而

$$U_{t1min} = \frac{U_{3min}}{U'_{3min}} U_{N3} = \frac{111.2}{6.45} \times 6.6 = 113.8 \, (kV)$$

取平均值 $(114.5+113.8)/2 = 114.2$（kV），可选用 +5% 的分接头，即 $110 \times (1 + 5\%)$ = 115.5（kV）的分接头。

3）校验低压母线电压。在最大负荷时，低压母线实际电压和电压偏移分别为 $104.1 \times 6.6/115.5 = 5.95$（kV）和 $(5.95 - 6)/6 \times 100\% = -0.833\%$；最小负荷时，低压母线实际电压和电压偏移分别为 $111.2 \times 6.6/115.5 = 6.35$（kV）和 $(6.35 - 6)/6 \times 100\% = +5.83\%$。

虽然最大负荷时的电压较要求低 0.883%，但由于分接头之间的电压差为 2.5%，求得的电压偏移距要求不超过 1.25% 是允许的。

4）选择高压绕组的分接头后即可选择中压绕组的分接头。在最大负荷时，中压母线电压要求为 35kV，从而由 $35/105.9 = U_{t2max}/115.5$，可得

$$U_{t2max} = 35 \times \frac{115.5}{105.9} = 38.2 \, (kV)$$

最小负荷时，中压母线电压要求不高于 $1.075 \times 35 = 37.6$（kV），从而由 $37.6/112 = U_{t2min}/115.5$，可得

$$U_{t2min} = 37.6 \times \frac{115.5}{112} = 38.8 \, (kV)$$

取它们的平均值 $(38.2+38.8)/2 = 38.5$（kV），可选用 38.5kV 的主抽头。

5）校验中压母线电压。在最大负荷时，中压母线实际电压和电压偏移分别为 $105.9 \times 38.5/115.5 = 35.3$（kV）和 $(35.3-35)/35 \times 100\% = 0.86\%$；最小负荷时，中压母线实际电压和电压偏移分别为 $112 \times 38.5/115.5 = 37.3$（kV）和 $(37.3-35)/35 \times 100\% = 6.57\%$。

可见都能满足要求。

于是，该变压器应选的分接头电压（或变比）为 115.5/38.5/6.6 kV。

6.3.4 借无功功率补偿设备调压

当整个系统无功功率电源不足时，就应当以增加无功功率电源的办法调压。通过合理地配置无功功率补偿设备，以改变网络中的无功功率分布，减少电力线路上的功率损耗和电压损耗，从而提高负荷点电压和运行功率因数。

6.3.4.1　补偿设备的调压原理

设有简单系统如图 6-6（a）所示，图中阻抗参数为归算到变压器高压侧的值。若不计电压降落的横分量，则变电站低压侧未装设补偿设备时，应有

$$U_j = U_i + \frac{PR + QX}{U_i}$$

式中　U_i——归算至高压侧的变电站低压母线电压。

当变电站低压侧装有容量为 Q_C 的无功补偿装置时，见图 6-6（b），这时网络中传输的无功功率减少为（$Q-Q_C$），则有

$$U_j = U_{iC} + \frac{PR + (Q - Q_C)X}{U_{iC}}$$

式中　U_{iC}——补偿设备投入后归算到高压侧的变电站低压母线电压。

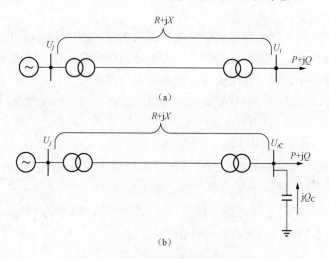

图 6-6　具有无功补偿的简单系统

（a）未装设补偿装置；（b）装设补偿装置后

如果两种情况下，U_j 保持不变，则由以上两式可得

$$U_i + \frac{PR + QX}{U_i} = U_{iC} + \frac{PR + (Q - Q_C)X}{U_{iC}}$$

由此，可求出补偿后变压器低压母线电压的升高值为

$$U_{iC} - U_i = \left(\frac{PR + QX}{U_i} - \frac{PR + QX}{U_{iC}} \right) + \frac{Q_C}{U_{iC}} X$$

上式中的括号内数值一般不大，其物理意义是负荷功率不变时，因电压升高致使电流减小引起的线路电压损耗变化量，相比较电压的升高值可忽略不计，于是上式简化为

$$U_{iC} - U_i = \frac{Q_C}{U_{iC}} X \tag{6-13}$$

式（6-13）说明，末端电压的升高值，近似等于补偿的电容电流 $I_C = Q_C / U_{iC}$ 在线路电抗 X 上产生的电压降。换句话说，无功补偿设备调压是通过减少线路传输的无功电流，从而减少线路电抗压降实现的。需指出，对于复杂电网，式（6-13）的电抗 X 应为从电源点

到补偿设备安装处间的等值电抗。

6.3.4.2 补偿设备容量的确定

在已知 U_{iC}、U_i 的情况下，由式（6-13）不难求出需要装设的无功补偿容量

$$Q_C = \frac{U_{iC}}{X}(U_{iC} - U_i) \tag{6-14}$$

一般无功补偿设备安装在降压变压器的低压侧母线，因此，在利用无功补偿设备调压时，还要和降压变压器调压结合起来考虑。若降压变压器的变比选为 $k = U_{tl}/U_{Ni}$，经补偿后变压器低压侧要求的实际电压为 U_{iC}'，则 $U_{iC} = kU_{iC}'$，代入式（6-14）

$$Q_C = \frac{kU_{iC}'}{X}(kU_{iC}' - U_i) = \frac{U_{iC}'}{X}\left(U_{iC}' - \frac{U_i}{k}\right)k^2 \tag{6-15}$$

由此可见，补偿容量 Q_C 取决于调压要求和变压器变比 k，而变比 k 的确定又与选用的补偿设备种类和选择变比的原则有关。

（1）补偿设备采用并联电容器。并联电容器只能发出感性无功功率提高电压，而不能吸收感性功率来降低电压。因此，为充分利用电容器的容量，以使在满足调压要求时，设置的补偿装置容量最小，可以在最大负荷时电容器全部投入运行，最小负荷时电容器全部切除。于是，选择电容器时，应首先按最小负荷时没有补偿的情况来选择变压器的分接头

$$U_{tlmin} = \frac{U_{imin}}{U_{imin}'}U_{Ni} \tag{6-16}$$

式中 U_{imin} ——最小负荷时计算出的低压侧归算至高压侧的电压；

         U_{imin}' ——最小负荷时低压侧要求的实际电压。

在高压侧选一个与 U_{tlmin} 接近的分接头 U_{tl}，因而变比为 $k = U_{tl}/U_{Ni}$。然后，按最大调压要求，参照式（6-15）计算所需无功补偿容量

$$Q_C = \frac{U_{iCmax}'}{X}\left(U_{iCmax}' - \frac{U_{imax}}{k}\right)k^2 \tag{6-17}$$

式中 U_{imax} ——最大负荷时计算出的低压侧归算至高压侧的电压；

         U_{iCmax}' ——最大负荷时低压侧要求的实际电压。

最后，根据补偿电容器容量的计算值，从产品目录选择合适的设备。

（2）补偿设备采用同步调相机。同步调相机过激运行时发出感性无功功率，使电压升高；欠激运行时发出容性无功功率（即吸收感性无功功率）使电压降低。因此，调相机最大负荷时按发出额定感性无功功率 Q_C 过激运行，最小负荷时按发出额定容性功率 αQ_C（乘数 α 取值 0.5～0.65）欠激运行，以充分发挥调相机的作用，保证所选容量最小。而变压器变比的选择应兼顾这两种情况。因此，最大负荷时应满足式（6-17），最小负荷时有

$$-\alpha Q_C = \frac{U_{iCmin}'}{X}\left(U_{iCmin}' - \frac{U_{imin}}{k}\right)k^2 \tag{6-18}$$

式（6-17）与式（6-18）相除，得

$$-\alpha = \frac{U_{iCmin}'(kU_{iCmin}' - U_{imin})}{U_{iCmax}'(kU_{iCmax}' - U_{imax})}$$

于是，可解出变压器变比

$$k = \frac{\alpha U'_{iCmax} U_{imax} + U'_{iCmin} U_{imin}}{\alpha U'^2_{iCmax} + U'^2_{iCmin}} \quad (6\text{-}19)$$

再算出高压绕组分接头电压 $U_{tI} = kU_{Ni}$，选定最接近的分接头电压 U_{tI}，然后按实际变比 $k = U_{tI} / U_{Ni}$，代入式（6-17）即可求出需要的调相机容量。

（3）补偿设备采用静止补偿器或静止调相机。若采用由电容器和可控电抗器组成的静止补偿器，或采用静止调相机，则同样可以使用以上调相机容量的确定方法与计算公式。计算中只需根据静止补偿器或静止调相机的额定容性容量与额定感性容量的比值，修改乘数 α 即可。

若采用由晶闸管投切电容器构成的静止补偿器，则可以应用以上并联电容器容量的确定方法与计算公式。

【例 6-2】 简单系统接线如图 6-7 所示。降压变电所低压侧母线要求常调压，保持 10.5kV。试确定无功功率补偿设备容量：（1）补偿设备采用电容器；（2）补偿设备采用调相机。已知始端电压 $U_1 = 118\text{kV}$，阻抗 $R_{12} + jX_{12} = 26.4 + j129.6\,\Omega$ 已归算至高压侧，且 $\tilde{S}_{2max} = 20 + j15\,\text{MVA}$，$\tilde{S}_{2min} = 10 + j7.5\,\text{MVA}$。

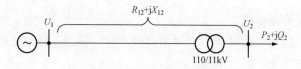

图 6-7　简单系统接线图

解　设置补偿设备前，最大负荷时变电所低压侧归算至高压侧的电压为

$$U_{2max} = U_1 - \frac{P_{2max} R_{12} + Q_{2max} X_{12}}{U_1} = 118 - \frac{20 \times 26.4 + 15 \times 129.6}{118} = 97.1\,(\text{kV})$$

最小负荷时变电所低压侧归算至高压侧的电压为

$$U_{2min} = U_1 - \frac{P_{2min} R_{12} + Q_{2min} X_{12}}{U_1} = 118 - \frac{10 \times 26.4 + 7.5 \times 129.6}{118} = 107.5\,(\text{kV})$$

（1）采用电容器时。按常调压要求，在最小负荷时，补偿设备全部退出运行条件下，由式（6-16）计算应选用的分接头电压

$$U_{t2min} = U_{2min} \frac{U_{N2}}{U'_{2min}} = 107.5 \times \frac{11}{10.5} = 112.6\,(\text{kV})$$

选用+2.5%即 $110 \times (1 + 2.5\%) = 112.75$（kV）分接头，将 $k = 112.75/11$ 代入式（6-17），按最大负荷时的调压要求确定 Q_C

$$Q_C = \frac{U'_{2Cmax}}{X_{12}} \left(U'_{2Cmax} - \frac{U_{2max}}{k} \right) k^2 = \frac{10.5}{129.6} \left(10.5 - 97.1 \times \frac{11}{112.75} \right) \frac{112.75^2}{11^2} = 8.74(\text{Mvar})$$

验算电压偏移。最大负荷时补偿设备全部投入，低压母线归算至高压侧的电压

$$U_{2Cmax} = 118 - \frac{20 \times 26.4 + (15 - 8.74) \times 129.6}{118} = 106.65\,(\text{kV})$$

低压母线实际电压为

$$U'_{2Cmax\_r} = 106.65 \times \frac{11}{112.75} = 10.4 \,(\text{kV})$$

最小负荷时补偿设备全部退出，已知 $U_{2min} = 107.5\text{kV}$，可得低压母线实际电压

$$U'_{2Cmin\_r} = 107.5 \times \frac{11}{112.75} = 10.49 \,(\text{kV})$$

最大负荷、最小负荷时对低压母线要求电压的偏移分别为 $(10.5 - 10.4)/10.5 \times 100\% = 0.95\%$ 和 $(10.5 - 10.49)/10.5 \times 100\% = 0.12\%$。

可见选择的电容器容量能满足常调压要求。

（2）采用调相机。首先按式（6-19）确定应选用的变比（乘数 α 取值 0.5）

$$k = \frac{\alpha U'_{2Cmax} U_{2max} + U'_{2Cmin} U_{2min}}{\alpha U'^2_{2Cmax} + U'^2_{2Cmin}} = \frac{0.5 \times 10.5 \times 97.1 + 10.5 \times 107.5}{0.5 \times 10.5^2 + 10.5^2} = 9.91$$

从而变压器高压绕组分接头电压为 $9.91 \times 11 = 108.99$（kV）。选用主抽头 110kV，将 $k = 110/11$ 代入式（6-17），按最大负荷时的调压要求确定 Q_C

$$Q_C = \frac{10.5}{129.6}\left(10.5 - 97.1 \times \frac{11}{110}\right)\frac{110^2}{11^2} = 6.4 (\text{Mvar})$$

选用容量为 7.5MVA 的调相机。

验算电压偏移。最大负荷时调相机过激满载运行，输出 7.5Mvar 感性无功功率，低压母线归算至高压侧电压为

$$U_{2Cmax} = 118 - \frac{20 \times 26.4 + (15 - 7.5) \times 129.6}{118} = 105.3 \,(\text{kV})$$

低压母线实际电压为

$$U'_{2Cmax\_r} = 105.3 \times \frac{11}{110} = 10.53 \,(\text{kV})$$

最小负荷时，调相机欠激满载运行，吸取 3.75Mvar 感性无功功率，低压母线归算至高压侧电压为

$$U_{2Cmin} = 118 - \frac{10 \times 26.4 + (7.5 + 3.75) \times 129.6}{118} = 103..4 \,(\text{kV})$$

低压母线实际电压为

$$U'_{2Cmin\_r} = 103.4 \times \frac{11}{110} = 10.34 \,(\text{kV})$$

在最大负荷时适当减少发出的感性无功功率，最小负荷时适当减少吸取的感性无功功率，就可使低压母线电压达 10.5kV。换言之，选用的调相机容量是恰当的，还有一定裕度。

6.3.5 借改善电力线路参数调压

改变线路参数主要指在电力线路上串联电容器，利用电容器的容抗抵偿线路感抗，以降低线路电抗值来减小线路电压损耗，从而达到调整电压的目的。

例如对图 6-8（a）输电线路未串联电容器时的电压损耗为

$$\Delta U = \frac{PR + QX}{U_2}$$

线路上安装了串联电容器 X_C 时，如图 6-8（b），其电压损耗为

$$\Delta U_C = \frac{PR + Q(X - X_C)}{U_{2C}}$$

可见，串联电容器前后，电力线路电压损耗的差值即为线路末端电压升高的数值，即

$$\Delta U - \Delta U_C = \frac{PR + QX}{U_2} - \frac{PR + Q(X - X_C)}{U_{2C}} \approx \frac{QX_C}{U_N}$$

式中 U_2、U_{2C}——串联电容器前、后线路末端电压，可以近似为线路额定电压 U_N。

由上式可得

$$X_C = \frac{(\Delta U - \Delta U_C)U_N}{Q} \tag{6-20}$$

其中（$\Delta U - \Delta U_C$）即为要求借串联电容器减少的电压损耗。

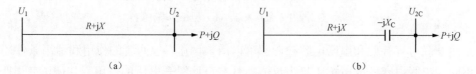

图 6-8 串联电容补偿

（a）装设串联补偿电容前；（b）装设串联电容补偿后

求得容抗 X_C 后，就可选择串联电容器的容量。实际中串联电容器是由若干单个电容器串、并联构成的电容器组，如图 6-9 所示。若单个电容器的额定电压为 U_{NC}，额定电流为 I_{NC}，额定容量为 Q_{NC}，则如下关系式成立

$$\left.\begin{array}{l} nU_{NC} \geqslant I_{c\max}X_C \\ mI_{NC} \geqslant I_{c\max} \\ Q_C = mnQ_{NC} = mnU_{NC}I_{NC} \end{array}\right\} \tag{6-21}$$

式中 n、m ——每串电容器组串联的个数和每相电容器组并联的串数；

$I_{c\max}$ ——通过电容器组的最大负荷电流；

Q_C ——每相串联电容器容量。

因而，若已选定单台电容器的额定电压、电流参数，则由式（6-21）的 3 个关系式便可确定每相电容器组的串、并联台数 m、n 和容量 Q_C；相反，若已确定每相电容器组的串、并联台数，同样则可根据式（6-22）的 3 个关系式选定单台电容器的额定电压、电流参数及每相电容器组容量 Q_C。需注意，三相电容器组总共需要 $3mn$ 台电容器，总容量为 $3Q_C = 3mnQ_{NC}$。

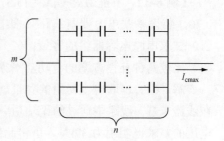

图 6-9 串联电容器组

另外，串联电容器安装地点的设置也要合理。总的原则是，应使沿电力线路电压分布尽可能均匀，而且各负荷点电压都在允许范围内。根据这一原则，当负荷集中在电力线路末端时，串联电容器应装设在末端，以避免装在始端时引起送端电压过高和短路时通过电容器的电流过大；当沿电力线路有若干负荷点时，可

将串联电容器装设在未接电容器时其电压损耗为线路总电压损耗的 1/2 处，如图 6-10 所示。

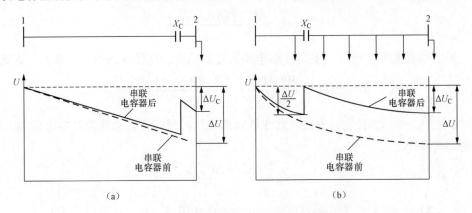

图 6-10　串联电容器设置地点与沿电力线路的电压分布

（a）负荷集中在线路末端；（b）沿线有若干负荷

　　虽然并联电容补偿和串联电容补偿都可以用来调压，但两者的作用和适用条件还是有很大不同。串联电容器的电抗压降为负值，具有直接提升电压的作用，其调压效果明显；而并联补偿是借减少线路上的无功功率（电流）以减少线路电压降来间接实现调压。串联电容器提高电压的数值 QX_C/U 随无功负荷的大小而变化，且变化趋势一致，即在负荷大时增大，负荷小时减小，恰好与调压要求相符合，这是串联电容器调压的一个显著优点；而并联补偿的电压调节特性与其相反。故串联电容器一般用在负荷波动大而频繁的场合，而并联补偿则不适用。

　　从降低网损方面来说，并联电容器减少电力线路上流通的无功功率（电流），起直接减少线路有功功率损耗的作用；而串联电容器则主要借提高电力线路的电压水平以减少线路电流，进而间接减少线路有功功率损耗，其降损作用不大。所以如设置的电容器容量相等，并联电容器在减少电力线路有功功率损耗方面的作用较串联电容器大。

　　另外，在超高压输电线路中，串联电容器补偿主要用来提高输送容量和改善系统运行的稳定性。

　　【例 6-3】　阻抗为 $R + jX = 13.5 + j12\Omega$ 的 35kV 电力线路输送功率 4MW，功率因数为 0.70，装设串联电容器前线路末端电压为 30.4kV，要求借串联电容器将其提高为 32kV。（1）试求串联电容器组的容量；（2）求为达到同样调压要求所需设置的并联电容器容量；（3）比较两种补偿方案的有功功率损耗。

　　解　（1）串联电容器组的容量。由于负荷集中在电力线路末端，串联电容器组就设置在线路末端。线路中通过的无功功率为 $Q = 4\tan\varphi = 4 \times 1.02 = 4.08$（Mvar）。又由于对末端电压的要求已明确为 32kV，可将此值取代式（6-20）中的 U_N，使计算结果更精确些。

$$X_C = \frac{(\Delta U - \Delta U_C)U_N}{Q} = \frac{(32 - 30.4) \times 32}{4.08} = 12.5\ (\Omega)$$

电容器组的最大电流为

$$I_{cmax} = \frac{4000}{\sqrt{3} \times 32\cos\varphi} = \frac{4000}{\sqrt{3} \times 32 \times 0.70} = 103\ (A)$$

如果选用 $U_{NC}=0.6\text{kV}$，$Q_{NC}=20\text{kvar}$ 的单相串联电容器，则每串电容器的个数为

$$n \geqslant \frac{I_{cmax}X_C}{U_{NC}} = \frac{0.103 \times 12.5}{0.6} = 2.15$$

选用 $n=3$。而每相电容器组并联的串数为

$$m \geqslant \frac{I_{cmax}}{I_{NC}} = \frac{I_{cmax}}{Q_{NC}/U_{NC}} = \frac{103}{20/0.6} = 3.1$$

选用 $m=4$。于是，选用的三相电容器组总容量为

$$3mnQ_{NC} = 3 \times 4 \times 3 \times 20 = 720(\text{kvar})$$

校验能否满足调压要求。每个电容器的容抗为

$$X_{NC} = \frac{U_{NC}^2}{Q_{NC}} = \frac{(0.6 \times 10^3)^2}{20 \times 10^3} = 18\,(\Omega)$$

电容器组的容抗为

$$X_C = \frac{n}{m}X_{NC} = \frac{3}{4} \times 18 = 13.5\,(\Omega)$$

设置串联电容器后减少的电压损耗为

$$\Delta U - \Delta U' = \frac{X_C Q}{U_{2C}} = \frac{13.5 \times 4.08}{32} = 1.72\,(\text{kV})$$

这数值略大于要求的 $(32-30.4)=1.6$（kV），说明所选电容器组容量可满足调压要求。

（2）并联电容器容量。用式（6-14）计算所需并联电容器容量，即

$$Q_C = \frac{U_{2C}}{X}(U_{2C}-U_2) = \frac{32}{12}(32-30.4) = 4.27\,(\text{Mvar})$$

可见串联电容器容量仅为并联电容器容量的 $\frac{0.72}{4.72} \times 100\% = 16.9\%$。

（3）两种补偿方案的有功功率损耗比较。设置并联电容器后的电力线路有功功率损耗为

$$\Delta P_\Sigma = \frac{P^2 + (Q-Q_C)^2}{U_{2C}^2}R = \frac{4^2 + (4.08-4.27)^2}{32^2} \times 13.5 = 0.211(\text{MW})$$

设置串联电容器后的线路功率损耗为

$$\Delta P_\Sigma = \left(\frac{P}{U_{2C}\cos\varphi}\right)^2 R = \left(\frac{4}{32 \times 0.70}\right)^2 \times 13.5 = 0.43\,（\text{MW}）$$

二者相差 $(0.43-0.211)=0.219$（MW）。

小　　结
Summary

电力系统运行中的无功功率平衡与电压管理问题是调度运行人员的主要任务之一。无功功率平衡较有功功率平衡计算更为复杂，不仅要考虑系统整体无功功率平衡，还要考虑

分层和分区的平衡问题。

变压器无功损耗占据了系统无功功率消耗的多半部分。线路电纳中的无功损耗是容性，相当于无功电源，特别是对于超高压线路应引起注意，这也是有别于有功功率的特点之一。

系统中的无功功率电源具有多样性，包括同步发电机、电容器、同步调相机和静止补偿器等。

电力系统负荷众多，各点电压不尽相同，不可能逐一实行监控。因而，采取的调压策略是整体把握、重点控制。这就是针对电压中枢点实施的逆调压、顺调压和常调压方式。电压中枢点的电压允许变动范围，则是根据所供电用户的电压要求、预计负荷产生的电压损耗确定的。

电压调整措施主要有借发电机端电压调压、借改变变压器变比调压、借无功补偿设备调压、借串联补偿调压。应优先考虑借发电机调压，特别是对于电源近处的地方负荷，利用发电机采用逆调压方式是最为经济、方便的选项。当系统无功功率电源充裕时，借改变变压器变比调压无疑是一种非常有效的调压措施，特别是采用有载调压变压器后，大都可满足调压要求，但还要避免无功功率长距离地传输。当系统无功功率电源不足时，不宜采取调整变压器分接头来提高电压，否则，虽然会使局部地区的电压有所升高，但无益于改善系统的整体运行电压水平，甚至会导致运行电压的进一步下降。因而，应首先考虑借无功补偿装置调压，以解决无功功率平衡问题。冲击负荷的调压宜用静止补偿器等新型无功补偿装置。采用补偿装置对负荷进行无功补偿，还能提高功率因数、降低网损。

习 题 及 思 考 题

Exercise and Questions

6-1　电力系统中无功负荷和无功功率损耗主要指的是什么？

6-2　电力系统中无功功率电源有哪些，各有什么特点？

6-3　什么是电力系统无功功率的平衡？它与电压运行水平有什么关系？

6-4　我国对供电电压的允许偏移有什么具体规定？电压偏移过大对用户和系统本身各有什么害处？

6-5　电力系统的电压中枢点的含义是什么？中枢点的调压方式有哪几种，其要求如何？

6-6　电力系统有哪几种调压措施？各适用什么情况？

6-7　当电力系统无功电源不足时，是否可以只通过改变变压器的变比调压？为什么？

6-8　如何根据调压要求选择降压变压器和升压变压器的分接头？

6-9　在按调压要求选择无功补偿设备容量时，选用并联电容器和调相机时是如何考虑的？

6-10　为实现调压要求的并联电容器补偿和串联电容器补偿各有什么特点？

6-11　试举例说明几种新型无功功率补偿装置，并简单介绍其特点。

6-12　某一降压变压器，变比为 $110 \pm 2 \times 2.5\%/10.5\mathrm{kV}$，归算至高压侧的阻抗为 $Z_\mathrm{T} = 2.44 + \mathrm{j}40\Omega$，在最大负荷时，变压器通过的功率为 $25 + \mathrm{j}10\mathrm{MVA}$，高压母线电压为 $112\mathrm{kV}$；

在最小负荷时，变压器通过的功率为 10 + j5MVA，高压母线电压为 115kV。低压母线电压要求最大负荷时不低于 10kV，最小负荷时不高于 11kV。试选择变压器分接头。

6-13　如题图 6-13 所示电网，35kV 线路长 18km，$r_1 = 0.3\Omega/\mathrm{km}$，$x_1 = 0.38\Omega/\mathrm{km}$；变压器阻抗 $R_\mathrm{T} + jX_\mathrm{T} = 1.6 + j12.6\Omega$ 已归算到高压侧；最大、最小负荷分别为 5 + j3.6MVA 和 2.5 + j1.8MVA；线路始端 1 的电压维持 $U_1 =$ 35.6kV 不变，要求变压器低压母线的电压变化不超过 10.25~10.75kV 的范围，试选择变压器分接头。

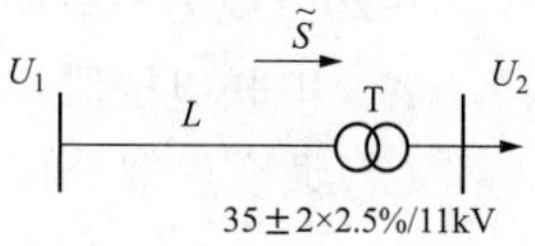

题图 6-13　电网接线

6-14　水电厂通过 SFL-40000/110 型升压变压器与系统连接，额定电压为 121±2 × 2.5%/10.5kV。变压器归算至高压侧的阻抗为 2.1 + j38.5Ω。系统在最大、最小负荷时高压母线电压为 112.1kV 和 115.9kV；低压侧要求电压，在系统最大负荷时不低于 10kV，在系统最小负荷时不高于 11kV。当水电厂在最大、最小负荷时输出功率均为 28 + j21MVA 时，试选该变压器的分接头。

6-15　试选择题图 6-15 所示的三绕组变压器的分接头电压。变压器各绕组等值阻抗（已归算至高压侧）、中压与低压侧所带负荷、高压母线电压均示于图中。变压器的变比为 110±2 × 2.5%/38.5±2 × 2.5%/6.6kV，中压侧要求常调压，在最大、最小负荷时，电压保持 35±2.5%kV，低压侧要求逆调压，计算时不计变压器功率损耗。

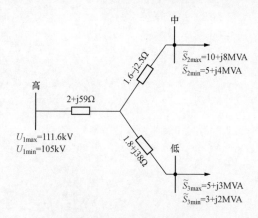

题图 6-15　三绕组变压器

6-16　在题 6-13 中，要求变压器低压母线的电压保持 10.5kV，试确定并联电容器容量。

6-17　有一个降压变电站由两回 110kV、长 70km 的电力线路供电，导线型号为 JL/G1A-120/25-7/7，三相导线几何均距为 5m。变电站装有二台变压器并列运行，其型号为 SFL-31500/110，$U_\mathrm{N} = 110/11\mathrm{kV}$，$U_k\% = 10.5$。最大负荷时变电站低压侧归算至高压侧的电压为 100.5kV，最小负荷时为 112.0kV。变电站二次母线允许电压偏移在最大、最小负荷时为额定电压的 2.5%~7.5%。试根据调压的要求，按并联电容器和调相机两种措施，确定变电所 10kV 母线上所需补偿设备的最小容量。

6-18　某电源中心通过 110kV、长 80km 的单回线路向降压变电站供电。其线路阻抗为 21 + j34Ω，在最大负荷为 22 + j20MVA 运行时，要求线路电压降小于 6%。为此，线路上需串联电容器。若采用 0.66kV、40kvar 的单相电容器，求电容器的数量及设置的容量（不计线路的功率损耗）。

6-19 电压中枢点的调压方式有三种：（ ）调压、顺调压和常调压。

A. 恒   B. 逆   C. 高   D. 负

6-20 电力系统中可采用调发电机端电压、改变网络无功分布、（ ）等调压措施。

A. 串联电抗器   B. 调发电机转速

C. 调变压器分接头   D. 改变负荷

6-21 为实现逆调压方式，宜采用（ ）的调压措施。

A. 串联电抗器   B. 并联电抗器

C. 并联电容器   D. 静止无功补偿器

第 7 章

电力系统的经济运行

Economic Dispatch of Power System

电力系统经济运行是指在保证系统安全可靠供电并且电能质量符合标准的前提下，通过一定的控制手段尽可能提高电能生产和输送的效率，降低发电的燃料消耗或发电成本和电网的网损率。系统经济运行的内容涉及有功功率、无功功率在系统中的最优分配以及电网的经济运行三个方面。本章将阐述发电厂间有功负荷的经济分配和无功功率的最优分布方法，简单介绍降低网损的技术措施和系统的最优潮流。

7.1 电力系统有功功率的经济分配
Economic Dispatch of Active Power in Power System

电力系统中有功功率的经济分配包括有功功率电源的最优组合和有功负荷的经济分配两个主要内容。有功功率电源的最优组合指的是系统中发电设备或发电厂的合理组合，即通常所谓机组的合理开停，其内容包括机组的最优组合顺序、机组的最优组合数量和机组的最优开停时间，该问题涉及的是电力系统中冷备用容量的合理分布，相关内容见第 5.1 节。而有功负荷的经济分配指的是系统的有功负荷在各个正在运行的发电设备或发电厂之间的合理分配，该问题涉及的是电力系统中热备用容量的合理分布。本节介绍有功负荷的经济分配。

7.1.1 同类型电厂间有功功率的经济分配

7.1.1.1 耗量特性

反映发电机组或发电厂单位时间内能量输入和输出关系的曲线，称为该发电机组或发电厂的耗量特性，如图 7-1（a）所示。其中，横坐标为电功率 P_G，单位为 MW；对于汽轮发电机组或火电厂的耗量特性，其纵坐标为每小时消耗的标准煤（燃料）F，单位为 t/h；对于水轮发电机组或水电厂的耗量特性曲线，其纵坐标为每秒消耗的水量 W，单位为 m^3/s。为便于分析，假定耗量特性连续可导（实际的特性并不都是如此）。

耗量特性曲线上某点的纵坐标和横坐标之比，即单位时间发电机组能量输入与输出之比称为比耗量 $\mu = F/P_G$，单位为 t/MWh 或 g/kWh。比耗量是电力系统经济运行的主要指标之一。比耗量的倒数 $\eta = P_G/F$ 表示发电机组或发电厂的效率。耗量特性曲线上某点切线的斜率称为该点的耗量微增率 $\lambda = \mathrm{d}F/\mathrm{d}P_\mathrm{G}$ 或 $\lambda = \mathrm{d}W/\mathrm{d}P_\mathrm{G}$，它表示在该点运行时输入增量与输出增量之比。以输出电功率为横坐标的效率曲线和微增率曲线如图 7-1（b）所示。

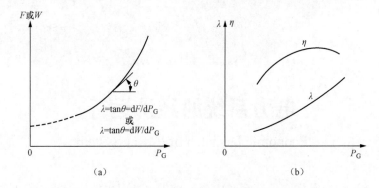

图 7-1 耗量特性、效率和耗量微增率曲线

（a）耗量特性曲线；（b）效率曲线和微增率曲线

7.1.1.2 等耗量微增率准则

先以并联运行的两台发电机组间的负荷分配为例，说明等微增率准则的基本概念。已知两台机组的耗量特性 $F_1(P_\mathrm{G1})$、$F_2(P_\mathrm{G2})$ 与总的负荷功率 P_L。假定各台机组燃料消耗量和输出功率都不受限制，要求确定负荷功率在两台机组间的分配，使总的燃料消耗为最小，并忽略网络损耗。如果以 "s.t."（subject to）表示 "满足条件为"，则上述的两台发电机组间的负荷经济分配问题可以表示为优化问题的一般形式

$$\left.\begin{aligned}\min F &= F_1(P_\mathrm{G1}) + F_2(P_\mathrm{G2})\\ \text{s.t.}\quad P_\mathrm{G1} &+ P_\mathrm{G2} - P_\mathrm{L} = 0\end{aligned}\right\}$$

这是多元函数求条件极值的问题，可用拉格朗日乘数法求解。要在满足等式约束 $P_\mathrm{G1} + P_\mathrm{G2} - P_\mathrm{L} = 0$ 的条件下，使目标函数 $F = F_1(P_\mathrm{G1}) + F_2(P_\mathrm{G2})$ 达到最小，可首先建立一个新的、不受约束的目标函数——拉格朗日函数

$$L = F_1(P_\mathrm{G1}) + F_2(P_\mathrm{G2}) - \lambda(P_\mathrm{G1} + P_\mathrm{G2} - P_\mathrm{L}) \tag{7-1}$$

式中 λ——拉格朗日乘数。

然后，可以求式（7-1）的最小值。由于拉格朗日函数有 3 个变量，所以它取最小值时应满足 3 个条件，即 $\dfrac{\partial L}{\partial P_\mathrm{G1}} = 0$、$\dfrac{\partial L}{\partial P_\mathrm{G2}} = 0$ 和 $\dfrac{\partial L}{\partial \lambda} = 0$，也就是

$$\left.\begin{aligned}\frac{\mathrm{d}F_1(P_\mathrm{G1})}{\mathrm{d}P_\mathrm{G1}} - \lambda &= 0\\ \frac{\mathrm{d}F_2(P_\mathrm{G2})}{\mathrm{d}P_\mathrm{G2}} - \lambda &= 0\\ P_\mathrm{G1} + P_\mathrm{G2} - P_\mathrm{L} &= 0\end{aligned}\right\} \tag{7-2}$$

由于 $\dfrac{\mathrm{d}F_1(P_\mathrm{G1})}{\mathrm{d}P_\mathrm{G1}}$、$\dfrac{\mathrm{d}F_2(P_\mathrm{G2})}{\mathrm{d}P_\mathrm{G2}}$ 分别为发电机组 1、2 各自承担有功负荷 P_G1、P_G2 时的耗量微增率 λ_1、λ_2，由式（7-2）中第一、二式可得

$$\lambda_1 = \lambda_2 = \lambda \qquad (7\text{-}3)$$

这就是等耗量微增率准则。式（7-2）中的第三式就是给定的等式约束条件——功率平衡条件。

等耗量微增率的物理意义可以解释为：假定两台机组在耗量微增率不等的状态下运行，且 $\dfrac{\mathrm{d}F_1}{\mathrm{d}P_{G1}} > \dfrac{\mathrm{d}F_2}{\mathrm{d}P_{G2}}$；然后，可以在两台机组的总输出功率不变的条件下调整负荷分配，让 1 号机组减少输出 ΔP_L，2 号机组增加输出 ΔP_L；于是，1 号机组将减少燃料消耗 $\dfrac{\mathrm{d}F_1}{\mathrm{d}P_{G1}}\Delta P_L$，

2 号机组将增加燃料消耗 $\dfrac{\mathrm{d}F_2}{\mathrm{d}P_{G2}}\Delta P_L$，而总的燃料消耗将可节约

$$\Delta F = \frac{\mathrm{d}F_1}{\mathrm{d}P_{G1}}\Delta P_L - \frac{\mathrm{d}F_2}{\mathrm{d}P_{G2}}\Delta P_L = \left(\frac{\mathrm{d}F_1}{\mathrm{d}P_{G1}} - \frac{\mathrm{d}F_2}{\mathrm{d}P_{G2}}\right)\Delta P_L > 0$$

这样的负荷调整可以一直进行到两台机组的耗量微增率相等为止。

不难理解，等耗量微增率准则也可推广应用于多台（n 台）机组或发电厂之间的负荷分配。此时，n 台机组或发电厂间的负荷经济分配问题可以表示为

$$\left.\begin{array}{l} \min F = \sum\limits_{i=1}^{n} F_i(P_{Gi}) \\ \text{s.t.} \quad \sum\limits_{i=1}^{n} P_{Gi} - P_L = 0 \end{array}\right\}$$

式（7-1）、式（7-2）应分别改写为

$$\left.\begin{array}{l} L = \sum\limits_{i=1}^{n} F_i(P_{Gi}) - \lambda\left(\sum\limits_{i=1}^{n} P_{Gi} - P_L\right) \\ \dfrac{\mathrm{d}F_i(P_{Gi})}{\mathrm{d}P_{Gi}} - \lambda = 0, \quad i = 1, 2, \cdots, n \\ \sum\limits_{i=1}^{n} P_{Gi} - P_L = 0 \end{array}\right\}$$

同样可得到等耗量微增率准则

$$\lambda_1 = \lambda_2 = \cdots = \lambda_n = \lambda \qquad (7\text{-}4)$$

如果燃料耗量 F_i（t/h）换成燃料费用成本 F_i（元/h），则式（7-3）或式（7-4）便称为"等电能成本微增率准则"。显然，名称的改变不会影响其应用过程。

需要说明的是，该准则也适用于水轮发电机组或水电厂之间的有功负荷经济分配。

以上的讨论都没有涉及不等式约束条件。负荷经济分配中的不等式约束条件也与潮流计算的一样，任一发电机组或发电厂的有功功率和无功功率都不应超出其上、下限，各节点的电压也必须维持在一定的变化范围内。其中，发电机组或发电厂的有功功率不等式约束条件为

$$P_{Gi\min} \leqslant P_{Gi} \leqslant P_{Gi\max} \qquad (7\text{-}5)$$

在计算同类型发电机组或发电厂间有功负荷经济分配时，这些不等式约束条件可以暂

不考虑，待算出结果后，再按式（7-5）进行检验。对于有功功率越限的发电机组或发电厂，可按其限值（上限或下限）分配负荷。如果不同发电机组或发电厂同时出现有功功率越上限和越下限情况，则应按其上限值确定越上限发电机组或发电厂的功率（详见【例 7-1】和【例 7-2】）。然后，再对其余的发电机组或发电厂分配剩下的负荷功率。对于无功功率和电压的约束条件，可留在有功负荷已基本确定以后的潮流计算中再行处理。

【例 7-1】 三个火电厂并联运行，各电厂的燃料消耗特性及功率约束条件如下

$$F_1 = 4 + 0.3P_{G1} + 0.0007P_{G1}^2 \text{(t/h)}, \quad 170\text{MW} \leqslant P_{G1} \leqslant 350\text{MW}$$

$$F_2 = 3 + 0.32P_{G2} + 0.0004P_{G2}^2 \text{(t/h)}, \quad 120\text{MW} \leqslant P_{G2} \leqslant 240\text{MW}$$

$$F_3 = 3.5 + 0.3P_{G3} + 0.00045P_{G3}^2 \text{(t/h)}, \quad 150\text{MW} \leqslant P_{G3} \leqslant 300\text{MW}$$

当总负荷为 700MW 时，试确定发电厂间负荷的经济分配。

解 按所给耗量特性可得各厂的耗量微增率特性

$$\lambda_1 = \frac{\mathrm{d}F_1(P_{G1})}{\mathrm{d}P_{G1}} = 0.3 + 0.0014P_{G1}$$

$$\lambda_2 = \frac{\mathrm{d}F_2(P_{G2})}{\mathrm{d}P_{G2}} = 0.32 + 0.0008P_{G2}$$

$$\lambda_3 = \frac{\mathrm{d}F_3(P_{G3})}{\mathrm{d}P_{G3}} = 0.3 + 0.0009P_{G3}$$

令 $\lambda_1 = \lambda_2 = \lambda_3$，可得

$$0.0014P_{G1} - 0.0008P_{G2} = 0.02 \tag{1}$$

$$0.0014P_{G1} - 0.0009P_{G3} = 0 \tag{2}$$

总负荷为 700MW，即

$$P_{G1} + P_{G2} + P_{G3} = 700 \tag{3}$$

联立求解方程组（1）～（3），可计算出各电厂的经济分配功率：$P_{G1} = 168.387\text{MW}$、$P_{G2} = 269.677\text{MW}$ 和 $P_{G3} = 261.935\text{MW}$。显然 P_{G1} 和 P_{G2} 已同时越限，P_{G1} 低于下限值，P_{G2} 越出上限值，因此，应取上限值 $P_{G2} = 240\text{MW}$，剩余的负荷功率 460MW 再由电厂 1 和 3 进行经济分配，即

$$P_{G1} + P_{G3} = 460 \tag{4}$$

联立求解方程组（2）和（4），可解出：$P_{G1} = 180\text{MW}$ 和 $P_{G3} = 280\text{MW}$，都在限值内，对应的燃料消耗总量为 $F_\Sigma = F_1(P_{G1}) + F_2(P_{G2}) + F_3(P_{G3}) = 306.300$（t/h）。

作为对比，如果根据方程组（1）～（3）的求解结果，直接取各电厂所发功率分别为：170MW、240MW 和 290MW，则对应的燃料消耗总量为 $F_\Sigma' = F_1(170) + F_2(240) + F_3(290) = 306.415$（t/h）。可见，在应用等耗量微增率准则进行各发电机组或发电厂的有功负荷经济分配时，如果出现了有功功率越上限和越下限的两台发电机组或两个发电厂，则应先按其上限值确定越上限发电厂的所发功率，再对其他发电机组或发电厂用等耗量微增率准则分配剩下的负荷功率。

本例题还可用另一种解法。由耗量微增率特性解出各厂的有功功率与耗量微增率 λ 的关系

$$P_{G1} = \frac{\lambda - 0.3}{0.0014}, \quad P_{G2} = \frac{\lambda - 0.32}{0.0008}, \quad P_{G3} = \frac{\lambda - 0.3}{0.0009}$$

对 λ 取不同的值，可算出各电厂所发功率及其总和，然后制成表 7-1（亦可绘成曲线）。利用表 7-1 可以找出在总负荷为不同数值时，各厂发电功率的最优分配方案。用表中数字绘成的耗量微增率特性见图 7-2。

各电厂所发功率为其下限时，$\lambda_{1min} = 0.538$、$\lambda_{2min} = 0.416$ 和 $\lambda_{3min} = 0.435$；各电厂所发功率为其上限时，$\lambda_{1max} = 0.790$、$\lambda_{2max} = 0.512$ 和 $\lambda_{3max} = 0.570$。可见，$\lambda_{1min} > \lambda_{2max}$，因此，在应用等耗量微增率准则计算时，不同电厂可能会同时出现有功功率越上限和越下限情况，采用图解法时会按其上限值确定越上限电厂的功率，如图 7-2 所示，剩余负荷再用等耗量微增率准则由其他电厂分担。

当总负荷为 700MW 时，通过图解法，可以直接在图 7-2 上分配各电厂的经济功率分别为：$P_{G1} = 180$MW、$P_{G2} = 240$MW 和 $P_{G3} = 280$MW。

表 7-1　　　　　　　　　　　　负荷的经济分配方案

λ	0.4	0.416	0.42	0.435	0.44	0.50	0.512	0.52
P_{G1}/MW	170.00	170.00	170.00	170.00	170.00	170.00	170.00	170.00
P_{G2}/MW	120.00	120.00	125.00	143.75	150.00	225.00	240.00	240.00
P_{G3}/MW	150.00	150.00	150.00	150.00	155.56	222.22	235.56	244.44
ΣP_{Gi}/MW	440.00	440.00	445.00	463.75	475.56	617.22	645.56	654.44
λ	0.538	0.54	0.56	0.57	0.58	0.78	0.79	0.80
P_{G1}/MW	170.00	171.43	185.71	192.86	200.00	342.86	350.00	350.00
P_{G2}/MW	240.00	240.00	240.00	240.00	240.00	240.00	240.00	240.00
P_{G3}/MW	264.44	266.67	288.89	300.00	300.00	300.00	300.00	300.00
ΣP_{Gi}/MW	674.44	678.10	714.60	732.86	740.00	882.86	890.00	890.00

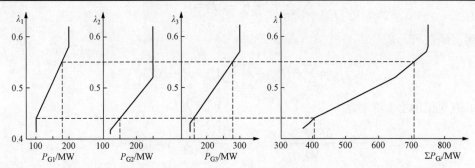

图 7-2　三个电厂图解法分配负荷

【例 7-2】　两个火电厂并联运行，各电厂的燃料消耗特性及功率约束条件与【例 7-1】中前两个发电厂相同。当总负荷为 415MW 时，试确定发电厂间负荷的经济分配。

解　令 $\lambda_1 = \lambda_2$，可得【例 7-1】中的方程式（1）。

总负荷为 415MW，即

$$P_{G1} + P_{G2} = 415 \tag{5}$$

联立求解方程组（1）和（5），可计算出各发电厂的经济分配功率：$P_{G1} = 160\text{MW}$ 和 $P_{G2} = 255\text{MW}$。显然 P_{G1} 和 P_{G2} 已同时越限，P_{G1} 低于下限值，P_{G2} 越出上限值，因此，应取上限值 $P_{G2} = 240\text{MW}$，剩余的负荷功率175MW就由电厂1承担。

注意：如果根据等耗量微增率准则的结果，同时按两个发电厂的限值分配负荷，即 $P_{G1} = 170\text{MW}$ 和 $P_{G2} = 240\text{MW}$，则 $170 + 240 = 410$（MW）无法满足功率平衡要求。

同样，本例题也可以采用图解法。与【例 7-1】类似，对 λ 取不同的值，可算出各电厂所发功率及其总和，然后可以绘成耗量微增率特性，如图 7-3 所示。在应用等耗量微增率准则计算时，对于不同电厂可能会同时出现有功功率越上限和越下限的情况，采用图解法时会按其上限值确定越上限电厂的功率，如图 7-3 所示，剩余负荷再由另一个电厂分担。

当总负荷为 415MW 时，在图 7-3 上直接得到的各电厂经济功率分别为：$P_{G1} = 175\text{MW}$ 和 $P_{G2} = 240\text{MW}$。

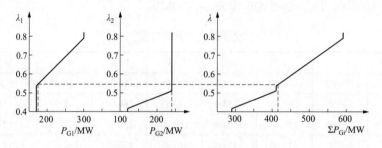

图 7-3　两个电厂图解法分配负荷

7.1.1.3　计及网损的发电厂有功功率经济分配

电网中的有功功率损耗是进行发电厂间有功负荷分配时不容忽视的一个因素。假定电网有功功率损耗为 ΔP_{Σ}，则等式约束条件将变为

$$\sum_{i=1}^{n} P_{Gi} - P_{L} - \Delta P_{\Sigma} = 0$$

拉格朗日函数可写成

$$L = \sum_{i=1}^{n} F_i(P_{Gi}) - \lambda \left(\sum_{i=1}^{n} P_{Gi} - P_{L} - \Delta P_{\Sigma} \right)$$

函数 L 取极值的必要条件为

$$\frac{\partial L}{\partial P_{Gi}} = \frac{\mathrm{d}F_i(P_{Gi})}{\mathrm{d}P_{Gi}} - \lambda \left(1 - \frac{\partial \Delta P_{\Sigma}}{\partial P_{Gi}} \right) = 0, \quad i = 1, 2, \cdots, n$$

或

$$\frac{\mathrm{d}F_i(P_{Gi})}{\mathrm{d}P_{Gi}} \times \frac{1}{1 - \partial \Delta P_{\Sigma}/\partial P_{Gi}} = \frac{\mathrm{d}F_i(P_{Gi})}{\mathrm{d}P_{Gi}} \alpha_i = \lambda, \quad i = 1, 2, \cdots, n \tag{7-6}$$

式中　$\partial \Delta P_{\Sigma}/\partial P_{Gi}$ ——网损微增率，表示电网有功损耗对第 i 个发电厂有功出力的微增率；

α_i ——网损修正系数，$\alpha_i = \dfrac{1}{1 - \partial \Delta P_{\Sigma}/\partial P_{Gi}}$。

式（7-6）就是经过网损修正后的等耗量微增率准则，也称为 n 个发电厂负荷经济分配的协调方程式。

由于各个发电厂在电力系统中所处的位置不同，各电厂的网损微增率是不一样的。当 $\partial\Delta P_{\Sigma}/\partial P_{Gi} > 0$ 时，说明发电厂 i 出力增加会引起网损的增加，这时网损修正系数 $\alpha_i > 1$，在满足等微增率条件下，发电厂 i 本身的燃料消耗微增率宜取较小的数值；若 $\partial\Delta P_{\Sigma}/\partial P_{Gi} < 0$，则表示发电厂 i 出力增加会导致网损的减少，这时 $\alpha_i < 1$，发电厂 i 的耗量微增率宜取较大的数值。

7.1.2　水、火电厂间有功功率的经济分配

7.1.2.1　一个水电厂和一个火电厂间负荷的经济分配

假定系统中只有一个水电厂和一个火电厂。水电厂运行时，在指定的较短运行周期（一日、一周或一月）内总发电用水量 K_W 一般为给定值。水、火电厂间最优运行的目标是：在整个运行周期 τ 内满足用户的电力需求，合理分配水、火电厂的负荷，使总燃料耗量为最小。

用 P_T、$F(P_T)$ 分别表示火电厂的有功功率出力和耗量特性，用 P_H、$W(P_H)$ 分别表示水电厂有功功率出力和耗量特性。为简单起见，暂不考虑网损，且不计水头的变化。在此情况下，水、火电厂间负荷的经济分配问题可以表示为

$$\left.\begin{array}{l} \min F_{\Sigma} = \displaystyle\int_0^\tau F[P_T(t)]\mathrm{d}t \\[2mm] \text{s.t.}\quad P_H(t) + P_T(t) - P_L(t) = 0 \\[2mm] \displaystyle\int_0^\tau W[P_H(t)]\mathrm{d}t - K_W = 0 \end{array}\right\}$$

上式可表述为：在满足功率和用水量两个等式约束条件

$$P_H(t) + P_T(t) - P_L(t) = 0 \tag{7-7}$$

$$\int_0^t W[P_H(t)]\mathrm{d}t - K_W = 0 \tag{7-8}$$

的情况下，使目标函数

$$F_{\Sigma} = \int_0^t F[P_T(t)]\mathrm{d}t \tag{7-9}$$

达到最小。这是求泛函极值的问题，一般可用变分法解决。在一定的简化条件下，也可以用拉格朗日乘数法进行处理。

把指定的运行周期 τ 划分为 s 个更短的时段

$$\tau = \sum_{k=1}^{s} \Delta t_k$$

在任一时段 Δt_k 内，假定负荷功率、水电厂和火电厂的功率不变，并分别记为 P_{Lk}、P_{Hk} 和 P_{Tk}。这样，上述等式约束条件式（7-7）和式（7-8）将变为

$$P_{Hk} + P_{Tk} - P_{Lk} = 0, \quad k = 1, 2, \cdots, s \tag{7-10}$$

$$\sum_{k=1}^{s} W(P_{Hk})\Delta t_k - K_W = \sum_{k=1}^{s} W_k \Delta t_k - K_W = 0 \tag{7-11}$$

总共有 $s+1$ 个等式约束条件。目标函数由式（7-9）变为

$$F_{\Sigma} = \sum_{k=1}^{s} F(P_{Tk}) \Delta t_k = \sum_{k=1}^{s} F_k \Delta t_k$$

应用拉格朗日乘数法，为式（7-10）设置乘数 λ_k（$k = 1, 2, \cdots, s$）；为式（7-11）设置乘数 γ，构成拉格朗日函数

$$L = \sum_{k=1}^{s} F_k \Delta t_k - \sum_{k=1}^{s} \lambda_k (P_{Hk} + P_{Tk} - P_{Lk}) \Delta t_k + \gamma \left(\sum_{k=1}^{s} W_k \Delta t_k - K_W \right)$$

上式的右端一共包含有（$3s+1$）个变量：γ、λ_k、P_{Hk} 和 P_{Tk}（$k=1, 2, \cdots, s$）。将拉格朗日函数分别对这（$3s+1$）个变量取偏导数，并令其为零，便得下列（$3s+1$）个方程

$$\left. \begin{aligned} \frac{\partial L}{\partial P_{Hk}} &= \gamma \frac{dW_k}{dP_{Hk}} \Delta t_k - \lambda_k \Delta t_k = 0 \\ \frac{\partial L}{\partial P_{Tk}} &= \frac{dF_k}{dP_{Tk}} \Delta t_k - \lambda_k \Delta t_k = 0 \\ \frac{\partial L}{\partial \lambda_k} &= -(P_{Hk} + P_{Tk} - P_{Lk}) \Delta t_k = 0 \\ \frac{\partial L}{\partial \gamma} &= \sum_{k=1}^{s} W_k \Delta t_k - K_W = 0 \end{aligned} \right\}, \quad k = 1, 2, \cdots, s \qquad (7\text{-}12)$$

式（7-12）的后两个方程即是等式约束条件式（7-10）和式（7-11），而前两个方程则可以合写成

$$\frac{dF_k}{dP_{Tk}} = \gamma \frac{dW_k}{dP_{Hk}} = \lambda_k, \quad k = 1, 2, \cdots, s$$

如果时间段取得足够短，则认为任何瞬间都必须满足

$$\frac{dF}{dP_T} = \gamma \frac{dW}{dP_H} = \lambda \qquad (7\text{-}13)$$

式（7-13）表明，只要将水电厂的水耗量微增率乘以一个待定的拉格朗日乘数 γ，则在水、火电厂间负荷的经济分配也符合等耗量微增率准则。式（7-13）也称为水、火电厂间功率经济分配的协调方程式。

下面说明乘数 γ 的物理意义。当火电厂增加功率 ΔP_L 时，消耗燃料（煤）的增量为

$$\Delta F = \frac{dF}{dP_T} \Delta P_L$$

当水电厂增加功率 ΔP_L 时，消耗水的增量为

$$\Delta W = \frac{dW}{dP_H} \Delta P_L$$

将两式相除并计及式（7-13）可得

$$\gamma = \frac{\Delta F}{\Delta W}$$

如果 ΔF 的单位是 t/h，ΔW 的单位为 m^3/h，则 γ 的单位就为 t（煤）/m^3（水）。这就是说，按发出相同数量的电功率进行比较，1 立方米的水相当于 γ 吨煤。因此，γ 又称为水煤换算系数。

把水电厂的耗水量乘以 γ，相当于把水换成了煤，水电厂就变成了等值的火电厂。然后直接套用火电厂间负荷分配的等耗量微增率准则，就可得到式（7-13）。

另一方面，若系统的负荷不变，让水电厂增发功率 ΔP_L，则忽略网损时，火电厂就可以少发功率 ΔP_L。这意味着用耗水量 ΔW 来换取煤耗的节约 ΔF。当在指定的运行周期内总耗水量给定，并且整个运行周期内 γ 值都相同时，煤耗的节约为最大。这也是等耗量微增率准则的一种应用。

按耗量等微增率准则在水、火电厂之间进行负荷分配时，需要适当选择 γ 的数值。一般情况下，γ 值的大小与该水电厂在指定的运行周期内给定的用水量有关。在丰水期给定的用水量较多，水电厂可以多带负荷，γ 应该取较小的值，因而根据式（7-13），水耗微增率就较大；由于水耗微增率特性曲线是上升曲线，较大的 $\dfrac{dW}{dP_H}$ 对应较大的发电量和用水量。反之，在枯水期给定的用水量较少，水电厂应少带负荷，此时 γ 应取较大的值，使水耗微增率较小，从而对应较小的发电量和用水量。γ 值的选取应使给定的水量在指定的运行期间正好全部用完。

对于上述的简单情况，γ 值可由迭代计算求得，计算步骤大致如下：

1）设定初值 $\gamma^{(0)}$，这就相当于把水电厂折算成了等值的火电厂。

2）置迭代次数 $k = 0$。

3）按式（7-13）计算全部时段的负荷经济分配。

4）计算与这最优分配方案对应的总耗水量 $K_W^{(k)}$。

5）校验总耗水量 $K_W^{(k)}$ 是否和给定的 K_W 相等，即判断是否满足下列收敛判据

$$|K_W^{(k)} - K_W| < \varepsilon$$

若满足则计算结束；否则，进行下一步计算。

6）若 $K_W^{(k)} > K_W$，则说明 $\gamma^{(k)}$ 值取得过小，应取 $\gamma^{(k+1)} > \gamma^{(k)}$；若 $K_W^{(k)} < K_W$，则说明 $\gamma^{(k)}$ 值取得偏大，应取 $\gamma^{(k+1)} < \gamma^{(k)}$。然后迭代计数 k 加 1，返回第 3）步，继续计算。

【例 7-3】 一个火电厂和一个水电厂共同向负荷供电。火电厂的燃料消耗特性为

$$F = 3 + 0.4P_T + 0.00035P_T^2 \text{ (t/h)}$$

水电厂的耗水量特性为

$$W = 2 + 0.8P_H + 0.0015P_H^2 \text{ (m}^3/\text{s)}$$

水电厂的给定日用水量为 $K_W = 1.5 \times 10^7 \text{m}^3$。系统的日负荷变化为：0～8 时负荷为 350MW，8～18 时负荷为 700MW，18～24 时负荷为 500MW。火电厂容量为 600MW，水电厂容量为 450MW。试确定水、火电厂间的功率经济分配。

解 1）按所给耗量特性可得各电厂的耗量微增率特性

$$\frac{dF}{dP_T} = 0.4 + 0.0007P_T$$

$$\frac{dW}{dP_H} = 0.8 + 0.003P_H$$

2）按照式（7-13），可得协调方程

$$0.4 + 0.0007P_{\mathrm{T}} = \gamma(0.8 + 0.003P_{\mathrm{H}})$$

对于每一时段，有功功率平衡方程式为

$$P_{\mathrm{T}} + P_{\mathrm{H}} = P_{\mathrm{L}}$$

由上述两方程可解出

$$P_{\mathrm{H}} = \frac{0.4 - 0.8\gamma + 0.0007P_{\mathrm{L}}}{0.003\gamma + 0.0007}$$

$$P_{\mathrm{T}} = \frac{0.8\gamma - 0.4 + 0.003\gamma P_{\mathrm{L}}}{0.003\gamma + 0.0007}$$

3）选择初值 $\gamma^{(0)} = 0.5$，按已知各个时段的负荷功率值 $P_{\mathrm{L1}} = 350\mathrm{MW}$、$P_{\mathrm{L2}} = 700\mathrm{MW}$ 和 $P_{\mathrm{L3}} = 500\mathrm{MW}$，即可算出水、火电厂在各时段应分担的负荷

$$P_{\mathrm{H1}}^{(0)} = 111.36\,\mathrm{MW}, \quad P_{\mathrm{T1}}^{(0)} = 238.64\,\mathrm{MW}$$

$$P_{\mathrm{H2}}^{(0)} = 222.72\,\mathrm{MW}, \quad P_{\mathrm{T2}}^{(0)} = 477.28\,\mathrm{MW}$$

$$P_{\mathrm{H3}}^{(0)} = 159.09\,\mathrm{MW}, \quad P_{\mathrm{T3}}^{(0)} = 340.91\,\mathrm{MW}$$

利用所求出的功率值和水电厂的耗水量特性计算全日的发电耗水量

$$\begin{aligned} K_{\mathrm{W}}^{(0)} &= (2 + 0.8 \times 111.36 + 0.0015 \times 111.36^2) \times 8 \times 3600 \\ &\quad + (2 + 0.8 \times 222.72 + 0.0015 \times 222.72^2) \times 10 \times 3600 \\ &\quad + (2 + 0.8 \times 159.09 + 0.0015 \times 159.09^2) \times 6 \times 3600 \\ &= 1.5937 \times 10^7 (\mathrm{m}^3) \end{aligned}$$

这个数值大于给定的日用水量，故宜增大 γ 值。

4）取 $\gamma^{(1)} = 0.52$，重做计算，求得

$$P_{\mathrm{H1}}^{(1)} = 101.33\,(\mathrm{MW}), \quad P_{\mathrm{H2}}^{(1)} = 209.73\,(\mathrm{MW}), \quad P_{\mathrm{H3}}^{(1)} = 147.79\,(\mathrm{MW})$$

相应的日耗水量为 $K_{\mathrm{W}}^{(1)} = 1.4628 \times 10^7\,\mathrm{m}^3$。这个数值比给定用水量小，$\gamma$ 的取值应略为减小。

可以取 $\gamma^{(2)} = 0.514$ 继续进行迭代，将计算结果列于表 7-2 中。进行四次迭代计算后，水电厂的日用水量已很接近给定值，计算到此结束。

表 7-2 　　　　　　　　迭代过程中系数、各厂功率和总耗水量的变化情况

γ	P_{H1}/MW	P_{H2}/MW	P_{H3}/MW	K_{W}/m³
0.50	111.36	222.72	159.09	1.5937×10^7
0.52	101.33	209.73	147.79	1.4628×10^7
0.514	104.28	213.56	151.11	1.5010×10^7
0.51415	104.207	213.463	151.031	1.5000×10^7

7.1.2.2　计及网损时若干个水、火电厂间有功功率的经济分配

设系统中有 m 个水电厂和 n 个火电厂，在指定的运行期间 τ 内系统的负荷 $P_{\mathrm{L}}(t)$ 已知，第 j 个水电厂的发电总用水量也已给定为 $K_{\mathrm{W}j}$。对此，计及有功网络损耗 $\Delta P_{\Sigma}(t)$ 时，水、火电厂间有功功率经济分配的目标是：在满足约束条件

$$\sum_{j=1}^{m} P_{Hj}(t) + \sum_{i=1}^{n} P_{Ti}(t) - P_L(t) - \Delta P_\Sigma(t) = 0 \qquad (7\text{-}14)$$

和

$$\int_0^\tau W_j(P_{Hj})\mathrm{d}t - K_{Wj} = 0 \ , \quad j = 1,\ 2,\ \cdots,\ m \qquad (7\text{-}15)$$

的情况下，使目标函数

$$F_\Sigma = \sum_{i=1}^{n} \int_0^\tau F_i(P_{Ti})\mathrm{d}t \qquad (7\text{-}16)$$

为最小。

仿照上一小节的处理方法，把运行周期划分为 s 个小段，每一个时间小段内假定各电厂的功率和负荷都不变，则式（7-14）~式（7-16）可以分别改写成

$$\sum_{j=1}^{m} P_{Hj\cdot k} + \sum_{i=1}^{n} P_{Ti\cdot k} - P_{Lk} - \Delta P_{\Sigma k} = 0 \ , \quad k = 1,\ 2,\ \cdots,\ s \qquad (7\text{-}17)$$

$$\sum_{k=1}^{s} W_{j\cdot k}(P_{Hj\cdot k})\Delta t_k - K_{Wj} = 0 \ , \quad j = 1,\ 2,\ \cdots,\ m \qquad (7\text{-}18)$$

$$F_\Sigma = \sum_{i=1}^{n} \sum_{k=1}^{s} F_{i\cdot k}(P_{Ti\cdot k})\Delta t_k$$

分别为式（7-17）、式（7-18）设置拉格朗日乘数 $\lambda_k (k=1,\ 2,\ \cdots,\ s)$ 和 γ_j $(j=1,\ 2,\ \cdots,\ m)$，构造拉格朗日函数

$$L = \sum_{i=1}^{n} \sum_{k=1}^{s} F_{i\cdot k}(P_{Ti\cdot k})\Delta t_k - \sum_{k=1}^{s} \lambda_k \left(\sum_{j=1}^{m} P_{Hj\cdot k} + \sum_{i=1}^{n} P_{Ti\cdot k} - P_{Lk} - \Delta P_{\Sigma k} \right)\Delta t_k$$
$$+ \sum_{j=1}^{m} \gamma_j \left[\sum_{k=1}^{s} W_{j\cdot k}(P_{Hj\cdot k})\Delta t_k - K_{Wj} \right]$$

将函数 L 对 $P_{Hj\cdot k}$、$P_{Ti\cdot k}$、λ_k 和 γ_j 分别取偏导数，并令其等于零，便得

$$\left. \begin{aligned}
\frac{\partial L}{\partial P_{Hj\cdot k}} &= \gamma_j \frac{\mathrm{d}W_{j\cdot k}(P_{Hj\cdot k})}{\mathrm{d}P_{Hj\cdot k}}\Delta t_k - \lambda_k \left(1 - \frac{\partial \Delta P_{\Sigma k}}{\partial P_{Hj\cdot k}} \right)\Delta t_k = 0 \\
\frac{\partial L}{\partial P_{Ti\cdot k}} &= \frac{\mathrm{d}F_{i\cdot k}(P_{Ti\cdot k})}{\mathrm{d}P_{Ti\cdot k}}\Delta t_k - \lambda_k \left(1 - \frac{\partial \Delta P_{\Sigma k}}{\partial P_{Ti\cdot k}} \right)\Delta t_k = 0 \\
\frac{\partial L}{\partial \lambda_k} &= -\left(\sum_{j=1}^{m} P_{Hj\cdot k} + \sum_{i=1}^{n} P_{Ti\cdot k} - P_{Lk} - \Delta P_{\Sigma k} P_{Ti\cdot k} \right)\Delta t_k = 0 \\
\frac{\partial L}{\partial \gamma_j} &= \sum_{k=1}^{s} W_{j\cdot k}(P_{Hj\cdot k})\Delta t_k - K_{Wj} = 0
\end{aligned} \right\} \qquad (7\text{-}19)$$

式中　$i = 1,\ 2,\ \cdots,\ n$; $j = 1,\ 2,\ \cdots,\ m$; $k = 1,\ 2,\ \cdots,\ s$。

式（7-19）共包含有 $(m+n+1)s+m$ 个方程，从而可以解出所有的 $P_{Hj\cdot k}$、$P_{Ti\cdot k}$、λ_k 和 γ_j。后两个方程即是等式约束条件式（7-17）和式（7-18），而前两个方程则可以合写成

$$\frac{\mathrm{d}F_{i\cdot k}(P_{Ti\cdot k})}{\mathrm{d}P_{Ti\cdot k}} \times \frac{1}{1 - \partial \Delta P_{\Sigma k}/\partial P_{Ti\cdot k}} = \gamma_j \frac{\mathrm{d}W_{j\cdot k}(P_{Hj\cdot k})}{\mathrm{d}P_{Hj\cdot k}} \times \frac{1}{1 - \partial \Delta P_{\Sigma k}/\partial P_{Hj\cdot k}} = \lambda_k$$

上式对任一时段均成立，故可写成

$$\frac{dF_i}{dP_{Ti}} \times \frac{1}{1-\partial\Delta P_\Sigma/\partial P_{Ti}} = \gamma_j \frac{dW_j}{dP_{Hj}} \times \frac{1}{1-\partial\Delta P_\Sigma/\partial P_{Hj}} = \lambda_k \tag{7-20}$$

这就是计及网损时，多个水、火电厂有功功率经济分配的条件，也称为协调方程式。

与式（7-13）比较，式（7-20）仅仅添加了网损修正系数，再没有什么其他差别，只是把等耗量微增率准则推广应用到了更多个发电厂的情况。

7.2　电力系统无功功率的最优分布
Optimal Distribution of Reactive Power in Power System

产生无功功率并不消耗能源，但是无功功率在电网中传送则会产生有功功率损耗。在有功负荷分配已确定的前提下，调整各无功功率电源之间的负荷分布，使有功功率损耗达到最小，这就是电力系统无功功率最优分布的目标。无功功率的最优分布包括无功功率电源的最优分布和无功负荷的最优补偿两个方面。在解决这两个问题之前，应首先考虑提高负荷的自然功率因数，即降低负荷对无功功率的需求，并考虑采用无功补偿设备提高功率因数。

7.2.1　无功功率电源的最优分布

优化无功功率电源分布的目的在于降低电网中的有功功率损耗。因此，目标函数为电网有功功率总损耗 ΔP_Σ。在除平衡节点外其他各节点的注入有功功率 P_i 已给定的前提下，可以认为这个网络总损耗 ΔP_Σ 仅与各节点的注入无功功率 Q_i 有关。在给定各节点的无功功率 Q_{Li} 后，ΔP_Σ 便仅与各节点的无功功率电源功率 Q_{GCi} 有关。这里的 Q_{GCi} 既可理解为发电机发出的感性无功功率，也可理解为无功功率补偿设备供应的感性无功功率。于是，分析无功功率电源最优分布时的目标函数如式（7-21）所示。

$$\min \Delta P_\Sigma = \Delta P_\Sigma(Q_{GC1}, Q_{GC1}, \cdots Q_{GCn}) \tag{7-21}$$

等式约束条件显然就是无功功率平衡关系式（7-22）。

$$\sum_{j=1}^n Q_{GCi} - \sum_{j=1}^n Q_{Li} - \Delta Q_\Sigma = 0 \tag{7-22}$$

式中　ΔQ_Σ——电网的无功功率总损耗。

由于分析无功功率电源最优分布时，除平衡节点外其他各节点的注入有功功率已给定，这里的不等式约束条件只涉及无功功率电源的出力与各节点电压，与潮流计算时的约束条件相同。

列出目标函数和约束条件后，就可运用拉格朗日乘数法求最优分布的条件。为此，现根据已列出的目标函数和等式约束条件建立新的、不受约束的目标函数，即拉格朗日函数

$$L = \Delta P_\Sigma - \lambda\left(\sum_{j=1}^n Q_{GCi} - \sum_{j=1}^n Q_{Li} - \Delta Q_\Sigma\right)$$

并求其最小值。

由于拉格朗日函数中有（$n+1$）个变量，即 n 个 Q_{GCi} 和一个拉格朗日乘数 λ，求取其最小值时应有（$n+1$）个条件，它们是

$$\frac{\partial L}{\partial Q_{GCi}} = \frac{\partial \Delta P_\Sigma}{\partial Q_{GCi}} - \lambda\left(1 - \frac{\partial \Delta Q_\Sigma}{\partial Q_{GCi}}\right) = 0 , \quad i = 1, 2, \cdots, n$$

$$\frac{\partial L}{\partial \lambda} = \sum_{j=1}^{n} Q_{GCi} - \sum_{j=1}^{n} Q_{Li} - \Delta Q_\Sigma = 0$$

显然，上式的第二式是无功功率平衡关系式。上式的第一式可改写为

$$\frac{\partial \Delta P_\Sigma}{\partial Q_{GC1}} \times \frac{1}{1 - \partial \Delta Q_\Sigma / \partial Q_{GC1}} = \frac{\partial \Delta P_\Sigma}{\partial Q_{GC2}} \times \frac{1}{1 - \partial \Delta Q_\Sigma / \partial Q_{GC2}} = \cdots = \frac{\partial \Delta P_\Sigma}{\partial Q_{GCn}} \times \frac{1}{1 - \partial \Delta Q_\Sigma / \partial Q_{GCn}} = \lambda \quad （7\text{-}23）$$

式（7-23）就是确定无功功率电源最优分布的等网损微增率准则。该式与有功功率经济分配时的协调方程式（7-6）相对应，式中的网损微增率 $\partial \Delta P_\Sigma / \partial Q_{GCi}$，与有功功率经济分配时的耗量微增率 $\mathrm{d}F_i / \mathrm{d}P_{Gi}$ 相对应；式中的乘数 $\frac{1}{1 - \partial \Delta Q_\Sigma / \partial Q_{GCi}}$ 则与协调方程式中的有功功率网损修正系数 $\frac{1}{1 - \partial \Delta P_\Sigma / \partial P_{Gi}}$ 相对应，因而是无功功率网损修正系数。

但须指出，以上的分析没有考虑不等式约束条件。实际计算时，当某一变量，例如 Q_{GCi} 不满足其不等式约束条件 $Q_{GCimin} \leqslant Q_{GCi} \leqslant Q_{GCimax}$，越出它的上限 Q_{GCimax} 或下限 Q_{GCimin} 时，可取 $Q_{GCi} = Q_{GCimax}$ 或 $Q_{GCi} = Q_{GCimin}$，再重新计算。

【例 7-4】 如图 7-4 所示 35kV 电网，各线路电阻和负荷功率示于图上。如果准备在负荷节点安装总容量为 5Mvar 的并联电容器，试确定这些无功功率补偿设备的最优分布（忽略线路无功功率损耗）。

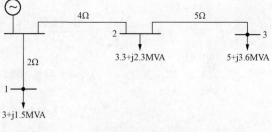

图 7-4　35kV 电网

解　设无功功率补偿设备在负荷节点 1、2 和 3 的安装容量分别为 Q_{C1}、Q_{C2} 和 Q_{C3}，则无功功率流动而产生的电网有功功率损耗表达式为

$$\Delta P_\Sigma = \frac{(1.5 - Q_{C1})^2 \times 2 + (3.6 - Q_{C3})^2 \times 5 + (2.3 - Q_{C2} + 3.6 - Q_{C3})^2 \times 4}{U_N^2}$$

求网损微增率

$$\frac{\partial \Delta P_\Sigma}{\partial Q_{C1}} = -\frac{4 \times (1.5 - Q_{C1})}{35^2}$$

$$\frac{\partial \Delta P_\Sigma}{\partial Q_{C2}} = -\frac{8 \times (5.9 - Q_{C2} - Q_{C3})}{35^2}$$

$$\frac{\partial \Delta P_\Sigma}{\partial Q_{C3}} = -\frac{8 \times (5.9 - Q_{C2} - Q_{C3}) + 10 \times (3.6 - Q_{C3})}{35^2}$$

不计无功功率损耗时，由式（7-23）的等网损微增率准则可得

$$\frac{\partial \Delta P_\Sigma}{\partial Q_{C1}} = \frac{\partial \Delta P_\Sigma}{\partial Q_{C2}} = \frac{\partial \Delta P_\Sigma}{\partial Q_{C3}}$$

于是

$$4 \times (1.5 - Q_{C1}) = 8 \times (5.9 - Q_{C2} - Q_{C3})$$

$$8 \times (5.9 - Q_{C2} - Q_{C3}) = 8 \times (5.9 - Q_{C2} - Q_{C3}) + 10 \times (3.6 - Q_{C3})$$

由式（7-22）可知，补偿设备总容量 5Mvar 与无功总负荷之间的缺额由平衡节点提供。等式约束条件为

$$Q_{C1} + Q_{C2} + Q_{C3} = 5$$

于是可解得

$$Q_{C1} = -0.1\text{Mvar}, \quad Q_{C2} = 1.5\text{Mvar}, \quad Q_{C3} = 3.6\text{Mvar}$$

Q_{C1} 为负值表示节点 1 按照等网损微增率准则需要能够提供容性无功功率的补偿设备，而目前补偿设备为并联电容器，意味着 Q_{C1} 逾越了其下限 $Q_{GC1min} = 0$。因此，应置 $Q_{C1} = 0$，重列网损表达式

$$\Delta P_\Sigma = \frac{(1.5 - 0)^2 \times 2 + (3.6 - Q_{C3})^2 \times 5 + (2.3 - Q_{C2} + 3.6 - Q_{C3})^2 \times 4}{U_N^2}$$

重新求网损微增率

$$\frac{\partial \Delta P_\Sigma}{\partial Q_{C2}} = -\frac{8 \times (5.9 - Q_{C2} - Q_{C3})}{35^2}$$

$$\frac{\partial \Delta P_\Sigma}{\partial Q_{C3}} = -\frac{8 \times (5.9 - Q_{C2} - Q_{C3}) + 10 \times (3.6 - Q_{C3})}{35^2}$$

按 $\dfrac{\partial \Delta P_\Sigma}{\partial Q_{C2}} = \dfrac{\partial \Delta P_\Sigma}{\partial Q_{C3}}$ 和 $Q_{C2} + Q_{C3} = 5$ 重新解得

$$Q_{C2} = 1.4\text{Mvar}, \quad Q_{C3} = 3.6\text{Mvar}$$

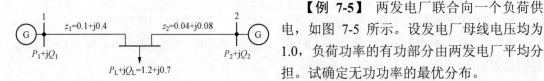

图 7-5 两发电厂系统

【例 7-5】 两发电厂联合向一个负荷供电，如图 7-5 所示。设发电厂母线电压均为 1.0，负荷功率的有功部分由两发电厂平均分担。试确定无功功率的最优分布。

解 按题义列出有功、无功功率损耗的表示式

$$\Delta P_\Sigma = \frac{P_1^2 + Q_1^2}{U^2} r_1 + \frac{P_2^2 + Q_2^2}{U^2} r_2 = (P_1^2 + Q_1^2) \times 0.1 + (P_2^2 + Q_2^2) \times 0.04$$

$$\Delta Q_\Sigma = \frac{P_1^2 + Q_1^2}{U^2} x_1 + \frac{P_2^2 + Q_2^2}{U^2} x_2 = (P_1^2 + Q_1^2) \times 0.4 + (P_2^2 + Q_2^2) \times 0.08$$

然后计算各网损微增率

$$\frac{\partial \Delta P_\Sigma}{\partial Q_1} = 0.2Q_1, \quad \frac{\partial \Delta P_\Sigma}{\partial Q_2} = 0.08Q_2, \quad \frac{\partial \Delta Q_\Sigma}{\partial Q_1} = 0.8Q_1, \quad \frac{\partial \Delta Q_\Sigma}{\partial Q_2} = 0.16Q_2$$

由式（7-23）得

$$\frac{0.2Q_1}{1-0.8Q_1}=\frac{0.08Q_2}{1-0.16Q_2}$$

由式（7-22）得

$$Q_1+Q_2-0.7-(0.6^2+Q_1^2)\times0.4-(0.6^2+Q_2^2)\times0.08=0$$

联立求解以上两式构成的二元二次方程组（可使用高斯－赛德尔迭代法或图解法，也可调用 matlab 函数 solve 求解）。该方程组有两组实数解，一组为 $Q_1=0.2477$，$Q_2=0.6874$；另一组为 $Q_1=1.6522$，$Q_2=12.1793$（舍去）。

为进行比较，以下不计无功功率网损修正系数，由式（7-23）得

$$0.2Q_1=0.08Q_2$$

由式（7-22）得

$$Q_1+Q_2-0.7-(0.6^2+Q_1^2)\times0.4-(0.6^2+Q_2^2)\times0.08=0$$

联立求解以上两式构成的方程组可得

$$Q_1=0.2678，Q_2=0.6695$$

比较这两种计算结果可见，不计无功功率网损修正系数，将会给计算结果带来明显误差。

7.2.2　无功负荷的最优补偿

7.2.2.1　最优网损微增率准则

所谓无功负荷的最优补偿，在电力系统规划阶段主要是确定最优补偿容量、最佳补偿位置、最优补偿顺序和补偿方式等问题；而在运行控制、调度阶段主要是根据负荷变化确定已装设的补偿设备在时间、空间各点上的投入量，即发出无功功率的多少。这些问题的数学分析比较困难，以至于不得不作若干简化。在系统规划阶段，由于部分数据基于预测，有些资料还不够精确，因此不必片面追求数学分析的严格性。

在电力系统中某节点 i 设置无功功率补偿设备的必要条件是设置补偿设备节约的费用大于为设置补偿设备而耗费的费用。以数学表示式表示为

$$C_e(Q_{ci})-C_c(Q_{ci})>0$$

式中　　$C_e(Q_{ci})$——由于设置了补偿设备 Q_{ci} 而节约的费用；

$C_c(Q_{ci})$——设置补偿设备 Q_{ci} 而需耗费的费用。

因此，确定节点 i 最优补偿容量的目标函数就是

$$\max C=C_e(Q_{ci})-C_c(Q_{ci}) \tag{7-24}$$

由于设置了补偿设备而节约的费用 C_e 就是因补偿设备每年可减少的电能损耗费用，其值为

$$C_e(Q_{ci})=\beta(\Delta P_{\Sigma0}-\Delta P_{\Sigma})\tau_{\max} \tag{7-25}$$

式中　　β——单位电能损耗价格，元/kWh；

$\Delta P_{\Sigma0}$、ΔP_{Σ}——设置补偿设备前、后全网最大负荷下的有功功率损耗，kW；

$\tau_{\max}$——全网最大负荷损耗小时数，h。

为设置补偿设备 Q_{ci} 而需耗费的费用包括两部分，一部分为补偿设备的折旧维修费，

另一部分为补偿设备投资的回收费，两部分都与补偿设备的投资成正比

$$C_c(Q_{ci}) = (\alpha + \chi)K_cQ_{ci} \tag{7-26}$$

式中　α——折旧维修率；

　　　χ——投资回收率；

　　　K_c——单位容量补偿设备投资，元/kvar。

将式（7-25）、式（7-26）代入式（7-24），可得

$$C = \beta(\Delta P_{\Sigma 0} - \Delta P_{\Sigma})\tau_{max} - (\alpha + \chi)K_cQ_{ci}$$

令上式对 Q_{ci} 的偏导数等于零，可解得

$$\frac{\partial \Delta P_{\Sigma}}{\partial Q_{ci}} = -\frac{(\alpha + \chi)K_c}{\beta\tau_{max}} \tag{7-27}$$

式（7-27）就是确定节点 i 最优补偿容量的条件。由于式中等号左侧是节点 i 的网损微增率，等号右侧相应地就称最优网损微增率，其单位为 kW/kvar，且常为负值，表示每增加单位容量无功补偿设备所能减少的有功损耗。最优网损微增率也称无功功率经济当量。

由式（7-27）可列出如式（7-28）所示的最优网损微增率准则

$$\frac{\partial \Delta P_{\Sigma}}{\partial Q_{ci}} \leqslant -\frac{(\alpha + \chi)K_c}{\beta\tau_{max}} = \gamma_{eq} \tag{7-28}$$

式中　γ_{eq}——最优网损微增率。

最优网损微增率准则表明，只应在网损微增率具有负值，且小于 γ_{eq} 的节点设置无功功率补偿设备。设置的容量则以补偿后该点的网损微增率仍为负值，且仍不大于 γ_{eq} 为限。而设置补偿节点的先后，则以网损微增率从小到大为序，首先从 $\partial \Delta P_{\Sigma}/\partial Q_{ci}$ 最小的节点开始。

7.2.2.2　无功负荷的最优补偿

无功功率在电网中的流动不仅造成有功损耗，也在线路中增加了电压损耗，甚至可能导致线路末端电压不合格，因此无功补偿兼具降损和调压的效果。但是一般以降损为主，调压为辅。无功补偿的基本原则是减少无功功率在电网中长距离（这里指电气距离）传输。因此，离电源越远、电压等级越低、无功负荷越大的地方，补偿效益越好。

运用最优网损微增率准则确定系统中无功负荷的最优补偿时，大致步骤如下：

（1）以充分利用已有无功电源为前提，计算的第一个方案是已有无功电源在最大负荷时的最优分布方案，采用的是等网损微增率准则。

（2）以该方案为基础考虑新增补偿点和补偿容量时，根据该方案的潮流计算结果，选出系统中所有的无功功率分点，并计算它们的网损微增率。因为网损微增率最小的节点总是系统中某一个无功功率分点。而且，无功功率分点往往也是系统中最低电压点。

（3）根据这一计算结果，又可选出网损微增率最小的无功功率分点，例如节点 i。在该节点设置一定量的无功补偿设备，重做潮流分布计算，并求取在新情况下的无功功率分点的网损微增率。

（4）由于在节点 i 设置补偿设备后，该节点的网损微增率将增大，新情况下网损微增率最小的无功功率分点将转移，比如，转移至节点 j。据此，再在节点 j 设置一定容量的无功补偿设备，重复对节点 i 的所有计算。

（5）每隔几次如上的运算，应穿插一次无功电源最优分布计算，即调整一次已有无功电源的配置方式。因经过几次增加或改变无功补偿配置之后，无功电源的分布已不可能仍为最优。

（6）当所有节点的网损微增率都约略等于 γ_{eq} 时，还应检验一次节点电压是否能满足要求。如发现某些节点电压过低，可适当增大 γ_{eq}，即适当减小它的绝对值，重做如上计算。显然，这实质上是为兼顾电压质量的要求而增大补偿容量，因而求得的已不再是经济上最优的补偿方案。

（7）如需确定无功补偿设备的调整范围，还应做一次最小负荷时无功电源最优分布的计算。某节点按最大负荷应设置的补偿设备容量与按最小负荷应投入的补偿设备容量之间的差额，就是这个节点的补偿设备应有的调整范围。

上述计算步骤中引入了试探法，计算量较大，可参考相关文献对算法做进一步改进。

7.3　电网的经济运行
Economic Operation of Electric Network

电网的电能损耗不仅耗费一定的动力资源，而且占用一部分发电设备容量。因此，降低网损是电网经济运行的目标，是电力企业提高经济效益的一项重要任务。为了降低电网的能量损耗，可以采取各种技术措施。例如，优化网络中的功率分布；合理组织运行方式；调整负荷；对原有电网进行改造，如升压、更新设备、简化网络结构等。

7.3.1　提高用户的功率因数

提高用户的功率因数，减少线路输送的无功功率，实现无功功率就地平衡，不仅改善电压质量，对提高电网运行的经济性也有重大作用。设线路向一个集中负荷供电，线路电阻为 R，线路某一端有功功率、功率因数和电压分别为 P、$\cos\varphi$ 和 U，则线路的有功功率损耗为

$$\Delta P_{\mathrm{L}} = \frac{P^2}{U^2 \cos^2\varphi} R$$

如果将功率因数由原来的 $\cos\varphi_1$ 提高到 $\cos\varphi_2$，则线路中的功率损耗可降低

$$\delta_{\mathrm{L}} = \left[1 - \left(\frac{\cos\varphi_1}{\cos\varphi_2} \right)^2 \right] \times 100\% \tag{7-29}$$

当功率因数由 0.7 提高到 0.9 时，由式（7-29）可知，线路中的功率损耗减少 39.5%。

装设并联无功补偿设备是提高用户功率因数的重要措施。对于一个具体的用户，负荷离电源点越远，补偿前的功率因数越低，安装补偿设备的降损效果也就越好。对于电网来说，配置无功补偿容量需要综合考虑实现无功功率的分（电压）层与分（供电）区平衡、提高电压质量和降低电网有功功率损耗这三个方面的要求，通过优化计算确定补偿设备的安装地点和容量分配。

为了减少对无功功率的需求，用户应尽可能避免用电设备在低功率因数下运行。许多

工业企业大量使用异步电动机，异步电动机所需要的无功功率计算式为

$$Q = Q_0 + (Q_N - Q_0)\left(\frac{P}{P_N}\right)^2 \qquad (7\text{-}30)$$

式中　　Q_0——异步电动机空载运行时所需的无功功率；

　P_N、Q_N——电动机额定负载下运行时的有功功率和无功功率；

　　P——电动机的实际机械负载。

式（7-30）中的第一项是电动机的励磁功率，它与负载情况无关，其数值约占 Q_N 的 60%～70%。第二项是绕组漏抗中的损耗，与负载率（P/P_N）的平方成正比。负载率降低时，电动机所需的无功功率只有一小部分按负载率的平方而减小，而大部分则维持不变。因此负载率越小，功率因数越低。额定功率因数为 0.85 的电动机，如果 $Q_0 = 0.65Q_N$，当负载率为 0.5 时，功率因数将下降到 0.74。

为了提高功率因数，用户所选用的电动机容量应尽量接近它所带动的机械负载，在技术条件许可的情况下，采用同步电动机代替异步机，还可以让已装设的同步电动机运行在过励磁状态等。

7.3.2　优化电网的功率分布

如 3.4 节所述，在由非均一线路组成的环网中，功率的自然分布不同于经济功率分布。电网的不均一程度越大，两者的差别也就越大。为了降低网络的功率损耗，可以在环网中引入环路电势进行潮流控制，使功率分布尽量接近于经济分布。对于环形网络也可以考虑选择适当的地点开环运行。中压配电网一般采取闭式网接线，按开式网运行。为了限制线路故障的影响范围和线路检修时避免大范围停电，在配电网的适当地点安装有分段开关和联络开关。在不同的运行方式下，对这些开关的通断状态进行优化组合，合理安排用户的供电路径，可以达到降低网损、消除过载和提高电压质量的目的。

7.3.3　确定电网的合理运行电压水平

变压器铁芯中的有功功率损耗在额定电压附近大致与电压平方成正比，当电网电压水平提高时，如果变压器的分接头也作相应的调整，则铁损将接近于不变。而线路的导线和变压器绕组中的功率损耗则与电压平方成反比。

必须指出，在电压水平提高后，由负荷的电压静态特性可知，负荷所取用的功率会略有增加。在额定电压附近，电压提高 1%，负荷的有功功率和无功功率将分别增大 1% 和 2% 左右，这将稍微增加网络中与通过功率有关的损耗。

一般来说，对于变压器的铁损在网络总损耗所占比重小于 50% 的电网，适当提高运行电压都可以降低网损，电压在 35kV 及以上的电网基本上属于这种情况。但是，对于变压器铁损所占比重大于 50% 的电网，情况则正好相反。大量统计资料表明，在 10kV 的农村配电网中，变压器铁损在配电网总损失中所占比重超过 50%。这是因为小容量变压器的空载电流百分值比较大，而农村电力用户的负载率又比较低，变压器有许多时间处于轻载状态。对于这类电网，为了降低功率损耗和能量损耗，宜适当降低运行电压。

无论对于哪一类电网，为了经济目的而提高或降低运行电压水平时，都应将其限制在电压偏移的允许范围内。当然，更不能影响电网的安全运行。

7.3.4　安排变压器的经济运行

在一个变电站内装有 k（$k \geqslant 2$）台容量和型号都相同的变压器时，根据负荷的变化适当改变投入运行的变压器台数，可以减少功率损耗。当总负荷功率为 S 时，并联运行的 k 台变压器的总损耗为

$$\sum^{k} \Delta P_{\mathrm{T}} = kP_0 + kP_k \left(\frac{S}{kS_{\mathrm{N}}} \right)^2$$

式中　P_0 和 P_k——单台变压器的空载损耗和短路损耗；

$\qquad\quad$ S_{N}——单台变压器的额定容量。

由上式可见，铁芯损耗与台数成正比，绕组损耗则与台数成反比。当变压器轻载运行时，绕组损耗所占比重相对较小，铁芯损耗的比重相对较大，在某一负荷下，减少变压器台数，就能降低总的功率损耗。为了求得这一临界负荷值，先写出总负荷功率为 S 时，$k-1$ 台并联运行的变压器的总损耗为

$$\sum^{k-1} \Delta P_{\mathrm{T}} = (k-1)P_0 + (k-1)P_k \left(\frac{S}{kS_{\mathrm{N}} - S_{\mathrm{N}}} \right)^2$$

使 $\sum^{k-1} \Delta P_{\mathrm{T}} = \sum^{k} \Delta P_{\mathrm{T}}$ 的负荷功率即是临界功率，其表达式为

$$S_{\mathrm{cr}} = S_{\mathrm{N}} \sqrt{k(k-1) \frac{P_0}{P_k}} \tag{7-31}$$

由式（7-31）可计算临界功率 S_{cr}，当负荷功率 $S > S_{\mathrm{cr}}$ 时，宜投入 k 台变压器并联运行；当 $S \leqslant S_{\mathrm{cr}}$ 时，并联运行的变压器可减为 $k-1$ 台。

应该指出，对于季节性变化的负荷，使变压器投入的台数符合损耗最小的原则是有经济意义的，也是切实可行的。但对一昼夜内多次大幅度变化的负荷，为了避免断路器因过多的操作而增加检修次数，变压器则不宜完全按照上述方式运行。当变电站仅有两台变压器而需要切除一台时，应有相应的措施以保证供电的可靠性。

此外，在农村配电网中，农忙季节的配电变压器常常严重过载运行，而其余季节主要是照明用电，变压器负载率低，出现"大马拉小车"的现象。这类情形下可以采用有载调容配电变压器，通过变压器容量大小的自动调整，实现降损节能。

7.3.5　对电网进行规划和技术改造

随着用电量与负荷功率的增长，需要适时地对电网进行滚动规划与改造，例如增设电源点，提升线路电压等级，增大导线截面等，这些措施都有明显的降损效果。

在电网改造或扩建时，将 110kV 或 220kV 的高电压直接引入负荷中心，简化网络结构，减少变电层次（如将电压制式由 110/35/10kV 改造为 110/10kV），不仅能大量地降低网损，而且是扩大供电能力、提高供电可靠性和改善电压质量的有效措施。

此外，调整用户的负荷曲线，减小高峰负荷和低谷负荷的差值，提高最小负荷率，也可降低能量损耗。

7.4 电力系统最优潮流简介
Introduction of Optimal Power Flow

经典的电力系统有功功率经济运行问题是如何安排各发电机组的有功功率出力，使全系统的发电总燃料耗量（或总成本）最小，如第 7.1 节所述，这属于系统有功功率优化调度的范畴。随着电力系统规模的扩大、运行水平的提高和计算条件的改善，电力系统优化运行的分析不再仅限于发电机组之间有功负荷的经济分配，而是要求全面掌握电力系统运行的功率分布及各母线电压，以保证能安全、经济、优质和环保地向社会供电。这就促使把有功功率优化调度和潮流计算结合起来进行分析，形成了在现代电力系统分析占有重要地位的电力系统优化潮流。

在 60 年代初期，法国学者 J. Carpentier 等人首先提出了电力系统最优潮流问题，随着 1968 年 H. W. Dommel 等人对最优潮流算法成功改进❶，以及大量学者的研究和计算机在电力系统的应用，最优潮流现已成为电力系统分析的成熟理论。电力系统最优潮流既可以用于进行离线计算，也可以在线计算，目前在电力系统规划、调度和运行方式优化中得到广泛应用。

在最优潮流计算中，可以全面考虑有功功率及无功功率的调节，准确计入线路过负荷等安全约束问题，最终完整地给出优化的系统潮流信息。最优潮流可以采用不同的目标函数和约束条件，以解决不同性质和要求的问题。例如，当取目标函数为全系统的燃料消耗量时，最优潮流的解将可以同时是有功功率和无功功率的最优分配；当取目标函数为全系统的有功功率损耗，并且约束条件包含各个节点的电压要求时，则可以用来解决无功功率最优分配和电压控制问题。

如第 7.1 节所述，对于水、火发电机组并列运行的水电机组，可以采用水煤换算系数将其折合成等值的火电机组。因此，在下面的阐述中，不再区分火电系统和水火电混合系统，而是以火电系统的数学模型进行电力系统最优潮流的分析。

在下面的数学模型中，假设系统中有 n 个节点，其中前 g 个节点为发电机节点，第 g 个节点为平衡节点，考虑功率限制的支路数为 l。

7.4.1 最优潮流的变量

最优潮流涉及的变量一般可分为控制变量和状态变量两类。

（1）控制变量是待优化选定的变量，由一组可由调度操作人员直接调整、控制的变量组成。如果用 u 表示控制变量的向量，则 u 的各分量包括：除平衡节点外，其他节点的注入有功功率；PQ 节点的注入无功功率；平衡节点和 PV 节点的电压幅值。

---

❶ Dommel H W，Tinney W F. Optimal power flow solutions .IEEE Trans. on Power Apparatus and Systems，1968，87（10）：1866-1876

此外，根据实际情况，还可将有载调压变压器的变比、事故时可启动的发电机、并联电容器的投切或可切除的负荷等变量也包括在控制变量 u 中。

（2）状态变量由须经潮流计算才能得到的那些变量组成。若用 x 表示状态变量的向量，则 x 的各分量包括：除平衡节点外，各节点电压相位；PQ 节点的电压幅值；平衡节点的注入有功功率；平衡节点和 PV 节点的注入无功功率。

有时，还可以把某些线路输送的有功、无功功率等其他一些所关心的变量也列入到状态变量 x 中。

7.4.2　最优潮流的目标函数

最优潮流的目标函数可以是与运行状态有关的任何变量。这里所介绍的最优潮流，以全系统的燃料消耗量最小为目标，即

$$\min F = \sum_{i=1}^{g} F_i(P_{Gi}) \tag{7-32}$$

应注意，对于第 g 个节点，由于它是平衡节点，所以其有功功率出力 P_{Gg} 与其他发电厂的有功功率出力不同，该功率是潮流计算中的状态变量，由式（4-7a）可知，P_{Gg} 是电网各节点电压幅值和相位的函数，即

$$P_{Gg} = f(U_k, \delta_k), \quad k = 1, 2, \cdots, n$$

于是，式（7-32）可改写为

$$\min F = \sum_{i=1}^{g-1} F_i(P_{Gi}) + F_G[f(U_k, \delta_k)], \quad k = 1, 2, \cdots, n \tag{7-33}$$

显然，目标函数不仅与控制变量 P_{Gi} 有关，而且还与状态变量 x 及其他控制变量有关，可以用向量形式将式（7-33）简记为式（7-34）。

$$\min F = F(x, u) \tag{7-34}$$

7.4.3　最优潮流的约束条件

寻求全系统发电总耗量 F 最小，应在满足系统运行的技术条件约束下进行。最优潮流的约束条件包括等式约束和不等式约束两类。

（1）等式约束。对于各节点的给定负荷应满足节点的功率平衡方程。在潮流计算中需要联立求解的节点有功、无功平衡方程式（4-21）是最优潮流计算的等式约束条件。当它们用控制变量 u、状态变量 x 表示时，可将这组约束以向量形式简记为式（7-35）。

$$g(x, u) = 0 \tag{7-35}$$

（2）不等式约束。不约束条件包括节点电压允许偏移的要求、发电机组的有功功率出力与无功功率出力的限制以及支路功率的限制等。

各节点电压不应过高或过低，过高会危及设备绝缘，过低会影响系统及用户的正常运行甚至会导致电压崩溃。为此，对节点电压有式（4-9）的上、下限约束。

任一发电机组或发电厂的有功功率和无功功率出力都不应超出其上、下限。于是，有式（4-10）的上、下限约束。

电力线路和变压器支路的传输功率受导体发热及并联运行稳定性的限制，它们在运行时传输功率应满足最大传输功率限制，即

$$S_{ij}^2 = P_{ij}^2 + Q_{ij}^2 \leqslant S_{ij\max}^2 \tag{7-36}$$

其中的 P_{ij} 和 Q_{ij} 由式（4-15）分别取实部和虚部而得。式（7-36）的个数等于所有需要考虑功率限制的支路数 l。

注意，式（7-36）也可以直接采用支路中允许通过的最大电流作为约束，或者将这个限制等效化为式（4-11）的支路两端电压相位差限制。

可以将这些具有上、下限约束的不等式分别拆成两个只有上限约束的不等式，例如，可以将式（4-10a）拆成式（7-37）。

$$\left. \begin{array}{c} P_{Gi} - P_{Gi\max} \leqslant 0 \\ P_{Gi\min} - P_{Gi} \leqslant 0 \end{array} \right\}, \quad i = 1, 2, \cdots, g \tag{7-37}$$

因此，这类不等式约束方程可以用向量形式简记为式（7-38）。

$$\boldsymbol{h}(\boldsymbol{x}, \boldsymbol{u}) \leqslant \boldsymbol{0} \tag{7-38}$$

7.4.4　最优潮流的数学模型

上述的电力系统最优潮流问题可以写成用向量表示的一般形式

$$\left. \begin{array}{ll} \min \boldsymbol{F} = \boldsymbol{F}(\boldsymbol{x}, \boldsymbol{u}) \\ \text{s.t.} \quad \boldsymbol{g}(\boldsymbol{x}, \boldsymbol{u}) = \boldsymbol{0} \\ \qquad \boldsymbol{h}(\boldsymbol{x}, \boldsymbol{u}) \leqslant \boldsymbol{0} \end{array} \right\} \tag{7-39}$$

式（7-39）所描述的优化问题是一个典型的非线性规划问题，其中的变量是连续变量。但是如果考虑有载调压变压器的分接头位置或并联电容器的投切，则变量中还包含只取离散值的离散变量。在有关文献中，对于最优潮流问题提出过不少求解的方法，包括非线性规划算法、二次规划法、线性规划法、混合规划法以及一些基于人工智能的算法等。具体求解方法可参考其他资料。

小　　结
Summary

在保证安全、优质供电的条件下，电力系统经济运行的目标是尽量降低总的发电燃料消耗量（或发电成本）和电网的网损率。

电源有功功率经济分配的原则是，根据各类电厂（或机组）的技术经济特点，力求做到合理利用各种动力资源，尽量降低发电能耗或发电成本。等耗量微增率准则适用于发电机组或发电厂之间的有功功率经济分配。有功负荷在两台机组间进行分配，当两机组的能耗（或成本）微增率相等时，总的能耗（或成本）将达到最小。在水、火电厂联合运行的系统中，可以通过水煤换算系数 γ 将水电厂折合成等值的火电厂，然后如同火电厂一样进行负荷分配。对每一个水电厂 γ 值的选取应使该水电厂在指定运行周期内的给定用水量恰好用完。

等网损微增率准则适用于无功功率电源的最优分布。在有功负荷分布已确定的前提下，调整各无功电源的配置，使电网有功损耗对各无功电源功率的微增率相等，则电网的有功损耗将达到最小。最优网损微增率准则适用于无功负荷的最优补偿。

减少无功功率的传送，合理安排电网的运行方式，改善网络中的潮流分布等都能降低电网的有功功率损耗。对原有电网进行合理改造，也是降低电网有功损耗的有效措施。

电力系统最优潮流以全系统的燃料消耗量最小为目标，考虑多个等式和不等式约束条件，形成一个典型的非线性规划问题，可用于确定系统有功功率和无功功率的最优分配方案。

习 题 及 思 考 题
Exercise and Questions

7-1　在能源消耗不受限制、不计不等式约束条件的情况下，电力系统有功负荷的经济分配原则是什么？电力系统的不等式约束条件在有功负荷经济分配时如何考虑？

7-2　什么是水煤换算系数？水煤换算系数与水电厂的允许耗水量有何关系？

7-3　无功电源最优分布的准则是什么？其优化目标是什么？

7-4　为降低电网的电能损耗，可以采取哪些主要技术措施？

7-5　最优潮流的目标是什么？一般需要考虑哪些等式和不等式约束条件？

7-6　两台汽轮发电机组并联运行，其燃料耗量特性如下：

$$F_1 = 4.0 + 0.17P_{G1} + 0.001P_{G1}^2 \text{ (t/h)}, \quad 400\text{MW} \leqslant P_{G1} \leqslant 620\text{MW}$$

$$F_2 = 3.5 + 0.29P_{G2} + 0.002P_{G2}^2 \text{ (t/h)}, \quad 305\text{MW} \leqslant P_{G2} \leqslant 600\text{MW}$$

系统总负荷为 930MW，试确定各机组的负荷经济分配。

7-7　在题 7-6 中，试计算发电机按平均出力发电和按负荷经济分配发电两种情况下的每天燃料消耗量。

7-8　某火力发电厂装有四台凝汽式火力发电机组，耗量特性和机组功率约束条件分别为

$$F_1 = 2.8 + 0.26P_{G1} + 0.0015P_{G1}^2 \text{ (t/h)}, \quad 400\text{MW} \leqslant P_{G1} \leqslant 600\text{MW}$$

$$F_2 = 3.5 + 0.29P_{G2} + 0.002P_{G2}^2 \text{ (t/h)}, \quad 305\text{MW} \leqslant P_{G2} \leqslant 600\text{MW}$$

$$F_3 = 4.0 + 0.17P_{G3} + 0.001P_{G3}^2 \text{ (t/h)}, \quad 400\text{MW} \leqslant P_{G3} \leqslant 620\text{MW}$$

$$F_4 = 3.0 + 0.20P_{G4} + 0.0015P_{G4}^2 \text{ (t/h)}, \quad 435\text{MW} \leqslant P_{G4} \leqslant 600\text{MW}$$

不计网损，试确定总负荷为 1800MW 时的负荷经济分配。

7-9　一个火电厂和一个水电厂并联运行。火电厂的燃料耗量特性和水电厂的耗水量特性分别为

$$F = 3 + 0.4P_T + 0.00035P_T^2 \text{ (t/h)}, \quad 300\text{MW} \leqslant P_T \leqslant 600\text{MW}$$

$$W = 2 + 0.8P_H + 0.0015P_H^2 \text{ (m}^3\text{/s)}, \quad 0\text{MW} \leqslant P_H \leqslant 400\text{MW}$$

水电厂的给定日用水量为 $K_W = 2 \times 10^7 \text{m}^3$。系统的日负荷变化为：0~7 时为 350MW，

7～18 时为 700MW，18～24 时为 500MW。试确定系统负荷在水、火电厂间的功率经济分配。

7-10 简化后的 35kV 等值网络如题图 7-10 所示，1、2、3 和 4 负荷节点的无功负荷分别为 7、5、3 和 6Mvar，各线段的电阻已示于图中。设无功功率补偿设备的总容量为 16Mvar，试在不计无功功率网损的前提下确定这些无功功率电源的最优分布。

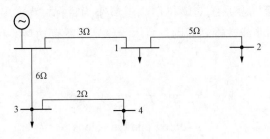

题图 7-10 电网接线图

7-11 变电站装设两台变压器，一台型号为 SL-2000/35，$P_0 = 3.4\text{kW}$，$P_k = 20\text{kW}$；另一台为 S-4000/35 型，$P_0 = 5.8\text{kW}$，$P_k = 32\text{kW}$。若两台变压器并联运行时功率分布与变压器容量成正比，为减少有功功率损耗，试根据负荷功率的变化合理安排变压器的运行方式。

7-12 发电机耗量特性曲线上某一点切线的斜率为（ ）。

A. 耗量微增率　　　　　　　　　　B. 发电机组单位功率

C. 负荷单位功率　　　　　　　　　D. 调差率

7-13 发电机组单位时间能量输入与输出之比，称为（ ）。

A. 耗量特性　　　B. 耗量微增率　　　C. 比耗量　　　D. 燃料耗量

7-14 衡量电力系统运行经济性的主要指标是（ ）。

A. 电压畸变率、建设投资、占地面积　　B. 耗量微增率、网损率、占地面积

C. 比耗量、网损率、厂用电率　　　　　D. 网损率、建设投资、电压合格率

7-15 发电机组间有功负荷经济分配应遵守（ ）准则。

A. 等耗量微增率　　　　　　　　　B. 等网损微增率

C. 等功率微增率　　　　　　　　　D. 等面积

7-16 无功功率最优分配应按（ ）准则分配。

A. 等耗量微增率　　　　　　　　　B. 等网损微增率

C. 等电能成本微增率　　　　　　　D. 等面积降低

7-17 降低电网电能损耗的措施包括：提高用户的功率因数、（ ）和确定电网的合理运行电压水平。

A. 采用有载调容配电变压器　　　　B. 采用串联电抗器

C. 增加发电机组功率　　　　　　　D. 增加线路杆塔数

第 8 章

直流输电与柔性输电

Direct Current Transmission and Flexible Alternating Current Transmission System

直流输电与柔性输电系统都是电力电子技术应用于电能输送的技术。本章将介绍高压直流输电系统的基本原理与数学模型、交直流混联电力系统的统一潮流计算方法、柔性输电系统的基本概念。

8.1 直流输电的基本原理
Basic Principles of DC Transmission

8.1.1 直流输电的优点

现有的电力系统以交流输电为主。交流系统在发电和变压等环节上相对于直流系统有明显的优越性，但是在一些环节上，高压直流输电相对于交流输电有三个主要优点：

（1）当输电距离足够长时，高压直流输电的经济性将优于交流输电。由于交流系统的同步稳定性问题，大容量长距离输送电能将使建设输电线路的投资大大增加。而直流输电的经济性主要取决于换流站的造价。随着电力电子技术的进步，直流输电技术的关键元件换流阀的耐压值和过流量逐渐提高，造价也在逐步降低。

（2）直流输电通过对换流器的控制可以快速地（时间为毫秒级）调整直流线路上的功率，从而提高交流系统的稳定性。

（3）直流输电线路可以连接两个不同步或额定频率不同的交流系统。当数个大规模区域电力系统既要实现联网又要保持各自的相对独立性时，采用直流线路或所谓背靠背直流系统进行连接是目前控制技术条件下最方便的方法。

此外，目前逐渐推广的分布式电源（比如光伏发电）则要求使用直流系统。

8.1.2 直流输电的基本概念

图 8-1 所示电力系统中包含一个简单的直流输电系统，其中有两个换流站 C1、C2 和一条直流线路。根据直流导线的正负极性，直流输电系统分为单极系统、双极系统和同极系统。图中的直流系统只有一根直流导线，另一根用大地替代，因此是单极系统。单极系

统中的地电流受地质的影响，有时可能对其附近的地下设施产生不良影响，例如加速地下各种金属管道的腐蚀。为避免这种情况，可采用两根直流导线，一根为正极，另一根为负极，这就是双极接线。

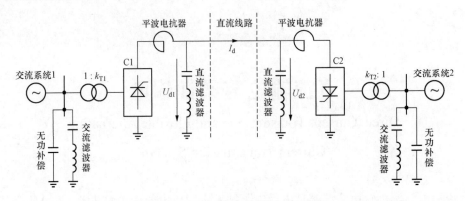

图 8-1　直流输电的基本原理接线图

图 8-1 中的换流站由一个换流桥组成，为了提高直流线路的电压和减小换流器产生的谐波，常将多个换流桥连接成多桥换流器。图 8-2（a）和（b）分别给出了多桥换流器的双极和同极接线方式。同极接线方式中所有导线有相同的极性。单极接线方式也常常作为双极和同极接线方式的第一期工程。一个换流站通常称为直流输电系统的一端。所以图 8-1和图 8-2（a）、（b）所示的直流输电系统分别为单极两端系统、双极两端系统和同极两端系统。实际的直流输电系统可以是多端系统，多端直流系统用于连接三个及三个以上交流系统。图 8-2（c）为一个单极三端直流系统的接线。

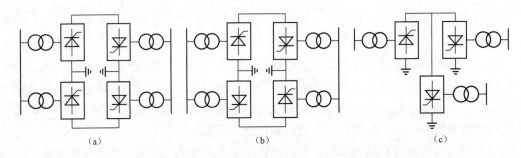

图 8-2　直流输电的接线方式

（a）双极两端接线；（b）同极两端接线；（c）单极三端接线

换流站中的主要设备有换流器、换流变压器、平波电抗器、交流滤波器、直流滤波器、无功补偿设备和断路器。换流器的功能是实现交流电与直流电之间的变换。把交流变为直流时称为整流器，反之称为逆变器。组成换流器的最基本元件是阀元件。传统高压直流输电系统所用的阀元件多为普通晶闸管，其核心为相控换流技术，近年来开始使用全控型可关断晶闸管。下面先介绍采用晶闸管的相控换流型直流输电技术的基本原理。

在直流输电换流桥中，采用普通晶闸管的三相全波桥式换流电路如图 8-3 所示。一个换流桥有 6 个桥臂，桥臂由阀元件组成。换流桥的直流端与直流线路相连，交流端与换流变压器的二次绕组相连。换流变压器的一次绕组与交流系统相连。换流变压器与普通的电力变压器相同，但通常须带有有载调压分接头，从而可以通过调节换流变压器的变比方便地控制系统的运行状态。换流变压器的直流侧通常为三角形或星形中性点不接地接线。这样直流线路可以有独立于交流系统的电压参考点。

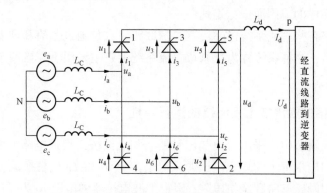

图 8-3　三相全波桥式换流器的等值电路

换流器运行时，在其交流侧和直流侧都产生谐波电压和谐波电流。这些谐波分量影响电能质量，干扰无线通信，因而必须安装参数合适的滤波器抑制这些谐波。平波电抗器的电感值很大，有时可达 1H。其主要作用是减小直流线路中的谐波电压和谐波电流，避免逆变器的换相失败，保证直流电流在轻负荷时的连续，当直流线路发生短路时限制整流器中的短路电流峰值。另外，换流器在运行时需从交流系统吸收大量无功功率。稳态时吸收的无功功率约为直流线路输送的有功功率的 50%，暂态过程中更多。因此，在换流站附近应有无功补偿装置为换流器提供无功电源。

直流输电是将电能由交流整流成直流输送，然后再逆变成交流接入交流系统。在图 8-1 中，当交流系统 1 通过直流线路向交流系统 2 输送电能时，C1 为整流运行状态，C2 为逆变运行状态。因而 C1 相当于电源，C2 为负载。设直流线路的电阻为 R，可知线路电流

$$I_{d} = \frac{U_{d1} - U_{d2}}{R} \tag{8-1}$$

因此，C1 送出的功率与 C2 收到的功率分别为

$$\left. \begin{array}{l} P_{d1} = U_{d1}I_{d} \\ P_{d2} = U_{d2}I_{d} \end{array} \right\} \tag{8-2}$$

二者之差为直流线路的电阻所消耗的功率。显然，直流线路输送的完全是有功功率。注意逆变器 C2 的直流电压 U_{d2} 与直流电流 I_{d} 的方向相反，只要 U_{d1} 大于 U_{d2}，就有满足式（8-1）的直流电流通过直流线路。因此通过调整直流电压的大小就可以调整输送功率的大小。必须指出，如果 U_{d2} 的极性不变，即使 U_{d2} 大于 U_{d1}，C2 也不能向 C1 输送功率。换句话说，式（8-1）中的电流不能为负，这是因为换流器只能单向导通。如果要调整输送功率的方向，则必须通过换流器的控制，使两端换流器的直流电压的极性同时倒反，也就是使 C1 运行在逆变状态，C2 运行在整流状态。

由式（8-1）和式（8-2）可见，直流输电线路输送的电流和功率由线路两端的直流电压所决定，与两端的交流系统的频率和电压相位无关。直流电压的调节是通过调节换流桥

的触发角来实现的，因而不直接受交流系统电压幅值的影响。直流电压在运行过程中允许的调节范围相对于交流电压的调节范围要大得多。这样，由于没有稳定问题的约束，直流输电方式可以长距离地输送大容量的电能。在调节速度上，由于直流输电中的控制过程全部是由电子设备完成的，因而十分迅速。

需要指出，在有些直流系统中并没有直流线路，只是通过整流和逆变完成"交流—直流—交流"的变换，这种系统称为背靠背直流系统。它主要用于连接两个不同步或额定频率不同的交流系统。

8.1.3 采用相控换流技术换流器的运行特性

在直流输电换流桥中，采用普通晶闸管的三相全波桥式换流电路如图 8-3 所示，其中交流系统用频率和电压恒定的理想电压源来等值，3 个电感 L_C 代表换流变压器绕组的漏电感而忽略变压器的励磁支路和绕组电阻。假定平波电抗器的电感 L_d 为无穷大，这样可以不考虑直流电流的纹波，即认为直流电流 I_d 是恒流。认为 6 个晶闸管（即阀）为理想元件，在正常工作时只有导通和关断两种状态，在导通时其等值电阻为零，在关断时其等值电阻为无穷大；从关断到导通必须同时具备两个条件：一是施加的电压是正向的，二是在控制极上有触发所需的脉冲。在晶闸管经触发导通后，即便触发脉冲消失，仍保持导通状态；在反向电压作用下且电流过零时，晶闸管才从导通转入关断状态。在一个周期内，这 6 个晶闸管依次受到等间隔（60°）脉冲的触发。

在图 8-4（a）中所示的理想电压源的瞬时电动势如式（8-3）所示，线电压如式（8-4）所示。

$$\left.\begin{array}{l} e_a = \sqrt{2}E\sin(\omega t + 150°) \\ e_b = \sqrt{2}E\sin(\omega t + 30°) \\ e_c = \sqrt{2}E\sin(\omega t - 90°) \end{array}\right\} \quad (8\text{-}3)$$

$$\left.\begin{array}{l} e_{ac} = e_a - e_c = \sqrt{6}E\sin(\omega t + 120°) \\ e_{bc} = e_b - e_c = \sqrt{6}E\sin(\omega t + 60°) \\ e_{ba} = e_b - e_a = \sqrt{6}E\sin\omega t \\ e_{ca} = e_c - e_a = \sqrt{6}E\sin(\omega t - 60°) \\ e_{cb} = e_c - e_b = \sqrt{6}E\sin(\omega t - 120°) \\ e_{ab} = e_a - e_b = \sqrt{6}E\sin(\omega t - 180°) \end{array}\right\} \quad (8\text{-}4)$$

式中 E——交流电源相电压的有效值。

8.1.3.1 不计 L_C 时整流桥的换相过程

在图 8-3 中，电感 L_C 是换流变压器的等值电感，在 L_C 为零时，若触发延迟角 α 为 0，则一旦阀的阳极电位高于阀的阴极电位，阀便立即导通。当一个阀从导通转为关断而另一个阀从关断转为导通的瞬间，即发生换相。如在 $\omega t = 0°$ 时，阀 1 关断，阀 3 开通，直流侧电压 u_d 从 $e_{ac} = e_a - e_c$ 换为 $e_{bc} = e_b - e_c$，如图 8-4（a）所示。注意图 8-3 中上半桥的阀的编号为 1、3、5，下半桥为 4，6、2，这也是阀依次导通的顺序，如图 8-4（b）所示。由于阀 1、3、5 的阴极是连接在一起的，当 a 相的对地电压比 b、c 两相的对地电压高时，阀 1 首先导通，导致阀 3、5 的阴极电位等于相电压 e_a，分别高于阳极电压 e_b、e_c，所以阀 3、5 为关断状态。同样，在下半桥阀 2、4 和 6 也有类似状态。若 L_C 为零，换相是瞬时完成的。如果定义与换相持续时间对应的电角度为换相角 γ，则这时 γ 为零，在任意时刻换流桥中只有两个编号相邻的阀处在导通状态。图 8-4（c）给出了交流侧三相电流的波形图。由于平波电抗器与滤波器的作用且不计 L_C 的作用，故电流波形为矩形波。

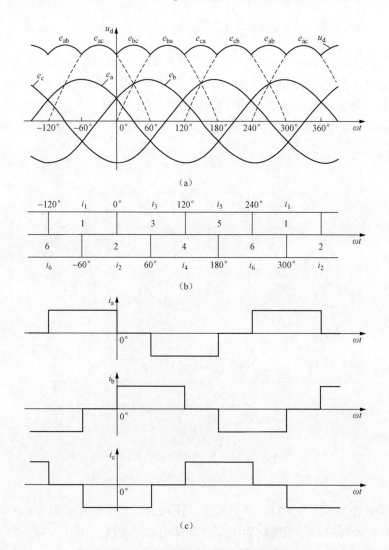

(a)

(b)

(c)

图 8-4　换流器的电压、电流波形

（a）直流电压瞬时值 u_d 和电压源的相电压、线电压；（b）导通阀的顺序及电流；（c）三相电流

由图 8-4（a）可见，在交流系统的一个周期 $\omega t \in [0°, 360°]$ 上，换流桥发生过 6 次换相，直流电压瞬时值 u_d 的波形有 6 次等间隔的脉动。因此，三相全波换流器也称为 6 脉冲换流器。脉动的直流电压 u_d 经傅里叶分解得到的直流分量即是直流电压 U_d，也是 u_d 的平均值。触发延迟角 α 为零且换相角 γ 也为零时直流电压的平均值 U_{d0} 为

$$U_{d0} = \frac{1}{2\pi} \int_{0°}^{360°} u_d \mathrm{d}\theta = \frac{3\sqrt{6}}{\pi} E \tag{8-5}$$

当触发延迟角 $\alpha \neq 0$ 且不计 L_C 时，直流电压瞬时值 u_d 的波形如图 8-5（a）所示，各阀处于导通状态的时段标示在图 8-5（b）中。为使阀从关断状态开通，触发延迟角 α 的变化范围为 $[0°, 180°]$。当触发延迟角 α 超出这个范围时，阀电压为负，因而阀不能被触发而开通。当触发延迟角 $\alpha \in [0°, 180°]$ 时，直流电压的平均值为

$$U_d = \frac{1}{2\pi} \int_{0°}^{360°} u_d \mathrm{d}\theta = \frac{6}{2\pi} \int_{0°+\alpha}^{60°+\alpha} e_{bc} \mathrm{d}\theta = \frac{3\sqrt{6}}{\pi} E \cos\alpha = U_{d0} \cos\alpha \tag{8-6}$$

可见，当触发延迟角 $\alpha \neq 0$ 时，直流电压的平均值 U_d 小于 U_{d0}。当 α 从 0 增加到 90° 时，U_d 的值从 U_{d0} 减小到 0；当 α 进一步从 90° 增加到 180° 时，U_d 的值从 0 减小到 $-U_{d0}$，这时，由于阀的单向导通性，直流电流 I_d 的方向并没有改变，由式（8-2）可知，换流器从交流系统吸收的功率为负值，即有功功率的实际流向是从直流系统到交流系统，换流器此时处于逆变状态。

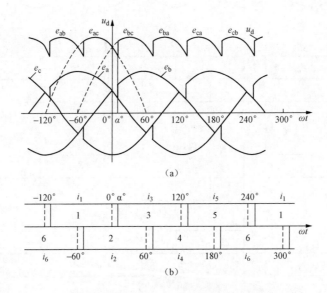

图 8-5　$\alpha \neq 0$、$\gamma = 0$ 时直流电压的波形

（a）直流电压瞬时值 v_d；（b）导通阀的顺序及电流

比较图 8-4（b）和图 8-5（b）可以看出，无论触发延迟角 α 是否为 0，每一个阀处于导通状态的时间所对应的电角度均为 120°，即阀电流是宽度为 120°、幅值为 I_d 的矩形波。图 8-4（c）显示了 α 为 0 时三相交流电流 i_a 的波形。以 a 相为例，当 α 从 0 增大时，i_a 的波形不变，只是向右平移 α。按傅里叶级数分解，不难理解从矩形波中 i_a 分解出的基波分量 i_{a1} 的相位相对于交流电源 e_a 的相位滞后角度即为触发延迟角 α；而交流基波分量的有效值 I 为

$$I = \frac{\sqrt{2}}{\pi} \int_{-30°}^{30°} I_d \cos x \mathrm{d}x = \frac{\sqrt{6}}{\pi} I_d \tag{8-7}$$

由于已假定交直流两侧都有理想的滤波器，所以谐波功率为零，不计换流器的功率损

耗时，交流基波的有功功率与直流功率相等，有

$$3EI\cos\varphi = U_{\mathrm{d}}I_{\mathrm{d}} \tag{8-8}$$

式中 φ——交流电压超前基波电流的相位差，称为换流器的功率因数角。

把式（8-7）和式（8-6）分别代入式（8-8）左右两端，有

$$3E\frac{\sqrt{6}}{\pi}I_{\mathrm{d}}\cos\varphi = I_{\mathrm{d}}\frac{3\sqrt{6}}{\pi}E\cos\alpha$$

或

$$\cos\varphi = \cos\alpha \tag{8-9}$$

式（8-9）进一步表明交流电流的基波分量与交流电压的相位差正是触发延迟角 α。因此，可得交流系统的基波功率

$$P + \mathrm{j}Q = \frac{3\sqrt{6}}{\pi}EI_{\mathrm{d}}(\cos\alpha + \mathrm{j}\sin\alpha) \tag{8-10}$$

由式（8-6）和式（8-7）可见，换流器把交流转换成直流或把直流转换成交流时，交流基波电流的有效值与直流电流的比值是固定的，而交直流的电压比值与换流器的触发延迟角有关。式（8-10）是交流系统经过换流器送进直流系统的复功率；换句话说，是直流系统从交流系统吸收的复功率，这个功率受触发延迟角控制。当 $\alpha \in [0°, 90°]$ 时，有功功率为正，这时换流器从交流系统吸收有功功率，即把交流电能转换为直流电能；而当 $\alpha \in [90°, 180°]$ 时，有功功率为负，这时换流器向交流系统提供有功功率，即把直流电能转换为交流电能。另外，从式（8-10）还可见，尽管直流系统只输送有功功率，但在输送有功功率的同时，整流器（$\alpha \in [0°, 90°]$）和逆变器（$\alpha \in [90°, 180°]$）都从交流系统吸收无功功率。

8.1.3.2 考虑 L_{C} 时换流器的运行特性

（1）整流器的运行特性。在实际工程中，电感 L_{C} 不为零，从而相电流不能瞬时突变，换相不能瞬时完成，从一相换到另一相时需要一段时间 τ_{γ}。通常称 τ_{γ} 为换相期，换相期所对应的电角度 $\gamma = \omega\tau_{\gamma}$ 称为换相角。在换相期内，即将开通的阀中的电流从 0 逐渐增大至 I_{d}，而即将关断的阀的电流从 I_{d} 逐渐减小到 0。正常状态下，换相角小于 60°；满载情况下换相角的典型值为 15°～25°。在换相期间，对于 $\gamma \in [0°, 60°]$ 的情况，换流器中有三个阀同时导通，其中，一个为非换相期导通状态，其阀电流为 I_{d}（或 $-I_{\mathrm{d}}$）；一个为换相期即将导通状态，其阀电流正从 0 向 I_{d}（或 $-I_{\mathrm{d}}$）过渡；一个为换相期即将关断状态，其阀电流正从 I_{d}（或 $-I_{\mathrm{d}}$）向 0 过渡。在两个换相期之间，换流器仍然是上半桥和下半桥各有一个阀处在导通状态，如图 8-6（a）、（b）所示。以阀 1 导通换相到阀 3 导通为例，当 $\omega t = 0° + \alpha$ 时，阀 1 开始向阀 3 换相，此时阀 1 的电流 i_1 为 I_{d}，阀 3 的电流 i_3 为零；当 $\omega t = 0° + \alpha + \gamma$ 时，换相结束，相应的 i_1 为零，阀 3 的电流 i_3 为 I_{d}；在 $0° + \alpha + \gamma \geqslant \omega t \geqslant 0° + \alpha$ 期间，即换相期间，三个阀 1、2 和 3 同时导通，换流器的等值电路如图 8-6（c）所示。换流器的稳态工况就是，在换相期使交流系统两相短路；在非换相期使交流系统单相断线。换相角的大小反映了换相电流从 0 增加到 I_{d} 所需的时间。

在图 8-6（c）中，对于阀 1 和阀 3 所构成的回路，可以列出回路电压方程

$$e_{\mathrm{b}} - e_{\mathrm{a}} = L_{\mathrm{C}}\frac{\mathrm{d}i_3}{\mathrm{d}t} - L_{\mathrm{C}}\frac{\mathrm{d}i_1}{\mathrm{d}t}$$

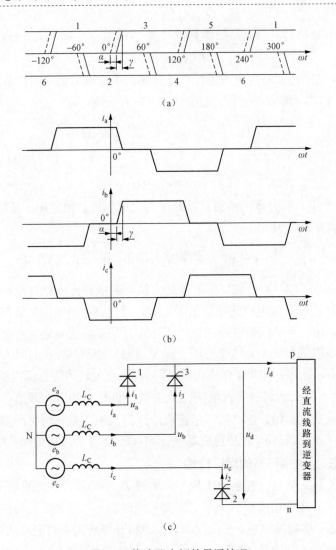

图 8-6　换流器中阀的导通情况

（a）阀导通的情况；（b）三相电流；（c）换流器在换相期间的等值电路

由式（8-4）并考虑到 $i_1 = I_d - i_3$，上式可改写为

$$\sqrt{6}E\sin\omega t = 2L_C\frac{\mathrm{d}i_3}{\mathrm{d}t}$$

其通解为

$$i_3 = -\frac{\sqrt{6}E}{2\omega L_C}\cos\omega t + C \tag{8-11}$$

式中　C——积分常数。

按照边界条件：当 $\omega t = \alpha$ 时，$i_3 = 0$，代入式（8-11），可得 $C = \dfrac{\sqrt{6}E}{2\omega L_C}\cos\alpha$。再将 C 代入式（8-11），有

$$i_3 = \frac{\sqrt{6}E}{2\omega L_C}(\cos\alpha - \cos\omega t),\quad \alpha \leqslant \omega t \leqslant \alpha + \gamma \tag{8-12}$$

当 $\omega t = \alpha + \gamma$ 时，换相结束，$i_3 = I_d$，于是

$$I_d = \frac{\sqrt{6}E}{2\omega L_C}[\cos\alpha - \cos(\alpha + \gamma)] \tag{8-13}$$

由式（8-13）可见，换相角 γ 与运行参数 I_d、E、α 和网络参数 L_C 有关：I_d 越大，则换相角越大；E 越大，则换相角越小；当 $\alpha = 0°$ 或接近 $180°$ 时，换相角随 α 变化到最大值；当 $\alpha = 90°$ 时，换相角随 α 变化到最小值。此外，L_C 越大，换相角越大。当 L_C 趋于零时，换相角即趋于 0，这就是前文不计 L_C 时讨论的情况。在换相期间，换相角的大小对直流电流 I_d 没有直接的影响，因而交流电流基波分量与直流电流的关系式（8-7）在计及换相角后仍然成立。

对于直流侧的电压，换相前 $u_d = e_{ac}$；在换相期间，阀 1 和 3 同时导通，电源电压 e_a 和 e_b 通过两个电抗两相短路，因此，直流侧的电压应是 e_{ac} 和 e_{ab} 的平均值，即

$$u_d = \frac{e_{ab} + e_{ac}}{2} = \frac{3\sqrt{2}}{2}E\sin(\omega t + 90°), \quad \alpha \leqslant \omega t \leqslant \alpha + \gamma$$

由于脉动的直流电压波形每隔 $60°$ 重复一次，所以经傅里叶分解，可以得到直流电压的平均值为

$$U_d = \frac{1}{2\pi}\int_{0°}^{360°} u_d \mathrm{d}\theta = \frac{6}{2\pi}\left[\int_{\alpha}^{\alpha+\gamma}\frac{3\sqrt{2}}{2}E\sin(\omega t + 90°)\mathrm{d}\omega t + \int_{\alpha+\gamma}^{60°+\alpha}\sqrt{6}E\sin(\omega t + 60°)\mathrm{d}\omega t\right] \tag{8-14}$$

$$= \frac{3\sqrt{6}}{2\pi}E[\cos\alpha + \cos(\alpha + \gamma)] = \frac{U_{d0}}{2}[\cos\alpha + \cos(\alpha + \gamma)]$$

将式（8-13）中的 $\cos(\alpha + \gamma)$ 表达式代入式（8-14），则可以得到既考虑触发延迟角又考虑换相角时的直流电压平均值

$$U_d = U_{d0}\cos\alpha - R_\gamma I_d \tag{8-15}$$

式中 R_γ——等值换相电阻，$R_\gamma = 3\omega L_C/\pi = 3X_C/\pi$，电抗 $X_C = \omega L_C$。

必须指出，R_γ 并不具有真实电阻的全部意义，它不吸收有功功率，其大小体现了直流电压平均值随直流电流增大而减小的斜率。另外，它是一个网络参数，即它不随运行状态的改变而变化。

式（8-14）和式（8-15）表明换流器的输出直流电压是触发延迟角 α、直流电流 I_d 及交流电源电压 E 的函数，由于换相角的存在，直流电压的平均值将随直流电流的增大而有所减小。显然，在直流输电系统运行中，可以通过调节触发延迟角和交流系统的电压来控制直流电压的大小。由式（8-1）可知，两端换流器输出直流电压的改变，将决定直流电流 I_d 的大小。此外，由于参数 R_γ 的引入，换相角 γ 不显含在式（8-15）中，换相效应完全由换相电阻与直流电流的乘积表征。

在计及换相角后，为保证换流器换相成功，触发滞后角 α 的变化范围下降为 $0° \leqslant \alpha \leqslant 180° - \gamma$，即式（8-14）和式（8-15）成立的前提条件是 $\alpha \in [0°, 180° - \gamma]$ 和 $\gamma \in [0°, 60°]$。因此，过大的直流电流可能使换相角超出 $60°$ 的约束而使换流器进入不正常运行状态。

在图 8-6 中，b 相正值上升沿电流表达式为式（8-12），正值下降沿电流表达式为阀 3 与阀 5 换相时阀 3 的电流。由式（8-12）可以推导出

$$i_5 = \frac{\sqrt{6}E}{2\omega L_C}[\cos\alpha - \cos(\omega t - 120°)], \quad 120° + \alpha \leqslant \omega t \leqslant 120° + \alpha + \gamma$$

$$i_3 = I_d - i_5 = I_d - \frac{\sqrt{6}E}{2\omega L_C}[\cos\alpha - \cos(\omega t - 120°)], \quad 120° + \alpha \leqslant \omega t \leqslant 120° + \alpha + \gamma$$

经傅里叶分解，可以得到计及换相角后交流基波电流与直流电流的关系

$$I = k(\alpha, \gamma)\frac{\sqrt{6}}{\pi}I_d = k_\gamma \frac{\sqrt{6}}{\pi}I_d \tag{8-16}$$

式（8-16）中，$k(\alpha, \gamma) = \frac{1}{2}[\cos\alpha + \cos(\alpha + \gamma)]\sqrt{1 + [\gamma \csc\gamma \csc(2\alpha + \gamma) - \operatorname{ctg}(2\alpha + \gamma)]^2}$。在正常运行方式下，$k(\alpha, \gamma)$ 取值接近于 1，为简化分析，可近似取 $k(\alpha, \gamma)$ 为常数 $k_\gamma = 0.995$。

与式（8-8）同理，交流基波的有功功率与直流功率相等，再利用式（8-14）和式（8-16），可得

$$3\left(k_\gamma \frac{\sqrt{6}}{\pi}I_d\right)E\cos\varphi = \frac{3\sqrt{6}E[\cos\alpha + \cos(\alpha + \gamma)]}{2\pi}I_d$$

或

$$k_\gamma \cos\varphi = \frac{\cos\alpha + \cos(\alpha + \gamma)}{2}$$

将上式代入式（8-14）中，可得计及换相角后直流电压与交流电压的关系

$$U_d = k_\gamma \frac{3\sqrt{6}}{\pi}E\cos\varphi \tag{8-17}$$

（2）逆变器的运行特性。前已述及，区分换流器为整流器还是逆变器的外特征是直流电压 U_d 的正负。当不计换相角时，若 $\alpha \in [0°, 90°]$，则换流器为整流器；若 $\alpha \in [90°, 180°]$，则换流器为逆变器。当计及换相角后，若用 α_t 表示 U_d 为 0 时的触发延迟角，则由（8-14）可解得

$$\alpha_t = \frac{90° - \gamma}{2}$$

可见，计及换相角后，整流与逆变的分界触发延迟角从 90° 下降了 $\gamma/2$。

此外，在工程实际中，为了更明确地区分换流器是整流器还是逆变器，常用触发延迟角 α 和熄弧角 δ（也称关断角；为触发角与换相角之和，即 $\delta = \alpha + \gamma$）描述整流器；用另外两个角度来描述逆变器，它们分别是触发超前角 β 和熄弧超前角（也称关断超前角）μ；换相角 γ 同时用于整流器与逆变器的分析。这些角度之间有以下关系

$$\left.\begin{array}{r}\beta = 180° - \alpha \\ \mu = 180° - \delta \\ \gamma = \delta - \alpha = \beta - \mu\end{array}\right\} \tag{8-18}$$

当换流器为逆变器时，其 α 约在 90° 与 180° 之间，则 β 与 μ 约在 0° 与 90° 之间，这样，逆变器的触发超前角和熄弧超前角与整流器的触发延迟角具有接近的数值。对于整流器，前面分析所得到的各式可以直接应用；对于逆变器，把变换式（8-18）代入式（8-14），

则有

$$U_d = U_{d0}\cos(180° - \beta) - R_\gamma I_d = -U_{d0}\cos\beta - R_\gamma I_d$$

在图 8-1 中，当换流器为整流器时，将其电压记为 U_{d1}；为逆变器时，其电压记为 U_{d2}，并注意逆变器的电压参考方向与整流器的电压参考方向相反，则有

$$U_{d1} = U_{d0}\cos\alpha - R_\gamma I_d \tag{8-19}$$

$$U_{d2} = U_{d0}\cos\beta + R_\gamma I_d \tag{8-20}$$

注意，无论换流器是整流状态还是逆变状态，其直流电流的参考方向总是从阀的阳极流向阴极。逆变器的等值电路如图 8-7 所示，当其控制变量采用触发超前角时，它的电压表达式为式（8-20），与整流器不同；当采用熄弧超前角表示时，类似地，可以推导出与整流器电压表达式具有相同形式的电压表达式

$$U_{d2} = U_{d0}\cos\mu - R_\gamma I_d \tag{8-21}$$

事实上，只要在式（8-13）、式（8-14）和式（8-16）中，将 α 换成熄弧超前角 μ，便是逆变器运行特性的表达式。

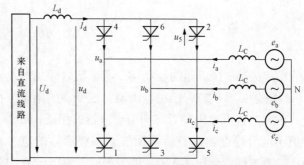

图 8-7　三相全波桥式逆变器的等值电路

8.1.3.3　多桥换流器的应用

实际的高压直流输电系统中，为了得到更高的直流电压往往采用多桥换流器。多桥换流器通常用偶数个桥的接线，在直流侧相串联，而在交流侧相并联。图 8-8 给出了双桥换流器的接线，其中的虚线是为方便理解而画的。由于两根虚线的电流大小相等、方向相反，故在实际系统中并不存在这两根虚线。这样，可以把双桥换流器看成两个独立的单桥换流器相串联。图中两个桥的换流变压器的接线不同，一个为 Y/Y 接线，另一个为 Y/Δ 接线。这种接线方式使两桥的交流侧电压相位相差 30°。双桥换流器的输出直流脉动电压为上、下两个换流器的直流脉动电压之和，与单桥换流器相比，其直流纹波电压得到改善。两桥的交流侧电流合成之后比单桥更接近于正弦波形。这将大大减小交流侧的谐波电流，从而节省交流侧滤波器的投资。构成换流器的桥数越多，交流系统的谐波分量越少且谐波幅值越低，直流纹波电压也越小。但是，多于两桥的换流器的变压器接线方式和直流系统的运行控制十分复杂，因而较常用的还是双桥换流器。

可以将多桥换流器等值成单桥换流器，如图 8-9 所示。其中，换流变压

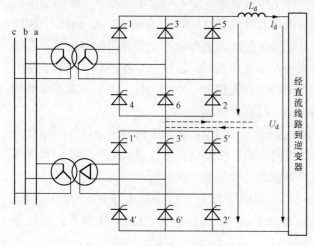

图 8-8　双桥换流器的接线示意图

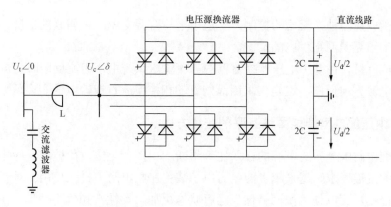

图 8-10 基于电压源换流器的直流系统

$$P = \frac{U_t U_c}{X} \sin\delta \qquad\qquad (8\text{-}25)$$

$$Q = \frac{U_c(U_c - U_t \cos\delta)}{X} \qquad\qquad (8\text{-}26)$$

由式（8-25）可见，有功功率的传输主要取决于 δ，当 $\delta > 0$ 时，换流器输出有功功率，做逆变器运行；当 $\delta < 0$ 时，换流器吸收有功功率，做整流器运行。因此，通过控制 δ，就可以控制换流器的有功功率大小和传输方向。

由式（8-26）可见，无功功率的传输主要取决于 U_c，当 $(U_c - U_t \cos\delta) > 0$ 时，换流器输出无功功率；当 $(U_c - U_t \cos\delta) < 0$ 时，换流器吸收无功功率。因此，通过控制 U_c，就可以控制换流器输出或吸收无功功率的大小。

当电压源换流器采用正弦脉冲宽度调制技术时，在直流电压恒定情况下，调制度 M（即调制波参考信号峰值与三角载波峰值之比，$0 < M \leqslant 1$）决定换流器输出电压 U_c 的幅值，调制波的频率与相位决定 U_c 的频率与相位，δ 就是调制波的移相角度。如上所述，换流器吸收或输出的有功功率和无功功率分别取决于输出电压 U_c 的相位和幅值，因此，在保持与 U_t 频率一致的情况下，通过控制调制波的相位 δ，就可以控制有功功率的大小及输送方向；控制调制度 M 就可以控制无功功率的大小及性质（容性或感性），从而实现对有功功率、无功功率同时且相互独立的调节。

在基于电压源换流器的直流输电系统中，其换流器的主要控制方式有以下五种：

（1）定直流电压和无功功率控制，可以控制直流母线电压和输送到交流侧的无功功率；

（2）定直流电压和交流母线电压控制，可以控制直流母线电压和交流母线电压；

（3）定功率控制，可以控制输送到交流侧的有功功率和无功功率；

（4）定交流电压和有功功率控制，可以控制交流母线电压和输送到交流侧的有功功率；

（5）定交流电压控制，只控制交流母线电压一个量。

直流网络的有功功率必须保持平衡，即直流网络输出的有功功率必须等于输入直流网络的有功功率加上直流电源（比如光伏阵列、放电状态时的储能装置）产生的有功功率，并扣除直流负荷（比如直流照明设备、充电状态时的储能装置）、换流器与直流网络的有功功率损耗。如果出现任何差值，都将会引起直流电压的升高或降低。为了实现有功功率的自动平衡，在轻型直流输电系统中必须择一端控制其直流侧电压，控制整个直流网络的有功功率平衡。前四种换流器的控制方式适用于与有源交流网络相联的情况，最后一种控制方式适用于给无源网络供电的情况。

此外还应注意，在基于电压源换流器的直流输电系统中，潮流反向时直流电压极性不变，而直流电流方向反向，这是与采用晶闸管的相控换流直流输电的主要区别之一。

8.1.5 中压配电网智能柔性互联的接线方式

目前，配电网中分布式电源的接入比例不断增加，多元化负荷被广泛应用。面向智能柔性配电网的发展需求，越来越多的电力电子装置在配电网中投入使用。对新型电力电子装置的灵活控制，可以使"源网荷储"运行状态更加"柔性"和"主动"。

配电网智能柔性互联技术方案的基本结构由大功率全控型电力电子元件组成的背靠背型交-直-交变流器构成，可以取代传统的常开联络开关，实现配电网的柔性闭环运行，支撑馈线负载平衡和分布式电源高效消纳等。典型的配电网柔性互联接线方式由背靠背电压源型换流器组成，如图 8-11 所示（省略了串联电抗器），可智能化实时控制有功功率传输、无功功率四象限灵活运行。

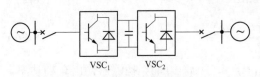

图 8-11 双端 VSC 柔性连接方式

因为配电网供电可靠性要求越来越高，所以多分段与多联络的接线方式得到越来越广应用。为了满足多端馈线柔性互联的需求，在双端 VSC 连接方式的基础之上衍生出了端口数量可灵活配置的多端 VSC 连接方式，如图 8-12 所示。这种连接方式将多个 AC/DC 换流器的直流侧并联于 DC 母线，交流侧分别连接不同馈线，其调控能力、灵活性、经济性和可靠性等方面都得到提升。

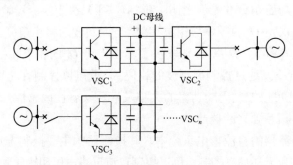

图 8-12 多端 VSC 柔性连接方式

当前直流配电已成为配电技术的一个重要发展方向。为了满足 AC/DC 混联配电网中的馈线柔性互联需求，可将双端 VSC 连接方式加以拓展，采用 AC/DC 换流器与 DC/DC 换流器组合结构，如图 8-13 所示，每个换流器的一侧并联于 DC 母线，另一侧则相应连接交流或直流馈线。这种连接方式同时具备交、直流馈线接入和功率灵活交换的能力，可优化电压水平和降低网损，改善 AC/DC 混联配电网的运行状态。

此外，利用 VSC 的内部直流母线，可以接入分布式电源、储能和直流负荷等装置，如图 8-14 所示。

在换流器交流侧连接变压器或者在换流器内部直流部分增加电压变换装置，都可以实现不同电压等级馈线的互联,并控制互联馈线间的功率交换。在图 8-15 中,背靠背型 VSC 内部增加了一套直流电压变换装置,即可实现不同电压等级配电网柔性互联。

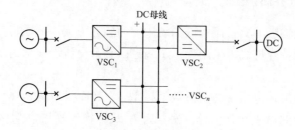

图 8-13　多端交直流混联 VSC 柔性连接方式

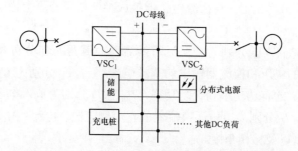

图 8-14　基于 VSC 直流母线和"源荷储"的柔性连接方式

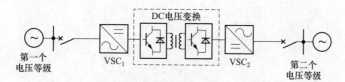

图 8-15　不同电压等级配电网柔性连接方式

8.2　交直流混联系统潮流算法简介

Introduction of Load Flow Algorithm for AC/DC Hybrid Power System

当电力系统含有轻型直流输电系统时,潮流计算就不能直接采用第 4 章所介绍的方法,必须增加描述直流部分相关的方程式。目前采用的交直流混联系统潮流计算方法主要分为统一迭代法和交替迭代法两类。

统一迭代法也称为联合求解法,它考虑了交、直流变量之间的耦合关系,其雅可比矩阵中引入了直流系统变量,收敛性较好。

交替迭代法也称为顺序法,它通过交流系统和直流系统的功率接口使交流系统和直流系统的潮流分开求解,可以很方便利用原有纯交流网络的潮流计算程序。但是交替迭代法在解算过程中没有考虑交流网络与直流网络之间的耦合关系,收敛性较差。

在分布式电源和微电网工程中,往往需要连接直流电源和负荷,这也是与传统高压直流输电技术的区别之一。下面将电压源换流器和直流网络的数学模型嵌入到牛顿─拉夫逊法潮流迭代算法中,从交流网络、换流器和直流网络三部分推导其相应的修正方程式,介绍一种包含直流电源和直流负荷的交直流混联系统潮流统一迭代算法**❶**。

8.2.1 交直流分界面模型

在含有轻型直流输电的交直流混联系统中，为叙述方便，下面将与电压源换流器相连的交流母线称为交流特殊母线，采用变量 i 编号；其余交流母线称为交流普通母线，采用变量 j 编号。

为了建立轻型直流输电系统的稳态数学模型，将其简化为图 8-16 所示的物理模型，选取一个与母线 i 连接的电压源换流器，编号为 l，其中换流器可以简化为理想的比例放大器，换流器有功损耗和换流电抗器电阻用等效电阻 R_{cil} 来表示，电抗器电抗为 X_{cil}。图中的换流器模型未包含换流变压器，将换流电抗器换成换流变压器不会影响下面潮流算法的基本推导。

在图 8-16 中，P_{sil}、Q_{sil} 分别为从交流母线流向换流器的有功功率和无功功率；U_{ti}、U_{cl} 分别为交流母线的电压和换流器输出的基频电压；δ_{ti}、δ_{cl} 分别为 U_{ti} 和 U_{cl} 的相位；P_{ti}、Q_{ti} 分别为注入母线 i 的有功功率和无功功率；P_{cl}、Q_{cl} 分别为流入电压源换流器的有功功率和无功功率；U_{dl}、I_{dl} 分别为电压源换流器的直流侧电压、电流；M_l、δ_l 分别为脉冲宽度调制控制器的调制度以及移相角度。

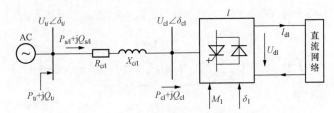

图 8-16　基于电压源换流器的交直流混联系统模型

根据图 8-16 所示的电压关系，利用电路基本定理可以求取从交流母线流向换流器的功率，即

$$P_{sil} + jQ_{sil} = \dot{U}_{ti}\left(\frac{\dot{U}_{ti} - \dot{U}_{cl}}{R_{cl} + jX_{cl}}\right)^*$$

将上式整理，可以得到从交流母线流向换流器的有功功率和无功功率

$$P_{sil} = U_{ti}U_{cl}Y_{il}\sin(\delta_{il} - \alpha_{il}) + U_{ti}^2 Y_{il}\sin\alpha_{il} \tag{8-27a}$$

$$Q_{sil} = -U_{ti}U_{cl}Y_{il}\cos(\delta_{il} - \alpha_{il}) + U_{ti}^2 Y_{il}\cos\alpha_{il} \tag{8-27b}$$

式中　Y_{il}——换流器等效导纳，$Y_{il} = 1/\sqrt{R_{cil}^2 + X_{cil}^2}$；

　　　α_{il}——换流器等效阻抗角，$\alpha_{il} = \arctan(R_{cil}/X_{cil})$；

　　　δ_{il}——电压 $\dot{U}_{ti}$ 和 $\dot{U}_{cl}$ 的相位差，$\delta_{il} = \delta_{ti} - \delta_{cl}$。

同理，流入换流器的有功功率为

$$P_{cl} = U_{ti}U_{cl}Y_{il}\sin(\delta_{cl} + \alpha_{il}) - U_{cl}^2 Y_{il}\sin\alpha_{il} \tag{8-28}$$

❶　傅裕，杨建华，张琪. 含直流电源与负荷的交直流系统潮流算法研究. 电力自动化设备，2013，33（1）：96-99.

电压源换流器输出的基频电压由直流侧电压、与调制方式相关的直流电压利用率以及调制度共同决定，即

$$U_{c1} = \frac{\mu_1 M_1}{\sqrt{2}} U_{d1} \qquad (8\text{-}29)$$

式中　μ_1——脉冲宽度调制的直流电压利用率，$0 < \mu_1 \leqslant 1$。对于正弦脉冲宽度调制，

$\mu_1 = \sqrt{3}/2$；空间矢量脉冲宽度调制，$\mu_1 = 1$。

将式（8-29）代入式（8-27）和式（8-28），可得

$$P_{si1} = \frac{\mu_1 M_1}{\sqrt{2}} U_{ti} U_{d1} Y_{i1} \sin(\delta_{i1} - \alpha_{i1}) + U_{ti}^2 Y_{i1} \sin \alpha_{i1} \qquad (8\text{-}30a)$$

$$Q_{si1} = -\frac{\mu_1 M_1}{\sqrt{2}} U_{ti} U_{d1} Y_{i1} \cos(\delta_{i1} - \alpha_{i1}) + U_{ti}^2 Y_{i1} \cos \alpha_{i1} \qquad (8\text{-}30b)$$

$$P_{c1} = \frac{\mu_1 M_1}{\sqrt{2}} U_{ti} U_{d1} Y_{i1} \sin(\delta_{c1} + \alpha_{i1}) - \frac{1}{2}(\mu_1 M_1 U_{d1})^2 Y_{i1} \sin \alpha_{i1} \qquad (8\text{-}31)$$

8.2.2　含直流电源和直流负荷的交直流系统潮流统一迭代算法

在讨论交直流混联系统的潮流计算方法时，可以将该系统划分为交流网络、电压源换流器和直流网络三部分，其中换流器作为交流网络和直流网络之间的中间联络环节，通过换流器方程形成交、直流网络的耦合关系。下面分别建立各部分的功率、电流不平衡方程，从而形成牛顿－拉夫逊法统一迭代的修正方程式。

（1）交流网络方程。对于交流普通母线，其功率不平衡方程可直接采用相应的牛顿－拉夫逊法潮流计算式（4-21）。

对于图 8-16 中的交流特殊母线 i，考虑到它与换流器存在功率交换关系，可以列出其功率不平衡方程，即

$$\Delta P_{ti} = P_{ti} - U_{ti} \sum_{j \in i} U_j (G_{ij} \cos \delta_{ij} + B_{ij} \sin \delta_{ij}) - P_{si1} = 0 \qquad (8\text{-}32a)$$

$$\Delta Q_{ti} = Q_{ti} - U_{ti} \sum_{j \in i} U_j (G_{ij} \sin \delta_{ij} - B_{ij} \cos \delta_{ij}) - Q_{si1} = 0 \qquad (8\text{-}32b)$$

（2）换流器方程。由式（8-30）可得换流器的功率不平衡方程，即

$$\Delta P_{si1} = P_{si1} - \frac{\mu_1 M_1}{\sqrt{2}} U_{ti} U_{d1} Y_{i1} \sin(\delta_{i1} - \alpha_{i1}) - U_{ti}^2 Y_{i1} \sin \alpha_{i1} = 0 \qquad (8\text{-}33a)$$

$$\Delta Q_{si1} = Q_{si1} + \frac{\mu_1 M_1}{\sqrt{2}} U_{ti} U_{d1} Y_{i1} \cos(\delta_{i1} - \alpha_{i1}) - U_{ti}^2 Y_{i1} \cos \alpha_{i1} = 0 \qquad (8\text{-}33b)$$

因换流桥的损耗已由电阻 R_{ci1} 等效，故直流功率 P_{d1} 与注入换流桥的有功功率 P_{c1} 相等，有

$$P_{d1} = U_{d1} I_{d1} \qquad (8\text{-}34)$$

于是，由式（8-34）和式（8-31）可得换流桥的功率不平衡方程，即

$$\Delta P_{c1} = U_{d1} I_{d1} - \frac{\mu_1 M_1}{\sqrt{2}} U_{ti} U_{d1} Y_{i1} \sin(\delta_{c1} + \alpha_{i1}) + \frac{1}{2}(\mu_1 M_1 U_{d1})^2 Y_{i1} \sin \alpha_{i1} = 0 \qquad (8\text{-}35)$$

换流器的直流侧与直流网络只有一对交互变量，即直流电压与直流电流，如图 8-17 所示。因此，换流器输出电流与直流网络有不平衡方程式（8-36）。

$$\Delta d_1 = I_{dl} - \frac{U_{dl} - U_{dn}}{R_{dl}} = 0 \qquad (8-36)$$

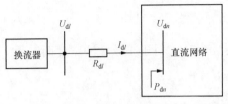

式中　R_{dl}——换流器连接直流支路的电阻；

　　　U_{dn}——直流支路连接的直流节点电压；

　　　n——直流母线编号。

（3）直流网络方程。对于直流网络中的直流节点，其有功功率不平衡方程式为

$$\Delta P_{dn} = P_{dn} - U_{dn} \sum I_d = 0 \qquad (8-37)$$

图 8-17　直流网络与换流器的连接示意图

式中　P_{dn}——直流节点注入有功功率，直流电源（比如光伏阵列、放电状态时的储能装置）的功率为正，直流负荷（比如直流照明设备、充电状态时的储能装置）的功率为负；

　　　$\sum I_d$——直流节点所连接的所有支路及直流电源和直流负荷电流之和，流出方向为正。

需注意，换流器输出端看成一条直流母线参与直流节点的编号和计算。

对于各直流支路，其直流电流不平衡方程式为

$$\Delta d_n = I_{dn} - \frac{U_{dn} - U_{dn2}}{R_{dn}} = 0 \qquad (8-38)$$

式中　U_{dn}、U_{dn2}——直流支路首、末端节点电压。

将以上各部分的功率及电流不平衡方程组合成交直流混联系统的潮流计算修正方程式，即

$$
\begin{bmatrix}
\Delta \boldsymbol{P}_a \\
\Delta \boldsymbol{P}_t \\
\Delta \boldsymbol{Q}_a \\
\Delta \boldsymbol{Q}_t \\
\Delta \boldsymbol{D}_c \\
\Delta \boldsymbol{D}_d
\end{bmatrix}
=
\begin{bmatrix}
\boldsymbol{H}_{aa} & \boldsymbol{H}_{at} & \boldsymbol{N}_{aa} & \boldsymbol{N}_{at} & \boldsymbol{0} & \boldsymbol{0} \\
\boldsymbol{H}_{ta} & \boldsymbol{H}_{tt} & \boldsymbol{N}_{ta} & \boldsymbol{N}_{tt} & \boldsymbol{A}_{tc} & \boldsymbol{0} \\
\boldsymbol{M}_{aa} & \boldsymbol{M}_{at} & \boldsymbol{L}_{aa} & \boldsymbol{L}_{at} & \boldsymbol{0} & \boldsymbol{0} \\
\boldsymbol{M}_{ta} & \boldsymbol{M}_{tt} & \boldsymbol{L}_{ta} & \boldsymbol{L}_{tt} & \boldsymbol{B}_{tc} & \boldsymbol{0} \\
\boldsymbol{0} & \boldsymbol{0} & \boldsymbol{C}_{ca} & \boldsymbol{C}_{ct} & \boldsymbol{F}_{cc} & \boldsymbol{F}_{cd} \\
\boldsymbol{0} & \boldsymbol{0} & \boldsymbol{0} & \boldsymbol{0} & \boldsymbol{F}_{dc} & \boldsymbol{F}_{dd}
\end{bmatrix}
\begin{bmatrix}
\Delta \boldsymbol{\delta}_a \\
\Delta \boldsymbol{\delta}_t \\
\Delta \boldsymbol{U}_a / \boldsymbol{U}_a \\
\Delta \boldsymbol{U}_t / \boldsymbol{U}_t \\
\Delta \boldsymbol{X}_c \\
\Delta \boldsymbol{X}_d
\end{bmatrix}
\qquad (8-39)
$$

式中　$\Delta \boldsymbol{P}_a$、$\Delta \boldsymbol{Q}_a$、$\Delta \boldsymbol{P}_t$、$\Delta \boldsymbol{Q}_t$——交流系统普通母线、特殊母线的有功功率和无功功率不平衡量的列向量；

　　　$\Delta \boldsymbol{\delta}_a$、$\Delta \boldsymbol{\delta}_t$、$\Delta \boldsymbol{U}_a$、$\Delta \boldsymbol{U}_t$——交流系统普通母线、特殊母线的电压相位和幅值修正量的列向量；

　　　$\Delta \boldsymbol{D}_c$——换流器有关的有功功率、无功功率、直流电流不平衡量的列向量，$\Delta \boldsymbol{D}_c = [\Delta P_{sil},\ \Delta Q_{sil},\ \Delta P_{cl},\ \Delta d_l]^T$；

　　　$\Delta \boldsymbol{X}_c$——换流器直流侧电压与电流修正量、脉冲宽度调制控制器的移相角与调制度修正量的列向量，$\Delta \boldsymbol{X}_c = [\Delta U_{dl},\ \Delta I_{dl},\ \Delta \delta_l,\ \Delta M_l]^T$；

　　　$\Delta \boldsymbol{D}_d$——直流网络节点功率与支路电流不平衡量的列向量，$\Delta \boldsymbol{D}_d = [\Delta P_{dn},\ \Delta d_n]^T$；

　　　$\Delta \boldsymbol{X}_d$——直流网络电压与电流修正量的列向量，$\Delta \boldsymbol{X}_d = [\Delta U_{dn},\ \Delta I_{dn}]^T$。

此外，雅可比矩阵的其他各元素分别为 $A_{tc} = \dfrac{\partial \Delta \boldsymbol{P}_t}{\partial \boldsymbol{X}_c}$，$B_{tc} = \dfrac{\partial \Delta \boldsymbol{Q}_t}{\partial \boldsymbol{X}_c}$，$C_{ca} = \dfrac{\partial \Delta \boldsymbol{D}_c}{\partial \boldsymbol{U}_a}$，$C_{cd} = \dfrac{\partial \Delta \boldsymbol{D}_c}{\partial \boldsymbol{U}_d}$，$F_{cc} = \dfrac{\partial \Delta \boldsymbol{D}_c}{\partial \boldsymbol{X}_c}$，$F_{cd} = \dfrac{\partial \Delta \boldsymbol{D}_c}{\partial \boldsymbol{X}_d}$，$F_{dc} = \dfrac{\partial \Delta \boldsymbol{D}_d}{\partial \boldsymbol{X}_c}$，$F_{dd} = \dfrac{\partial \Delta \boldsymbol{D}_d}{\partial \boldsymbol{X}_d}$。

雅可比矩阵中以点划线为界，左上角部分为交流电网的雅可比矩阵，可以应用式（4-23）形成这部分的元素。在形成雅可比矩阵的其他元素时，需要根据功率及电流不平衡方程对未知量求偏导数，比如对直流变量的部分偏导数为

$$\frac{\partial \Delta d_1}{\partial U_{d1}} = -\frac{1}{R_{d1}} \tag{8-40a}$$

$$\frac{\partial \Delta d_1}{\partial I_{d1}} = 1 \tag{8-40b}$$

$$\frac{\partial \Delta P_{dn}}{\partial U_{dn}} = -\sum I_d \tag{8-41a}$$

$$\frac{\partial \Delta P_{dn}}{\partial I_{dn}} = -U_{dn} \tag{8-41b}$$

式（8-39）仅是含直流电源和直流负荷的交直流潮流计算时修正方程组的总体结构形式，而实际计算时需要根据电压源换流器的不同控制方式灵活地加以变化。下面讨论换流器在不同控制方式下修正方程式的变化。

（1）换流器按 $P_{sil} = P_{sil}^{ref}$ 定交流有功功率控制。在该控制条件下，式（8-32a）应为式（8-42），即

$$\Delta P_{ti} = P_{ti} - U_{ti} \sum_{j \in i} U_j (G_{ij} \cos \delta_{ij} + B_{ij} \sin \delta_{ij}) - P_{sil}^{ref} = 0 \tag{8-42}$$

换流器对应方程式（8-33a）应为式（8-43），即

$$\Delta P_{sil} = P_{sil}^{ref} - \frac{\mu_l M_l}{\sqrt{2}} U_{ti} U_{dl} Y_{il} \sin(\delta_{il} - \alpha_{il}) - U_{ti}^2 Y_{il} \sin \alpha_{il} = 0 \tag{8-43}$$

（2）换流器按 $U_{dl} = U_{dl}^{ref}$ 定直流电压控制。在该控制条件下，由于换流器的直流侧电压已经给定，所以无须相应的修正方程，修正量中不需要包括 ΔU_{dl} 项，换流器的换流方程可以去掉式（8-33a）。

（3）换流器按 $Q_{sil} = Q_{sil}^{ref}$ 定交流无功功率控制。在该控制条件下，式（8-32b）应为式（8-44），即

$$\Delta Q_{ti} = Q_{ti} - U_{ti} \sum_{j \in i} U_j (G_{ij} \sin \delta_{ij} - B_{ij} \cos \delta_{ij}) - Q_{sil}^{ref} = 0 \tag{8-44}$$

换流系统对应方程式（8-33b）应为式（8-45），即

$$\Delta Q_{sil} = Q_{sil}^{ref} + \frac{\mu_l M_l}{\sqrt{2}} U_{ti} U_{dl} Y_{il} \cos(\delta_{il} - \alpha_{il}) - U_{ti}^2 Y_{il} \cos \alpha_{il} = 0 \tag{8-45}$$

（4）换流器按 $U_{ti} = U_{ti}^{ref}$ 定交流母线电压控制。这种控制条件下，由于交流母线电压已经给定，因此，在交流网络方程中应减少相应的无功功率修正方程，修正量中不需要包括 ΔU_t 项。式（8-32b）应由式（8-46）替换，即

$$\Delta Q_{ti} = Q_{ti} - U_{ti}^{ref} \sum_{j \in i} U_j (G_{ij} \sin \delta_{ij} - B_{ij} \cos \delta_{ij}) - Q_{sil} = 0 \qquad (8\text{-}46)$$

且

$$Q_{sil} = -\frac{\mu_1 M_1}{\sqrt{2}} U_{ti}^{ref} U_{dl} Y_{il} \cos(\delta_{il} - \alpha_{il}) + (U_{ti}^{ref})^2 Y_{il} \cos \alpha_{il}$$

另外还需注意，在 $\Delta \boldsymbol{D}_\mathrm{d}$、$\Delta \boldsymbol{X}_\mathrm{d}$ 中必须忽略与 $\Delta \boldsymbol{D}_\mathrm{c}$、$\Delta \boldsymbol{X}_\mathrm{c}$ 中重复的直流电流不平衡方程。

8.3　柔性输电系统的基本概念
Basic Concepts of of FACTS

柔性输电系统，亦称柔性交流输电技术或灵活输电技术，更常用的是直接按英文缩写称为 FACTS。柔性输电系统利用大功率电力电子器件构成的装置来控制或调节电力系统的运行参数和（或）网络参数，从而优化电力系统的运行状态，提高电力系统的输电能力。显然，直流输电技术也属于该范畴，但由于直流输电技术已独立发展成一项专门的输电技术，故现今所谓的柔性输电系统不包括直流输电。

对于已建成的不包含柔性输电系统的传统电力系统而言，其输电线路的参数是固定的。系统在运行时可以调整、控制的主要是发电机有功功率和无功功率。尽管传统电力系统中可以通过调整有载调压变压器的分接头、串联加压器的分接头、串联补偿的电容值和并联补偿的电容（或电抗）值来改变系统的网络参数，或者开断或投入某条输电线路来改变网络的拓扑结构，但调整速度往往不能满足系统在暂态过程中的要求。

因为传统电力系统不能灵活地调整输电网的参数，所以在系统中所有负荷与发电机出力确定以后，功率分布完全由基尔霍夫电流、电压定律和欧姆定律所确定。简单环网中的自然功率分布按线段的阻抗分布，往往并不是技术经济指标最好的经济功率分布。而柔性输电系统可以实现对输电网的快速、灵活控制，实现电网的经济功率分布，提高已有输电网的输电能力。

属于柔性输电系统的装置很多，并在实际工程中大量应用，如前面章节提及的静止无功补偿装置和静止同步补偿器，以及下面将介绍的晶闸管控制的串联电容器、统一潮流控制器等。

柔性输电装置按其在系统中的连接方式可分为串联型、并联型和综合型。静止无功补偿装置和静止同步补偿器是并联型，晶闸管控制的串联电容器和静止同步串联补偿器是串联型，统一潮流控制器和晶闸管控制的移相器是综合型。

8.3.1　晶闸管控制的串联电容器

晶闸管控制的串联电容器也称为可控串联电容，它可以快速、连续地改变所补偿的输电线路的等值电抗，因而在一定的运行范围内，可以将此线路的输送功率控制为期望的常数。可控串联电容的构造型式很多，其原理结构如图 8-18 所示，其中包括一个固定电容和与其相并联的晶闸管控制电抗器 TCR。在第 1.5 节分析静止无功补偿装置时，也涉及了 TCR 的相关内容。但需注意，因为静止无功补偿装置是并联在电网的母线上，所

以认为加在其 TCR 上的电压是正弦量,而流过 TCR
支路的电流由于阀的控制作用而发生畸变。可控串联
电容是串联在电网的输电线中,其 TCR 的运行条件大
不相同,由于谐波管理的要求和电网运行条件的物理
约束,使得流过可控串联电容的电流(即线路电流 i_{Line})
为正弦量。这样,由于阀的控制作用,当流过 TCR 支
路的电流 i_L 发生畸变时,与其并联的电容电压必然发生畸变而成为非正弦量。这是二者
的重要区别。

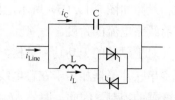

图 8-18　可控串联电容的原理示意图

调整晶闸管的导通角将使串联在线路中的电抗发生变化,从而使得线路的等值阻抗成
为一个可控参数。由于对晶闸管的控制是由按一定的控制策略事先设计的控制器完成的,
在其动态响应特性理想的条件下,可以使输电线的输电容量达到其热稳极限。

8.3.2　静止同步串联补偿器

晶闸管控制的串联电容器是用半控型电力电子元件实现的串联补偿,也可以采用全控
型元件——门极可关断晶闸管 GTO 构成静止同步串联补偿器。静止同步补偿器是将电压
源逆变器经变压器或电抗器并联在电网中,而静止同步串联补偿器则是将电压源逆变器经
变压器串联在线路中。忽略线路对地支路时,静止同步串联补偿器的原理接线如图 8-19(a)
所示。若逆变器在直流侧有直流电源,静止同步串联补偿器既可以对交流系统补偿无功功
率也可以补偿有功功率。当静止同步串联补偿器只为系统提供或从系统吸收无功功率时,
直流电源的容量较小,也可以不设直流电源(静止同步串联补偿器的有功损耗由交流系统
负担)。

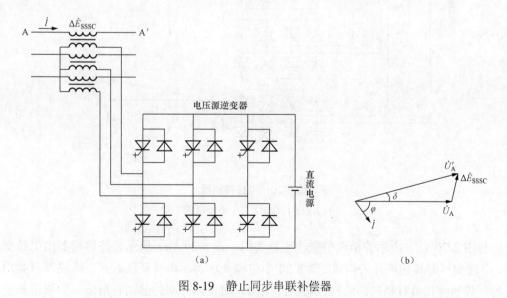

图 8-19　静止同步串联补偿器

(a)原理接线图;(b)相量图

因为电压源逆变器输出的交流电压幅值和相位都是可控的,所以静止同步串联补偿器
串联在输电线路中的电压可以近似认为是理想电压源。若理想电压源的电压幅值为 ΔE_{SSSC},

则相量图如图 8-19（b）所示，其中 δ 为节点 A 与节点 A'的电压相位差，φ 为节点 A 电压超前线路电流的角度。

对于单纯的无功功率补偿，可控制逆变器使相量 $\Delta \dot{E}_{SSSC}$ 与线路电流 $\dot{I}$ 垂直，这样静止同步串联补偿器相当于在输电线路中串联了一个等值电抗。ΔE_{SSSC} 与线路电流无关而只受逆变器的控制，因此，调节 ΔE_{SSSC} 就可调节该等值电抗的大小及感性、容性特征，所补偿的无功功率也与线路电流无直接关系。

8.3.3 晶闸管控制的移相器

在第 3.4 节曾经讨论了用机械开关通过切换变压器分接头实现的串联加压器或移相器。由于机械开关调整变压器分接头的速度十分缓慢，因而这种移相器只能用于电力系统的稳态调整。另外，机械开关的运行寿命短也是这种移相器的主要缺点。晶闸管控制的移相器也称为可控移相器，它是用晶闸管替换机械式切换开关，可以实现移相器的快速调整，从而使其应用范围大大扩展。可控移相器具体实现的方案有多种，这里介绍一种比较简单的移相器，图 8-20（a）为它的原理接线。

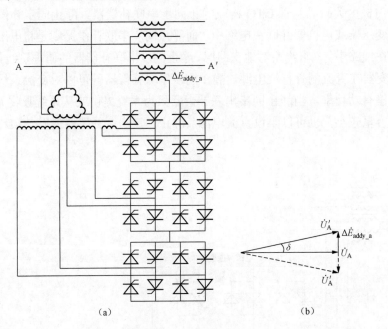

（a）　　　　　　　　　　　　　（b）

图 8-20　可控移相器

（a）原理接线图；（b）电压相量图

与图 3-20（c）所示的横向串联加压器类似，图 8-20（a）所示可控移相器由电源变压器、串联变压器和切换开关构成。图 8-20 中电源变压器和串联变压器的二次侧都只画出了A 相，其他两相具有相同的结构；切换开关由一对反向并联的晶闸管组成。如果电源变压器的二次绕组由三部分组成，它们的匝数比为 1:3:9，则在切换开关的不同开、闭组合方式下，可得到 +13～−13 共 27 级调节。

可以将可控移相器看作一个具有复数变比的变压器，其电压相量图见图 8-20（b），它

的复变比为 $\dot{K}_{TCPST} = \dot{U}'_A / \dot{U}_A = K_{TCPST} \angle \delta$。控制切换开关的状态，就可以调整角度 δ，使得 K_{TCPST} 接近并略大于 1，即 U'_A 较 U_A 稍有增加。这种可控移相器主要作用是使电压 U_A 的相位改变了 δ。

8.3.4 统一潮流控制器

前文介绍的几种 FACTS 装置都是只调节影响电力线输送功率的三个参数中的一个。可控串联电容和静止同步串联补偿器补偿线路参数，静止无功补偿装置和静止同步补偿器控制节点电压的幅值，可控移相器调节节点电压的相位。而统一潮流控制器是这些 FACTS 装置在功能上的组合，可以同时调节以上三个参数，其原理结构如图 8-21（a）所示。由图 8-21 可见，统一潮流控制器相当于静止同步补偿器与静止同步串联补偿器的组合，两个由 GTO 实现的电压源换流器共用一个直流电容 C，在直流侧实现背靠背连接，从而使静止同步补偿器与静止同步串联补偿器发生耦合。

在稳态情况运行时，尽管在统一潮流控制器中仍需保持直流电压为常数，但两个换流器由于直流电容的耦合，允许并联换流器从系统吸收有功功率然后经直流电容由串联换流器送回系统，或者相反。这样，统一潮流控制器中串联变压器输出电压的幅值和相位都可以任意调整，以 A 相为例的相量图如 8-21（b）所示，$\Delta \dot{E}_{add\_a}$ 的幅值可以在 $0 \sim \Delta E_{add\_a\_max}$、相位在 0°～360°任意变动，其效果不仅可以改变线路电压的幅值和相位，还可以等值串入电感或电容；同时，并联变压器支路还可以改变对系统提供的无功功率大小和方向，等值地改变并入的电感和电容。

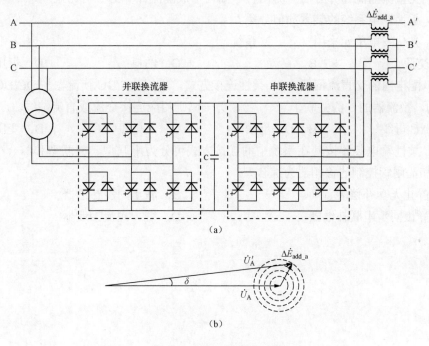

（a）

（b）

图 8-21 统一潮流控制器

（a）原理接线图；（b）电压相量图

小　　结
Summary

传统的高压直流输电技术，采用晶闸管控制，其核心为相控换流技术。目前，以全控型可关断器件为基础的电压源换流器逐渐应用于高压直流输电。电压源换流器采用脉冲宽度调制控制技术，构成了轻型直流输电的核心。

交直流混联系统可以划分为交流网络、换流器和直流网络三部分，通过建立各部分的功率、电流不平衡方程，可以形成牛顿－拉夫逊法统一迭代的潮流计算方法。

柔性输电系统应用电力电子技术，以提高系统稳定极限，增大系统输送能力，降损节能。静止无功补偿装置、静止同步补偿器及晶闸管控制的串联电容器等柔性输电装置已在实际工程中大量应用。目前对统一潮流控制器、静止同步串联补偿器和晶闸管控制的移相器等柔性输电装置也处于研制或试用阶段。

习 题 及 思 考 题
Exercise and Questions

8-1　高压直流输电系统应用在什么场合？主要包括哪些设备？

8-2　直流输电系统主要有哪两种核心控制技术？

8-3　交直流潮流计算方法有哪两种？如何形成潮流计算的雅可比矩阵？

8-4　柔性输电系统的装置如何分类？

8-5　光伏发电单元采用（　　）系统。

A．交流　　　　　　　B．直流　　　　　　　C．燃料　　　　　　　D．恒压

8-6　配电网的交直流混联 VSC 柔性连接方式，采用 AC/DC 换流器与 DC/DC 换流器组合结构，换流器的一侧并联于（　　），另一侧则相应连接交流或直流馈线。

A．AC 母线　　　　B．DC 母线　　　　　C．发电机　　　　D．变压器

8-7　柔性输电装置按其在系统中的连接方式可分为串联型、并联型和综合型，其中（　　）和晶闸管控制的移相器为综合型。

A．静止无功补偿装置　　　　　　　　B．静止同步补偿器

C．静止同步串联补偿器　　　　　　　D．统一潮流控制器

附录 A 分裂导线电感的计算

A-1 多相导线的磁链

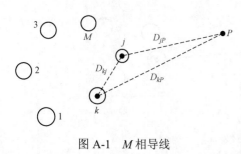

图 A-1 M 相导线

如图 A-1 所示的 M 相导线系统，每相导线的电流为 i_1、i_2、$\cdots$、i_M，并且 $\sum\limits_{k=1}^{M} i_k = 0$。假设第 k 相导线与其他各相导线之间的轴心距离分别为 D_{k1}、D_{k2}、$\cdots$、D_{kM}，其中 D_{kk} 表示第 k 相导线的几何平均半径 D_{sk}。P 点距离各相导线轴心的距离分别为 D_{1P}、D_{2P}、$\cdots$、D_{MP}。

与式（2-20）类似，在 $k \sim P$ 之间穿链单位长度 k 相的磁链 Ψ_{kP} 为

$$\Psi_{kP} = 2 \times 10^{-7} \sum_{j=1}^{M} i_j \ln \frac{D_{jP}}{D_{kj}} = 2 \times 10^{-7} \left(\sum_{j=1}^{M} i_j \ln \frac{1}{D_{kj}} + \sum_{j=1}^{M} i_j \ln D_{jP} \right)$$

$$= 2 \times 10^{-7} \left(\sum_{j=1}^{M} i_j \ln \frac{1}{D_{kj}} + \sum_{j=1}^{M-1} i_j \ln D_{jP} + i_M \ln D_{MP} \right)$$

考虑到 $i_M = -\sum\limits_{k=1}^{M-1} i_k$，代入到上式，可得

$$\Psi_{kP} = 2 \times 10^{-7} \left(\sum_{j=1}^{M} i_j \ln \frac{1}{D_{kj}} + \sum_{j=1}^{M-1} i_j \frac{D_{jP}}{D_{MP}} \right)$$

将图 A-1 所示的 P 点移到无穷远处，考虑到 $\lim\limits_{P \to \infty} \left(\ln \dfrac{D_{jP}}{D_{MP}} \right) = 0$，穿链 k 相单位长度的全部磁链 Ψ_k 就为

$$\Psi_k = 2 \times 10^{-7} \sum_{j=1}^{M} i_j \ln \frac{1}{D_{kj}} \qquad\qquad (A-1)$$

A-2 分裂导线的电感

两组分裂导线 x 和 y 分别由 N 和 M' 根子导线组成，如图 A-2 所示。导线 x 每根子导线半径为 r_x，第 k 根子导线与 x 中其他各子导线之间的轴心距离分别为 D_{k1}、D_{k2}、$\cdots$、D_{kN}，其中 D_{kk} 表示子导线的几何平均半径 $D_s = e^{-1/4} r_x$；第 k 根子导线与 y 中所有子导线之间的轴心距离分别为 $D_{k1'}$、$D_{k2'}$、$\cdots$、$D_{kM'}$。导线 x 通过的总电流为 i，其每根子导线的电流均为 i/N；导线 y 通过的总电流为 $-i$，其每根子导线的电流均为 $-i/M'$。

由于分裂导线所有子导线的电流代数和为零，所以可以应用式（A-1），得到穿链第 k 子导线单位长度的磁链 Ψ_k

$$\Psi_k = 2 \times 10^{-7} \left(\frac{i}{N} \sum_{j=1}^{N} \ln \frac{1}{D_{kj}} - \frac{i}{M'} \sum_{j=1'}^{M'} \ln \frac{1}{D_{kj}} \right)$$

$$= 2 \times 10^{-7} i \ln \frac{(D_{k1'} D_{k2'} \cdots D_{kM'})^{1/M'}}{(D_{k1} D_{k2} \cdots D_{kk} \cdots D_{kN})^{1/N}}$$

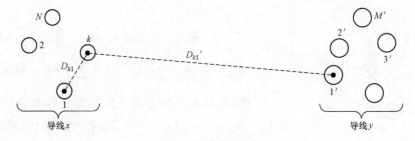

图 A-2　两组分裂导线

于是，第 k 子导线单位长度的电感 L_k 为

$$L_k = \frac{\Psi_k}{i/N} = 2N \times 10^{-7} \ln \frac{\left(\prod_{j=1'}^{M'} D_{kj} \right)^{1/M'}}{\left(\prod_{j=1}^{N} D_{kj} \right)^{1/N}} \tag{A-2}$$

导线 x 各子导线单位长度的平均电感 L_{avg} 为

$$L_{\mathrm{avg}} = \frac{L_1 + L_2 + \cdots + L_N}{N}$$

由于导线 x 由 N 根子导线并联组成，所以其单位长度的电感 L_x 应为

$$L_x = \frac{L_{\mathrm{avg}}}{N} = \frac{L_1 + L_2 + \cdots + L_N}{N^2}$$

将式（A-2）应用到上式中，则可得

$$L_{\mathrm{x}} = 2 \times 10^{-7} \ln \frac{D_{\mathrm{m}}}{D_{\mathrm{seq}}}$$

式中　D_{m}——分裂导线 x、y 之间的几何均距，$D_{\mathrm{m}} = {}^{NM'}\!\sqrt{\prod_{k=1}^{N} \prod_{j=1'}^{M'} D_{kj}}$，m；

　　　D_{seq}——分裂导线 x 的等值几何平均半径，$D_{\mathrm{seq}} = {}^{N^2}\!\sqrt{\prod_{k=1}^{N} \prod_{j=1}^{N} D_{kj}}$，m；

　　　L_{x}——分裂导线 x 单位长度的电感，H/m。

对于图 1-17、图 2-10 的二分裂导线情况，有

$$D_{\mathrm{seq}} = \sqrt[4]{(D_s d)(d D_s)} = \sqrt{D_s d}$$

三分裂导线情况，有

$$D_{\mathrm{seq}} = \sqrt[9]{(D_s d d)(d D_s d)(d d D_s)} = \sqrt[3]{D_s d^2}$$

四分裂导线情况，有

$$D_{\text{seq}} = \sqrt[16]{(D_s d\sqrt{2}dd)(dD_s d\sqrt{2}d)(\sqrt{2}ddD_s d)(d\sqrt{2}ddD_s)} = \sqrt[4]{D_s\sqrt{2}d^3}$$

可见，对于各子导线均布置在正多边形的顶点上，换言之，各子导线对称布置在半径为 R 的圆周上，则可得到式（2-26）和式（2-27）。

附录 B　分裂导线电容的计算

水平布置的三相线路如图 B-1 所示，各相导线间相距 D_{12}、D_{23}、D_{31}，每相导线采用二分裂导线，分裂间距均为 d，各子导线半径均为 r。假设各相导线单位长度（1m）的电荷分别为 q_a、q_b、q_c，并且满足 $q_a+q_b+q_c=0$，考虑到 $D_{12}\gg d$，所以可认为每相各子导线单位长度（1m）的电荷分别为 $q_a/2$、$q_b/2$、$q_c/2$，$D_{12}-d\approx D_{12}+d\approx D_{12}$。由式（2-29）可知，同时计及 a、b、c 三相时，a、b 导线之间的电位差为

$$u_{ab}=1.8\times10^{10}\left(\frac{q_a}{2}\ln\frac{D_{12}}{r}+\frac{q_a}{2}\ln\frac{D_{12}}{d}+\frac{q_b}{2}\ln\frac{r}{D_{12}}+\frac{q_b}{2}\ln\frac{d}{D_{12}}+\frac{q_c}{2}\ln\frac{D_{23}}{D_{31}}+\frac{q_c}{2}\ln\frac{D_{23}}{D_{31}}\right)$$

$$=1.8\times10^{10}\left(q_a\ln\frac{D_{12}}{\sqrt{rd}}+q_b\ln\frac{\sqrt{rd}}{D_{12}}+q_c\ln\frac{D_{23}}{D_{31}}\right)$$

（B-1）

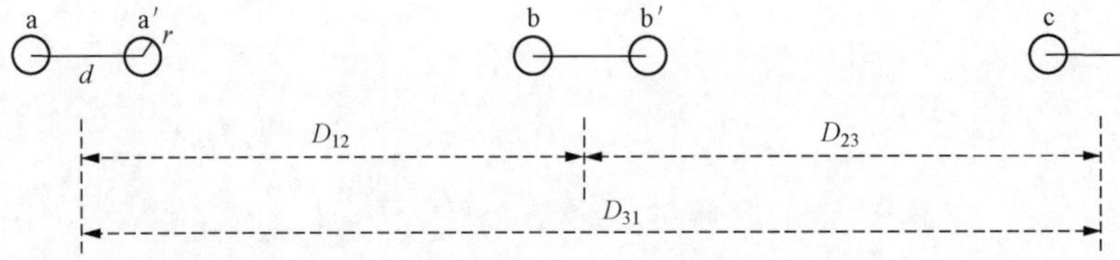

图 B-1　二分裂导线的布置

在式（B-1）中用 r 代替 $\sqrt{rd}$，则就变成了式（2-30），因此，三相线路进行一次换位循环后，同样可以得到二分裂导线中 a 相导线对中性点电位差的算式

$$u_a=1.8\times10^{10}q_a\ln\frac{D_m}{\sqrt{rd}}$$

于是，二分裂导线各相对中性点的电容为

$$C_a=C_b=C_c=\frac{1}{1.8\times10^{10}\ln\dfrac{D_m}{r_{eq}}}$$

式中　r_{eq}——分裂导线的等值半径，对于二分裂导线，$r_{eq}=\sqrt{rd}$。

同样可以证明，三分裂导线，$r_{eq}=\sqrt[3]{rd^2}$；四分裂导线，$r_{eq}=\sqrt[4]{r\sqrt{2}d^3}$。

附录 C　架空线路的电晕临界电压和损耗

当线路实际运行电压高于某一临界值，导线表面的电场强度就会超过空气的击穿强度，空气会发生电离现象，这一临界值称为电晕临界电压或电晕起始电压。在架空线路单导线时，电晕临界电压的经验公式为

$$U_{cr} = 49.3 m_1 m_2 \delta r \lg \frac{D_m}{r} \qquad (\text{C-1})$$

式中　U_{cr}——电晕临界相电压，kV；

$\quad\quad m_1$——导线表面光滑系数，多股绞线为 $m_1 = 0.83 \sim 0.87$，单股导线为 $m_1 = 0.92 \sim 1$；

$\quad\quad m_2$——气象系数，干燥和晴朗的天气为 $m_2 = 1$，有雨、雪、雾等的其他天气 $0.8 \leqslant m_2 < 1$；

$\quad\quad r$——导线的计算半径，cm；

$\quad\quad D_m$——三相线路的几何均距，cm；

$\quad\quad \delta$——空气的相对密度。

$$\delta = \frac{3.92b}{273 + t}$$

式中　b——大气压力，Pa；

$\quad\quad t$——大气温度，℃。当 $t = 25℃$，$b = 76$Pa 时，$\delta = 1$。

对于分裂导线线路，电晕临界相电压的估计值为

$$U_{cr} = 49.3 m_1 m_2 \delta r \frac{n}{1 + 2(n-1)\dfrac{r}{d}\sin\dfrac{\pi}{n}} \lg \frac{D_m}{r_{eq}} \qquad (\text{C-2})$$

式中　r_{eq}——分裂导线等值半径，cm；

$\quad\quad d$——分裂导线间距，cm；

$\quad\quad n$——每相分裂导线根数。

对于水平排列的线路，两根边线的电晕临界电压比式（C-1）或式（C-2）算得的值高 6%，而中间相导线则低 1%。

线路实际运行电压高于电晕临界电压时，将发生电晕，其损耗功率随天气条件的不同在很大范围内变化，迄今没有国际公认的估算统一方法。单导线情况可由皮克（Peek）公式估算

$$P_c = \frac{241}{\delta}(f + 25)\sqrt{r / D_m}(U_\varphi - U_{cr})^2 \times 10^{-5}$$

式中　P_c——每相线路单位长度电晕损耗功率，kW/km；

$\quad\quad U_\varphi$——线路相电压，kV；

$\quad\quad f$——电力系统频率，Hz。

如果三相线路每千米的电晕有功功率损耗为 ΔP_g，则每相线路等值电导

$$g_1 = \frac{\Delta P_\text{g}}{U^2} \times 10^{-3}$$

式中　g_1——每相导线单位长度的等值电导，S/km；

　　　ΔP_g——三相线路电晕损耗功率，kW/km；

　　　U　——线路线电压，kV。

附录 D　架空线路的导线性能

国内常用规格的部分导线尺寸和性能如表 D-1～表 D-3 所示，表格中的规格号表示相当于硬铝线的导电截面。

表 D-1　　　　　　　　　　　国内规格的铝绞线 JL 性能

标称截面/ mm²	面积/ mm²	单线根数	直径/mm 单线	绞线	单位长度质量/ (kg/km)	额定拉断力/ kN	直流电阻（20℃）/ (Ω/km)
35	34.36	7	2.50	7.50	94.0	6.01	0.8333
50	49.48	7	3.00	9.30	135.3	8.41	0.5787
70	71.25	7	3.60	10.8	194.9	11.40	0.4019
95	95.14	7	4.16	12.5	260.2	15.22	0.3010
120	121.21	19	2.85	14.3	333.2	20.61	0.2374
150	148.07	19	3.15	15.8	407.0	24.43	0.1943
185	182.80	19	3.50	17.5	502.4	30.16	0.1574
210	209.85	19	3.75	18.8	576.8	33.58	0.1371
240	238.76	19	4.00	20.0	656.3	38.20	0.1205
300	297.57	37	3.20	22.4	819.8	49.10	0.0969
500	502.90	37	4.16	29.1	1385.5	80.46	0.0573

表 D-2　　　　　　　　　　国内规格的钢芯铝绞线 JL/G1A 性能

标称截面（铝/钢）/ mm²	面积/mm² 铝	钢	总和	单线根数 铝	钢	单线直径/mm 铝	钢	直径/mm 钢芯	绞线	单位长度质量/ (kg/km)	额定拉断力/ kN	直流电阻（20℃）/ (Ω/km)
10/2	10.60	1.77	12.37	6	1	1.50	1.50	1.50	4.50	42.8	4.14	2.7062
16/3	16.13	2.69	18.82	6	1	1.85	1.85	1.85	5.55	65.1	6.13	1.7791
35/6	34.86	5.81	40.67	6	1	2.72	2.72	2.72	8.16	140.8	12.55	0.8230
50/8	48.25	8.04	56.30	6	1	3.20	3.20	3.20	9.60	194.8	16.81	0.5946
50/30	50.73	29.59	80.32	12	7	2.32	2.32	6.96	11.6	371.1	42.61	0.5693
70/10	68.05	11.34	79.39	6	1	3.80	3.80	3.80	11.4	274.8	23.36	0.4217
70/40	69.73	40.67	110.40	12	7	2.72	2.72	8.16	13.6	510.2	58.22	0.4141
95/15	94.39	15.33	109.73	26	7	2.15	1.67	5.01	13.6	380.2	34.93	0.3059
95/20	95.14	18.82	113.96	7	7	4.16	1.85	5.55	13.9	408.2	37.24	0.3020
95/55	96.51	56.30	152.81	12	7	3.20	3.20	9.60	16.0	706.1	77.85	0.2992
120/7	118.89	6.61	125.50	18	1	2.90	2.90	2.90	14.5	378.5	27.74	0.2422
120/20	115.67	18.82	134.49	26	7	2.38	1.85	5.55	15.1	466.1	42.26	0.2496
120/25	122.48	24.25	146.73	7	7	4.72	2.10	6.30	15.7	525.7	47.96	0.2346
120/70	122.15	71.25	193.40	12	7	3.60	3.60	10.8	18.0	893.7	97.92	0.2364

续表

标称截面（铝/钢）/ mm²	面积/ mm²			单线根数		单线直径/ mm		直径/ mm		单位长度质量/（kg/km）	额定拉断力/ kN	直流电阻（20℃）/（Ω/km）
	铝	钢	总和	铝	钢	铝	钢	钢芯	绞线			
150/8	144.76	8.04	152.80	18	1	3.20	3.20	3.20	16.0	460.9	32.73	0.1990
150/20	145.68	18.82	164.50	24	7	2.78	1.85	5.55	16.7	548.5	46.78	0.1981
150/25	148.86	24.25	173.11	26	7	2.70	2.10	6.30	17.1	600.1	53.67	0.1940
150/35	147.26	34.36	181.62	30	7	2.50	2.50	7.50	17.5	675.0	64.94	0.1962
185/10	183.22	10.18	193.40	18	1	3.60	3.60	3.60	18.0	583.3	40.51	0.1572
185/25	187.03	24.25	211.28	24	7	3.15	2.10	6.30	18.9	704.9	59.23	0.1543
185/30	181.34	29.59	210.93	26	7	2.98	2.32	6.96	18.9	731.4	64.56	0.1592
185/45	184.73	43.10	227.83	30	7	2.80	2.80	8.40	19.6	846.7	80.54	0.1564
210/10	204.14	11.34	215.48	18	1	3.80	3.80	3.80	19.0	649.9	45.14	0.1411
210/25	209.02	27.10	236.12	24	7	3.33	2.22	6.66	20.0	787.8	66.19	0.1380
210/35	211.73	34.36	246.09	26	7	3.22	2.50	7.50	20.4	852.5	74.11	0.1364
210/50	209.24	48.82	258.06	30	7	2.98	2.98	8.94	20.9	959.0	91.23	0.1381
240/30	244.29	31.67	275.96	24	7	3.60	2.40	7.20	21.6	920.7	75.19	0.1181
240/40	238.84	38.90	277.74	26	7	3.42	2.66	7.98	21.7	962.8	83.76	0.1209
240/55	241.27	56.30	297.57	30	7	3.20	3.20	9.60	22.4	1105.8	101.74	0.1198
300/15	296.88	15.33	312.21	42	7	3.00	1.67	5.01	23.0	938.7	68.41	0.0973
300/20	303.42	20.91	324.32	45	7	2.93	1.95	5.85	23.4	1000.8	76.04	0.0952
300/25	306.21	27.10	333.31	48	7	2.85	2.22	6.66	23.8	1057.0	83.76	0.0944
300/40	300.09	38.90	338.99	24	7	3.99	2.66	7.98	23.9	1131.0	92.36	0.0961
300/50	299.54	48.82	348.37	26	7	3.83	2.98	8.94	24.3	1207.7	103.58	0.0964
300/70	305.36	71.25	376.61	30	7	3.60	3.60	10.8	25.2	1399.6	127.23	0.0946
400/20	406.40	20.91	427.31	42	7	3.51	1.95	5.85	26.9	1284.3	89.48	0.0710
400/25	391.91	27.10	419.01	45	7	3.33	2.22	6.66	26.6	1293.5	96.37	0.0737
400/35	390.88	34.36	425.24	48	7	3.22	2.50	7.50	26.8	1347.5	103.67	0.0739
400/65	398.94	65.06	464.00	26	7	4.42	3.44	10.3	28.0	1608.7	135.39	0.0724
400/95	407.75	93.27	501.02	30	19	4.16	2.50	12.5	29.1	1856.7	171.56	0.0709
500/45	488.58	43.10	531.68	48	7	3.60	2.80	8.40	30.0	1685.5	127.31	0.0591
630/55	639.92	56.30	696.22	48	7	4.12	3.20	9.60	34.3	2206.4	164.31	0.0452
800/55	814.30	56.30	870.60	45	7	4.80	3.20	9.60	38.4	2687.5	192.22	0.0355
800/70	808.15	71.25	879.40	48	7	4.63	3.60	10.8	38.6	2787.6	207.68	0.0358

表 D-3　　　　　　　　　　国内规格的铝合金绞线 JLHA1 性能

标称截面（铝合金）/ mm²	面积/ mm²	单线根数	直径/mm		单位长度质量/（kg/km）	额定拉断力/ kN	直流电阻（20℃）/（Ω/km）
			单线	绞线			
10	10.02	7	1.35	4.05	27.4	3.26	3.3205
16	16.08	7	1.71	5.13	44.0	5.22	2.0695

续表

标称截面（铝合金）/ mm²	面积/ mm²	单线根数	直径/mm		单位长度质量/ （kg/km）	额定拉断力/ kN	直流电阻（20℃）/ （Ω/km）
			单线	绞线			
25	24.94	7	2.13	6.39	68.2	8.11	1.3339
35	34.91	7	2.52	7.56	95.5	11.35	0.9529
50	50.14	7	3.02	9.06	137.2	16.30	0.6635
70	70.07	7	3.57	10.7	191.7	22.07	0.4748
95	95.14	7	4.16	12.5	261.5	29.97	0.3514
150	149.96	19	3.17	15.9	412.2	48.74	0.2229
210	209.85	19	3.75	18.8	576.8	66.10	0.1593
240	239.96	19	4.01	20.1	661.1	75.59	0.1397
300	299.43	37	3.21	22.5	825.0	97.32	0.1119
400	399.98	37	3.71	26.0	1102.0	125.99	0.0838
500	500.48	37	4.15	29.1	1380.9	157.65	0.0671
630	631.30	61	3.63	32.7	1741.8	198.86	0.0532
800	801.43	61	4.09	36.8	2211.3	252.45	0.0419
1000	1000.58	61	4.57	41.1	2760.7	315.18	0.0335

附录 E　线性方程组的求解方法

高斯消元法是直接求解线性方程组的有效方法。目前，高斯消元法和以它为基础的因子表法在电力系统计算中得到了普遍应用。

E-1　高　斯　消　元　法

用高斯消元法解线性方程组可以采用不同的计算方式，各种方式并无实质性的不同，通常采用"按列消元，按行回代"的算法。

设有 n 阶线性方程组为

$$\left.\begin{array}{l} a_{11}x_1 + a_{12}x_2 + \cdots + a_{1n}x_n = b_1 \\ a_{21}x_1 + a_{22}x_2 + \cdots + a_{2n}x_n = b_2 \\ \cdots \\ a_{n1}x_1 + a_{n2}x_2 + \cdots + a_{nn}x_n = b_n \end{array}\right\} \tag{E-1}$$

或缩记为

$$AX = B$$

为了算法叙述方便，把 B 作为第 $n+1$ 列附在 A 之后，形成 $n \times (n+1)$ 阶增广矩阵，即

$$\overline{A} = [A \quad B] = \begin{bmatrix} a_{11} & a_{12} & \cdots & a_{1n} & b_1 \\ a_{21} & a_{22} & \cdots & a_{2n} & b_2 \\ \vdots & \vdots & \ddots & \vdots & \vdots \\ a_{n1} & a_{n2} & \cdots & a_{nn} & b_n \end{bmatrix} = \begin{bmatrix} a_{11} & a_{12} & \cdots & a_{1n} & a_{1,n+1} \\ a_{21} & a_{22} & \cdots & a_{2n} & a_{2,n+1} \\ \vdots & \vdots & \ddots & \vdots & \vdots \\ a_{n1} & a_{n2} & \cdots & a_{nn} & a_{n,n+1} \end{bmatrix}$$

式（E-1）求解的步骤如下：

（1）若 $a_{11} \neq 0$，从式（E-1）的第 1 式解出

$$x_1 = [b_1 - (a_{12}x_2 + \cdots + a_{1n}x_n)]/a_{11} = a_{1,n+1}^{(1)} - (a_{12}^{(1)}x_2 + \cdots + a_{1n}^{(1)}x_n)$$

代入第 2 式至第 n 式以消去 x_1，即消去增广矩阵的第 1 列，并将矩阵的第 1 行规格化处理。这时增广矩阵变为（矩阵未标出的元素为零，下同）

$$\overline{A}_1 = \begin{bmatrix} 1 & a_{12}^{(1)} & \cdots & a_{1n}^{(1)} & a_{1,n+1}^{(1)} \\ & a_{22}^{(1)} & \cdots & a_{2n}^{(1)} & a_{2,n+1}^{(1)} \\ & \vdots & \ddots & \vdots & \vdots \\ & a_{n2}^{(1)} & \cdots & a_{nn}^{(1)} & a_{n,n+1}^{(1)} \end{bmatrix}$$

式中 $\left.\begin{array}{l} a_{1j}^{(1)} = a_{1j}/a_{11} \\ a_{ij}^{(1)} = a_{ij} - a_{i1}a_{1j}^{(1)} \end{array}\right\}$，$j = 2,3,\cdots,n+1$；　$i = 2,3,\cdots,n$

（2）若 $a_{22}^{(1)} \neq 0$，同样可以消去增广矩阵的第 2 列，并将矩阵的第 2 行规格化处理，得到增广矩阵

$$\bar{A}_2 = \begin{bmatrix} 1 & a_{12}^{(1)} & a_{13}^{(1)} & \cdots & a_{1n}^{(1)} & a_{1,n+1}^{(1)} \\ & 1 & a_{23}^{(2)} & \cdots & a_{2n}^{(2)} & a_{2,n+1}^{(2)} \\ & & a_{33}^{(2)} & \cdots & a_{3n}^{(2)} & a_{3,n+1}^{(2)} \\ & & \vdots & \ddots & \vdots & \vdots \\ & & a_{n2}^{(2)} & \cdots & a_{nn}^{(2)} & a_{n,n+1}^{(2)} \end{bmatrix}$$

式中 $\left. \begin{array}{l} a_{2j}^{(2)} = a_{2j}^{(1)} / a_{22}^{(1)} \\ a_{ij}^{(2)} = a_{ij}^{(1)} - a_{i2}^{(1)} a_{2j}^{(2)} \end{array} \right\}$ ， $j = 3,4,\cdots,n+1$ ； $i = 3,4,\cdots,n$

一般地，在消去第 k 列时的运算为

$$\left. \begin{array}{l} a_{kj}^{(k)} = a_{kj}^{(k-1)} / a_{kk}^{(k-1)} \\ a_{ij}^{(k)} = a_{ij}^{(k-1)} - a_{ik}^{(k-1)} a_{kj}^{(k)} \end{array} \right\}, \quad j = k+1,\cdots,n+1; \quad i = k+1,\cdots,n \tag{E-2}$$

在消元过程中，若 $a_{kk}^{(k-1)} = 0$，则可将待继续消元的那部分方程式重新排序，使得第 k 个方程中 x_k 的系数不为零即可。经过 n 次消元和规格化处理，最后得到的增广矩阵为

$$\bar{A}_n = \begin{bmatrix} 1 & a_{12}^{(1)} & a_{13}^{(1)} & \cdots & a_{1n}^{(1)} & a_{1,n+1}^{(1)} \\ & 1 & a_{23}^{(2)} & \cdots & a_{2n}^{(2)} & a_{2,n+1}^{(2)} \\ & & 1 & \cdots & a_{3n}^{(3)} & a_{3,n+1}^{(3)} \\ & & & \ddots & \vdots & \vdots \\ & & & & 1 & a_{n,n+1}^{(n)} \end{bmatrix} \tag{E-3}$$

与该增广矩阵对应的方程组是

$$\left. \begin{array}{l} x_1 + a_{12}^{(1)} x_2 + a_{13}^{(1)} x_3 + \cdots + a_{1n}^{(1)} x_n = a_{1,n+1}^{(1)} \\ x_2 + a_{23}^{(2)} x_3 + \cdots + a_{2n}^{(2)} x_n = a_{2,n+1}^{(2)} \\ x_3 + \cdots + a_{3n}^{(3)} x_n = a_{3,n+1}^{(3)} \\ \cdots \\ x_n = a_{n,n+1}^{(n)} \end{array} \right\} \tag{E-4}$$

消元的结果是把原方程组（E-1）演化成系数矩阵呈上三角形的方程组（E-4），这两个方程组有同解。利用方程组（E-4）可以自下而上逐个地算出待求变量，其计算通式（即回代过程的一般公式）为

$$\left. \begin{array}{l} x_n = a_{n,n+1}^{(n)} \\ x_i = a_{i,n+1}^{(i)} - \sum_{j=i+1}^{n} a_{ij}^{(i)} x_j \end{array} \right\}, \quad i = n-1,\cdots,2,1 \tag{E-5}$$

【例 E-1】 设系数矩阵 A 为

$$A = \begin{bmatrix} a_{11} & a_{12} & a_{13} \\ a_{21} & a_{22} & a_{23} \\ a_{31} & a_{32} & a_{33} \end{bmatrix} = \begin{bmatrix} 4 & 4 & 0 \\ 3 & 8 & 2 \\ 0 & 2 & 3 \end{bmatrix}$$

求解方程组 $Ax = B$，其中常数向量为： $B = [5\ 6\ 2]^{\mathrm{T}}$ 。

解 由系数矩阵 A 和常数向量 B 得到增广矩阵

$$\begin{bmatrix} (4) & 4 & 0 & 5 \\ 3 & 8 & 2 & 6 \\ 0 & 2 & 3 & 2 \end{bmatrix}$$

用式（E-2）的第一式对第 1 行规格化处理，得到

$$\begin{bmatrix} 1 & 1 & 0 & 5/4 \\ (3) & 8 & 2 & 6 \\ (0) & 2 & 3 & 2 \end{bmatrix}$$

然后用式（E-2）的第二式消去第 1 列，得到

$$\begin{bmatrix} 1 & 1 & 0 & 5/4 \\ & (5) & 2 & 9/4 \\ & 2 & 3 & 2 \end{bmatrix}$$

用式（E-2）的第一式对第 2 行规格化处理，得到

$$\begin{bmatrix} 1 & 1 & 0 & 5/4 \\ & 1 & 2/5 & 9/20 \\ & (2) & 3 & 2 \end{bmatrix}$$

然后用式（E-2）的第二式消去第 2 列，得到

$$\begin{bmatrix} 1 & 1 & 0 & 5/4 \\ & 1 & 2/5 & 9/20 \\ & & (11/5) & 11/10 \end{bmatrix}$$

用式（E-2）的第一式对第 3 行规格化处理，得到

$$\begin{bmatrix} 1 & 1 & 0 & 5/4 \\ & 1 & 2/5 & 9/20 \\ & & 1 & 1/2 \end{bmatrix}$$

按式（E-5）进行回代运算，得到

$$x_3 = 1/2$$
$$x_2 = 9/20 - 2/5 \times 1/2 = 1/4$$
$$x_1 = 5/4 - 1 \times 1/4 - 0 = 1$$

E-2 因 子 表 法

因子表可以理解为高斯消元法解线性方程组（E-1）的过程中对常数项 $\boldsymbol{B}$ 全部运算的一种记录表格，相当于对线性方程组的系数矩阵 $\boldsymbol{A}$ 进行三角分解。

由式（E-2）可知，在消元过程中，对常数项 $\boldsymbol{B}$ 的第 i 个元素 b_i（即 $a_{i,n+1}$）的运算包括

$$\left. \begin{array}{l} b_i^{(i)} = b_i^{(i-1)} \big/ a_{ii}^{(i-1)} \\ b_i^{(k)} = b_i^{(k-1)} - a_{ik}^{(i-1)} b_k^{(k)} \end{array} \right\}, \quad i = 1,2,\cdots,n; \quad k = 1,2,\cdots,i-1 \qquad \text{（E-6）}$$

将式（E-6）中的运算因子逐行放在下三角部分，和式（E-3）的上三角矩阵元素组合在一起，就得到了因子表

$$A \rightarrow \begin{bmatrix} a_{11} & a_{12}^{(1)} & a_{13}^{(1)} & \cdots & a_{1n}^{(1)} \\ a_{21} & a_{22}^{(1)} & a_{23}^{(2)} & \cdots & a_{2n}^{(2)} \\ a_{31} & a_{32}^{(1)} & a_{33}^{(2)} & \cdots & a_{3n}^{(3)} \\ \vdots & \vdots & \vdots & \ddots & \vdots \\ a_{n1} & a_{n2}^{(1)} & a_{n3}^{(2)} & \cdots & a_{nn}^{(n-1)} \end{bmatrix}$$

或把因子表表示为如下形式

$$A \rightarrow \begin{bmatrix} c_{11} & u_{12} & u_{13} & \cdots & u_{1n} \\ c_{21} & c_{22} & u_{23} & \cdots & u_{2n} \\ c_{31} & c_{32} & c_{33} & \cdots & u_{3n} \\ \vdots & \vdots & \vdots & \ddots & \vdots \\ c_{n1} & c_{n2} & c_{n3} & \cdots & c_{nn} \end{bmatrix}$$

其中的元素为

$$\left. \begin{aligned} u_{ij} &= a_{ij}^{(i)}, \quad i < j \\ c_{ij} &= a_{ij}^{(j-1)}, \quad j \leqslant i \end{aligned} \right\} \tag{E-7}$$

（1）将方阵 A 分解为下三角 C 和单位上三角矩阵 U 矩阵的乘积

这时，可以得到

$$A = CU$$

或

$$\begin{bmatrix} a_{11} & a_{12} & a_{13} & \cdots & a_{1n} \\ a_{21} & a_{22} & a_{23} & \cdots & a_{2n} \\ a_{31} & a_{32} & a_{33} & \cdots & a_{3n} \\ \vdots & \vdots & \vdots & \ddots & \vdots \\ a_{n1} & a_{n2} & a_{n3} & \cdots & a_{nn} \end{bmatrix} = \begin{bmatrix} c_{11} & & & & \\ c_{21} & c_{22} & & & \\ c_{31} & c_{32} & c_{33} & & \\ \vdots & \vdots & \vdots & \ddots & \\ c_{n1} & c_{n2} & c_{n3} & \cdots & c_{nn} \end{bmatrix} \begin{bmatrix} 1 & u_{12} & u_{13} & \cdots & u_{1n} \\ & 1 & u_{23} & \cdots & u_{2n} \\ & & 1 & \cdots & u_{3n} \\ & & & \ddots & \vdots \\ & & & & 1 \end{bmatrix} \tag{E-8}$$

将式（E-8）展开，比较等式两边的元素，可以推导出三角分解的递推公式

$$\left. \begin{aligned} c_{ij} &= a_{ij} - \sum_{k=1}^{j-1} c_{ik} u_{kj}, \quad i=1,2,\cdots,n; \quad j=1,2,\cdots,i \\ u_{ij} &= \left(a_{ij} - \sum_{k=1}^{i-1} c_{ik} u_{kj} \right) \bigg/ c_{ii}, \quad i=1,2,\cdots,n-1; \quad j=i+1,\cdots,n \end{aligned} \right\} \tag{E-9}$$

由 C 和 U 各元素可以组成如下形式的因子表

$$A \rightarrow \begin{bmatrix} c_{11} & u_{12} & u_{13} & \cdots & u_{1n} \\ c_{21} & c_{22} & u_{23} & \cdots & u_{2n} \\ c_{31} & c_{32} & c_{33} & \cdots & u_{3n} \\ \vdots & \vdots & \vdots & \ddots & \vdots \\ c_{n1} & c_{n2} & c_{n3} & \cdots & c_{nn} \end{bmatrix}$$

从式（E-7）和式（E-9）可以证明，由高斯消元法和由三角分解法组成的因子表完全

一致。

在电力系统计算中，有时线性方程组需要求解多次，每次只是改变方程右端的常数向量 $\boldsymbol{B}$，而使用相同的系数矩阵 $\boldsymbol{A}$。对线性方程组三角分解，所得的下三角因子矩阵将用于消元运算，而上三角因子矩阵则用于回代运算。对于需要多次求解的方程组，可以把因子表的元素贮存起来以备反复应用。这时，可以用下面的公式替代（E-6），进行消元运算

$$\left.\begin{array}{l} b_i^{(i)} = b_i^{(i-1)}/c_{ii} \\ b_i^{(k)} = b_i^{(k-1)} - c_{ik}b_k^{(k)} \end{array}\right\}, \quad i=1,2,\cdots,n; \quad k=1,2,\cdots,i-1 \tag{E-10}$$

用下面的公式替代（E-5），进行回代运算

$$\left.\begin{array}{l} x_n = b_n^{(n)} \\ x_i = b_i^{(i)} - \displaystyle\sum_{j=i+1}^{n} u_{ij}x_j \end{array}\right\}, \quad i=n-1,\cdots,2,1 \tag{E-11}$$

（2）将方阵 $\boldsymbol{A}$ 分解为单位下三角 $\boldsymbol{L}$、对角线矩阵 $\boldsymbol{D}$ 和单位上三角矩阵 $\boldsymbol{U}$ 矩阵的乘积这样便得

$$\boldsymbol{A} = \boldsymbol{LDU}$$

或

$$\begin{bmatrix} a_{11} & a_{12} & \cdots & a_{1n} \\ a_{21} & a_{22} & \cdots & a_{2n} \\ \vdots & \vdots & \ddots & \vdots \\ a_{n1} & a_{n2} & \cdots & a_{nn} \end{bmatrix} = \begin{bmatrix} 1 & & & \\ l_{21} & 1 & & \\ \vdots & \vdots & \ddots & \\ l_{n1} & l_{n2} & \cdots & 1 \end{bmatrix} \begin{bmatrix} d_{11} & & & \\ & d_{22} & & \\ & & \ddots & \\ & & & d_{nn} \end{bmatrix} \begin{bmatrix} 1 & u_{12} & \cdots & u_{1n} \\ & 1 & \cdots & u_{2n} \\ & & \ddots & \vdots \\ & & & 1 \end{bmatrix} \tag{E-12}$$

考虑 $\boldsymbol{C}$ 与 $\boldsymbol{L}$、$\boldsymbol{D}$ 的关系，可以推导出三角分解的递推公式

$$\left.\begin{array}{l} d_{ii} = a_{ii} - \displaystyle\sum_{k=1}^{i-1} l_{ik}u_{ki}d_{kk}, \quad i=1,2,\cdots,n \\[3mm] u_{ij} = \left(a_{ij} - \displaystyle\sum_{k=1}^{i-1} l_{ik}u_{kj}d_{kk}\right)\Big/d_{ii}, \quad i=1,2,\cdots,n-1; \quad j=i+1,\cdots,n \\[3mm] l_{ij} = \left(a_{ij} - \displaystyle\sum_{k=1}^{j-1} l_{ik}u_{kj}d_{kk}\right)\Big/d_{jj}, \quad i=2,3,\cdots,n; \quad j=1,2,\cdots,i-1 \end{array}\right\} \tag{E-13}$$

如果 $\boldsymbol{A}$ 为对称矩阵，则有

$$\boldsymbol{A}^{\mathrm{T}} = \boldsymbol{A} = \boldsymbol{LDU} = (\boldsymbol{LDU})^{\mathrm{T}} = \boldsymbol{U}^{\mathrm{T}}\boldsymbol{D}^{\mathrm{T}}\boldsymbol{L}^{\mathrm{T}}$$

于是

$$\boldsymbol{A} = \boldsymbol{U}^{\mathrm{T}}\boldsymbol{DU} = \boldsymbol{LDL}^{\mathrm{T}}$$

$\boldsymbol{L}$ 和 $\boldsymbol{U}$ 互为转置，只需算出其中的一个 $\boldsymbol{U}$ 即可。因此，式（E-13）可以改写为

$$\left.\begin{array}{l} d_{ii} = a_{ii} - \displaystyle\sum_{k=1}^{i-1} u_{ki}^2 d_{kk}, \quad i=1,2,\cdots,n \\[3mm] u_{ij} = \left(a_{ij} - \displaystyle\sum_{k=1}^{i-1} u_{ki}u_{kj}d_{kk}\right)\Big/d_{ii}, \quad i=1,2,\cdots,n-1; \quad j=i+1,\cdots,n \end{array}\right\} \tag{E-14}$$

求解（E-1）等价于：由 $\boldsymbol{U}^{\mathrm{T}}\boldsymbol{y}=\boldsymbol{B}$ 求 $\boldsymbol{y}$，由 $\boldsymbol{DUx}=\boldsymbol{y}$ 求 $\boldsymbol{x}$。相应的求解公式变为式（E-15）

和式（E-16）。

$$y_1 = b_1$$
$$\left.\begin{array}{l} y_1 = b_1 \\ y_i = b_i - \sum_{k=1}^{i-1} u_{ki} y_k \end{array}\right\}, \quad i = 2,3,\cdots,n \tag{E-15}$$

$$\left.\begin{array}{l} x_n = y_n/d_n \\ x_i = y_i/d_i - \sum_{j=i+1}^{n} u_{ij} x_j \end{array}\right\}, \quad i = n-1,\cdots,2,1 \tag{E-16}$$

需要说明的是，对系数矩阵进行 C、U 三角分解时，由于对角线位置元素 c_{ii} 在计算过程中都作为除数出现，而在计算机中乘法要比除法节省时间。因此，在实际使用的因子表中，对角线位置都是存放 c_{ii} 的倒数 $1/c_{ii}$。在对称矩阵 A 的因子表中，因子矩阵 L 和 U 是互为转置矩阵，所以只需保留上三角部分（或下三角部分），对角线位置则存放矩阵 D 的对应元素的倒数，即对称矩阵 A 可以组成如下形式的因子表

$$A \rightarrow \begin{bmatrix} 1/d_{11} & u_{12} & \cdots & u_{1n} \\ & 1/d_{22} & \cdots & u_{2n} \\ & & \ddots & \vdots \\ & & & 1/d_{nn} \end{bmatrix}$$

【例 E-2】 设系数矩阵 A 为

$$A = \begin{bmatrix} a_{11} & a_{12} & a_{13} \\ a_{21} & a_{22} & a_{23} \\ a_{31} & a_{32} & a_{33} \end{bmatrix} = \begin{bmatrix} -1.5142 & 1.6894 & 0 \\ 1.6894 & -7.3162 & 3.1619 \\ 0 & 3.1619 & -4.704 \end{bmatrix}$$

用因子表法求解方程组 $Ax = B$。常数向量 B 分别取为：1）$B = [0.15 \quad -0.0747 \quad -0.03899]^T$；2）$B = [-0.03102 \quad 0.04218 \quad -0.01792]^T$。

解　由于系数矩阵 A 是对称矩阵，可以只形成上三角的因子表。利用式（E-14）计算因子表第 1 行的元素

$$d_{11} = a_{11} = -1.5142, \quad 1/d_{11} = -0.66041$$
$$u_{12} = a_{12}/d_{11} = 1.6894 \times (-0.66041) = -1.1157$$
$$u_{13} = a_{13}/d_{11} = 0$$

第 2 行的元素

$$d_{22} = a_{22} - u_{12}^2 d_{11} = -7.3162 - (-1.1157)^2 \times (-1.5142) = -5.43133, \quad 1/d_{22} = -0.18412$$

$$u_{23} = (a_{23} - u_{12}u_{13}d_{11})/d_{22} = (3.1619 - 0) \times (-0.18412) = -0.58216$$

第 3 行的元素

$$d_{33} = a_{33} - u_{13}^2 d_{11} - u_{23}^2 d_{22} = -4.704 - 0 - (-0.58216)^2 \times (-5.43133) = -2.86327, \quad 1/d_{33} = -0.34925$$

组成的因子表为

$$A \rightarrow \begin{bmatrix} 1/d_{11} & u_{12} & u_{13} \\ & 1/d_{22} & u_{23} \\ & & 1/d_{33} \end{bmatrix} = \begin{bmatrix} -0.66041 & -1.1157 & 0 \\ & -1.18412 & -0.58216 \\ & & -0.34925 \end{bmatrix}$$

1）当 $\boldsymbol{B} = [0.15 \quad -0.0747 \quad -0.03899]^{\mathbf{T}}$ 时，按式（E-15）得到

$$y_1 = b_1 = 0.15$$

$$y_2 = b_2 - u_{12}y_1 = -0.0747 - (-1.1157) \times 0.15 = 0.09266$$

$$y_3 = b_3 - u_{13}y_1 - u_{23}y_2 = -0.03899 - 0 - (-0.58216) \times 0.09266 = 0.01495$$

按式（E-16）得到

$$x_3 = y_3/d_{33} = 0.01495 \times (-0.34925) = -0.00522$$

$$x_2 = y_2/d_{22} - u_{23}x_1 = 0.09266 \times (-0.18412) - (-0.58216) \times (-0.00522) = -0.0201$$

$$x_1 = y_1/d_{11} - u_{12}x_2 - u_{13}x_3 = 0.15 \times (-0.66041) - (-1.1157) \times (-0.0201) - 0 = -0.12149$$

2）当 $\boldsymbol{B} = [-0.03102 \quad 0.04218 \quad -0.01792]^{\mathbf{T}}$ 时，按式（E-15）得到

$$y_1 = -0.03102, \quad y_2 = 0.00756, \quad y_3 = -0.01352$$

按式（E-16）得到

$$x_3 = 0.00472, \quad x_2 = 0.00136, \quad x_1 = 0.022$$

参 考 文 献

1．陈珩．电力系统稳态分析（第四版）．北京：中国电力出版社，2015.

2．韩祯祥．电力系统分析（第五版）．杭州：浙江大学出版社，2013.

3．夏道止．电力系统分析（第二版）．北京：中国电力出版社，2011.

4．何仰赞．电力系统分析（下）（第四版）．北京：中国电力出版社，2016.

5．王锡凡．现代电力系统分析．北京：科学出版社，2003.

6．J. D. Glover，M. S. Sarma，T. J. Overbye. Power System Analysis and Design（5th Edition）. Cengage Learning，Stamford，2012.

7．D. P. Kothari，I. J. Nagrath. Modern Power System Analysis（4th Edition）. McGraw-Hill，2011.

8．J. Casazza，F. Delea. Understanding Electric Power Systems（2nd Edition）. John Wiley & Sons，2010.

9．Arrillage J，Watson N A. Computer Modelling of Electrical Power Systems（2nd Edition）. John Wiley & Sons，2001.

10．R. Natarajan. Computer-Aided Power System Analysis. Marcel Dekker，2002.

11．F. Saccomanno. Electric Power Systems Analysis and Control. John Wiley & Sons，2003.

12．S. A. Nasar，F. C. Trutt. Electric Power Systems. CRC Press，1999.

13．Beaty H. W.，Handbook of electric power calculations（3rd Edition）. McGraw-Hill，2001.

14．M. E. El-Hawary. Introduction to Electrical Power Systems. John Wiley & Sons，2008.

15．刘振亚．特高压交直流电网．北京：中国电力出版社，2013.

16．邱晓燕，等．电力系统分析的计算机算法（第 2 版）．北京：中国电力出版社，2015.

17．张伯明，陈寿孙．高等电力网络分析（第 2 版）．北京：清华大学出版社，2007.

18．R. Strzelecki，G. Benysek. Power Electronics in Smart Electrical Energy Networks. Springer-Verlag，2008.

19．G. M. Masters. Renewable and Efficient Electric Power Systems. John Wiley & Sons，2004.

20．J. W. Nilsson，S. A. Riedel. Electric.Circuits（9th.Edition）. Prentice Hall，2011.

21．R. L. Burden，J. D. Faires. Numerical Anlysis（7th Edition）. Thomson Learning，2000.

22．艾芊．电力系统稳态分析．北京：清华大学出版社，2014.

23．M. L. Crow（徐政［译］）．电力系统分析中的计算方法（原书第 2 版）．北京：机械工业出版社，2017.

24．国网北京经济技术研究院．电网规划设计手册．北京：中国电力出版社，2015.

25．舒印彪．配电网规划设计．北京：中国电力出版社，2018.